CONCEVOIR ET PILOTER LE PROGRAMME DE CYBERSÉCURITÉ DE L'ENTREPRISE MODERNE

Méthodes, outils et bonnes pratiques pour une protection résiliente et efficace

Doudou GAYE

CONCEVOIR ET PILOTER LE PROGRAMME DE CYBERSÉCURITÉ DE L'ENTREPRISE MODERNE

Méthodes, outils et bonnes pratiques pour une protection résiliente et efficace

Sénégal
L'Harmattan

10 VDN, Sicap Amitié 3, Lotissement Cité Police, DAKAR

senharmattan@gmail.com
senlibrairie@gmail.com

ISBN : 978-2-336-58397-6
EAN : 9782336583976

À mon défunt père qui quittait les chantiers en fin de journée pour se perdre dans ses livres.

Puissent ces pages être un humble écho de l'héritage silencieux que tu m'as laissé : l'amour du savoir et la dignité du travail.

INTRODUCTION

Aux origines d'Internet : une genèse technologique et stratégique

L'histoire d'Internet s'inscrit dans une dynamique évolutive où se croisent des impératifs militaires, des avancées scientifiques et des transformations sociétales majeures. Loin d'être le fruit d'une invention soudaine, Internet est le résultat d'un processus d'innovations cumulatives, amorcé dès la seconde moitié du 20e siècle.

À la fin des années 1960, dans un contexte marqué par la guerre froide et la crainte d'une attaque nucléaire, le Département de la Défense des États-Unis initie un projet novateur : **ARPANET** (*Advanced Research Projects Agency Network*) [1]. L'objectif n'était pas uniquement scientifique. Il s'agissait de mettre en place une infrastructure décentralisée, capable de maintenir la communication entre universités et instituts de recherche même en cas de destruction partielle du réseau. Cette robustesse, fondée sur l'acheminement de données par « paquets » et la redondance des connexions, constitue l'une des pierres angulaires du futur Internet.

En octobre 1969, le premier échange de données entre l'Université de Californie à Los Angeles (UCLA) et le *Stanford Research Institute* marque symboliquement la naissance du réseau ARPANET (Leiner, et al., 1997). Bien que les concepteurs de ce système n'aient pas anticipé son ampleur future, leurs travaux posent les bases d'une transformation civilisationnelle.

---

[1] ARPA (Advanced Research Projects Agency) est une agence gouvernementale américaine qui a été à l'origine de technologies clés pour l'Internet, notamment le développement du réseau ARPANET, précurseur de l'Internet moderne. ARPANET est le réseau pionnier financé par le ministère américain de la Défense qui a jeté les bases de l'Internet moderne en introduisant la commutation par paquets et en interconnectant plusieurs instituts de recherche : https://www.darpa.mil/about-us/timeline/arpanet.

De la sphère académique à l'universalité sociale

Dans les années 1990, Internet franchit le seuil des laboratoires pour pénétrer progressivement l'espace public, économique et domestique. Ce basculement d'un outil réservé aux chercheurs à un réseau universel, a marqué un tournant historique en redéfinissant en profondeur les interactions humaines (Manyika & Roxburgh, 2011).

Désormais, les pratiques démocratisées de communication, de commerce, d'apprentissage, mais aussi de création culturelle et de divertissement, se reconfigurent autour de l'accès instantané aux données et de la connectivité mondiale.

Cette démocratisation a engendré de nouvelles dynamiques sociales : les échanges interpersonnels s'affranchissent des frontières géographiques, les entreprises élargissent leur marché à l'échelle planétaire, et les citoyens participent à une culture numérique globale, marquée par la circulation rapide des idées et des contenus. L'essor des forums, des réseaux sociaux et des plates-formes collaboratives illustre cette transition, en donnant à chaque individu la possibilité d'être à la fois consommateur et producteur d'information.

Selon le rapport de **Meltwater (2025)**[2], près de 68 % de la population mondiale est désormais connectée, et chaque internaute consacre en moyenne **33 heures par semaine** à ses activités en ligne. L'ampleur de ce phénomène illustre une mutation sociale d'une intensité comparable à celle de la révolution industrielle : à l'instar de la machine à vapeur qui a bouleversé l'économie au 19e siècle, Internet restructure aujourd'hui les modèles économiques, les modes de travail et même les représentations culturelles et identitaires.

---

[2] Meltwater est une société de veille et d'analyse des médias. Elle fournit des outils de suivi et d'analyse des actualités, des médias sociaux et du contenu en ligne pour aider les entreprises à prendre des décisions éclairées et à gérer la réputation de leur marque : https://datareportal.com/global-digital-overview.

Transformation des pratiques professionnelles et économiques

L'essor d'Internet a profondément bouleversé les paradigmes économiques traditionnels. Ainsi, le **marketing**, autrefois limité par les supports matériels (affiches, journaux, cartes de visite, panneaux publicitaires), s'est progressivement déplacé vers des canaux numériques à portée mondiale. Les entreprises, même de petite taille, disposent désormais d'outils gratuits ou peu coûteux pour accroître leur visibilité grâce aux sites Internet, aux plates-formes de commerce électronique et aux réseaux sociaux tels que *Facebook, LinkedIn* ou *Instagram*. Cette mutation s'accompagne d'une transformation profonde des **pratiques organisationnelles** :

- **Communication** — le courrier électronique et la messagerie instantanée ont modifié les temporalités du travail. Là où la correspondance professionnelle était jadis limitée aux heures de bureau, elle s'étend aujourd'hui à toute heure grâce aux terminaux mobiles. Cette continuité communicationnelle soulève toutefois des enjeux sociaux et juridiques, comme en témoigne le débat sur le « **droit à la déconnexion** »[3] en France ;
- **Relation client** — l'utilisation de formulaires en ligne, de plates-formes d'évaluation et d'agents conversationnels ou *chatbots* [4] transforme la gestion de la clientèle. Contrairement aux centres d'appel traditionnels limités par la disponibilité humaine, les *chatbots* permettent de traiter simultanément plusieurs centaines de requêtes, réduisant ainsi les délais de réponse et augmentant la satisfaction client ;
- **Organisation du travail** — le télétravail, longtemps marginal, s'est généralisé sous l'effet de la pandémie de COVID-19. Les entreprises

[3] En France, le droit à la déconnexion est le droit reconnu aux salariés de ne pas être sollicités par leur employeur en dehors de leurs horaires de travail afin de préserver leur vie personnelle et leur santé, comme prévu par l'article L2242-17 du Code du travail.

[4] Un agent conversationnel ou chatbot, est un programme informatique conçu pour simuler une conversation avec des utilisateurs humains, généralement via du texte ou parfois par la voix. Il repose sur des technologies d'intelligence artificielle, telles que le traitement du langage naturel, pour comprendre et générer des réponses pertinentes : https://fr.wikipedia.org/wiki/Chatbot.

y voient désormais un levier de flexibilité et d'attractivité, l'intégrant même dans leurs offres d'emploi ;

- **Industrie du divertissement et du sport** — les pratiques de consommation médiatique évoluent avec la diffusion en ligne. Le sport professionnel exploite le streaming et le *Pay-per-View* pour élargir son audience et générer de nouvelles sources de revenus, comme l'illustre l'exemple pionnier de la lutte sénégalaise dès 2018.
- **Smart Cities**—l'Internet des objets (IdO) avait ouvert la voie à plusieurs initiatives de numérisation des infrastructures urbaines au Sénégal. Des projets tels que **Safe City**, déployant des systèmes de vidéosurveillance intelligente et de communication sécurisée pour renforcer la sécurité publique, ou encore **Diamniadio Lake City**, visant à bâtir une ville futuriste dotée d'infrastructures numériques avancées, ont marqué une première étape dans l'exploration du concept de ville intelligente. Bien que ces programmes ne soient plus à l'ordre du jour en tant qu'initiatives indépendantes, leurs acquis ont été dilués dans la stratégie nationale du New Deal Technologique.
- **New Deal Technologique au Sénégal** — cette stratégie nationale (**2025–2034**)[5] accélère la transition numérique, favorise la création d'un écosystème digital compétitif et promeut la souveraineté technologique. Elle vise à stimuler l'innovation, à soutenir les start-ups, à développer l'infrastructure numérique (cloud souverain, data centers, connectivité 95 %, villes intelligentes) et à générer jusqu'à 350 000 emplois dans le numérique, contribuant ainsi à une transformation structurelle des pratiques économiques et professionnelles.

Cybersécurité : vers une discipline stratégique

L'expansion des usages numériques s'accompagne d'une intensification des menaces. Le **paysage de la cybersécurité** se

---

[5] Des informations plus complètes sont disponibles sur le site Internet dédié : https://www.newdealtechnologique.sn

caractérise par une prolifération de vulnérabilités, d'acteurs malveillants et de risques systémiques (OPTIV, 2019).

Face à cette situation, les entreprises sont contraintes de diversifier leurs solutions de protection. Cependant, la multiplicité des technologies, souvent issues de fabricants différents, pose des problèmes d'interopérabilité et de gestion. Parallèlement, un marché mondial de la cybersécurité en forte croissance s'est constitué, estimé à **116,5 milliards USD en 2018 et projeté à une croissance annuelle moyenne de 11 % jusqu'en 2025** (Grand View Research, 2018).

Cette dynamique s'accompagne d'une transformation profonde des organisations. **De nouveaux métiers hautement spécialisés** voient le jour, tels que les analystes en cybersécurité qui surveillent les réseaux pour détecter les intrusions, les cryptographes qui protègent les données sensibles des entreprises financières, ou encore les hackers éthiques qui testent la sécurité des systèmes d'information pour prévenir les attaques. Dans le même temps, le recours à la **consultation externe** se renforce : des sociétés comme **Deloitte**, **Accenture**, **Atos** ou **Mazars**, sont sollicitées pour auditer les infrastructures et mettre en place des stratégies de défense avancées. L'essor de **l'assurance cyber**, désormais exigée dans certains secteurs critiques comme les banques ou les opérateurs télécoms, illustre également cette évolution.

Plus largement, la cybersécurité s'impose comme un **levier stratégique** majeur de gouvernance et de gestion des risques, intégrée au cœur des décisions organisationnelles et des plans de résilience.

Tendances prospectives en cybersécurité

L'évolution rapide des technologies numériques et l'intensification des cybermenaces laissent entrevoir plusieurs dynamiques structurantes qui façonneront la cybersécurité dans les années à venir. Parmi elles, certaines s'imposent déjà comme des axes incontournables.

D'abord, **l'Intelligence artificielle (IA)** et le **Machine Learning (ML)** apparaissent comme des leviers majeurs dans la détection et la neutralisation des menaces en temps réel. Là où les analystes humains sont limités dans leur capacité à traiter des masses considérables de données, les algorithmes permettent d'identifier des schémas anormaux en quelques fractions de seconde. Des solutions comme celles proposées par **Darktrace**[6] illustrent cette tendance : à l'image d'un système immunitaire, elles apprennent le comportement normal d'un réseau et déclenchent des alertes en cas de déviation. Selon une étude de **MarketsandMarkets (2023)** [7] , le marché mondial de la cybersécurité basée sur l'IA devrait tripler d'ici **2028**, signe que cette approche deviendra bientôt une norme.

Parallèlement, la généralisation du **Cloud** entraîne une redéfinition profonde des pratiques de sécurité. Les entreprises, en externalisant de plus en plus leurs applications et données critiques, s'exposent à de nouveaux risques liés à la perte de contrôle sur les infrastructures. Les analystes de **Gartner (2022)** [8] rappellent que près de 95 % des défaillances dans le Cloud sont imputables, non pas aux fournisseurs, mais aux clients, souvent par des erreurs de configuration ou un manque de politiques robustes. De nouvelles catégories de solutions, comme le *Cloud Security Posture Management (CSPM)*[9], se multiplient pour répondre à ces défis.

L'essor de l'**Internet des Objets (IdO)** accentue également la complexité des environnements numériques. Caméras de surveillance, dispositifs médicaux connectés, capteurs industriels ou véhicules intelligents multiplient les points d'entrée potentiels pour les cyberattaquants. L'exemple du botnet **Mirai**[10], qui en 2016 avait

---

6 Darktrace, une entreprise cyber qui utilise l'intelligence artificielle pour détecter, analyser et répondre automatiquement aux menaces en temps réel : https://www.darktrace.com

7 Source MarketsandMarkets:²Q https://www.marketsandmarkets.com/Market-Reports/artificial-intelligence-ai-cyber-security-market-220634996.html

8 Résumé du rapport 2020 de Gartner sur les niveaux de responsabilité des infrastructures Cloud par le Center for Internet Security : https://www.cisecurity.org /insights/white-papers/cloud-security-and-the- shared- responsibility-model

9 Le CSPM désigne un ensemble d'outils et de pratiques qui permettent de surveiller, évaluer et améliorer en continu la configuration et la conformité des environnements cloud afin de prévenir les erreurs de configuration, détecter les risques et renforcer la sécurité.

10 Le botnet Mirai, apparu en 2016, est un malware qui exploite massivement les objets connectés vulnérables pour mener des attaques DDoS d'ampleur inédite, paralysant temporairement des services majeurs d'Internet tels que Dyn, Twitter ou Netflix : https://www.cloudflare.com/fr-fr/learning/ddos/glossary/mirai-botnet

mobilisé des milliers d'objets connectés pour lancer une attaque DDoS d'ampleur inédite, reste emblématique. Les projections de **Statista (2024)**[11], annonçant plus de 30 milliards d'objets connectés dans le monde à l'horizon 2030, laissent présager un besoin croissant en solutions de sécurité dédiées.

Face à cette surface d'attaque élargie, le modèle de sécurité **Zero Trust** s'impose progressivement comme un paradigme de référence. Contrairement à l'approche traditionnelle, qui part du principe qu'un utilisateur ou un appareil à l'intérieur du réseau est digne de confiance, le *Zero Trust* applique une validation continue : « ne jamais faire confiance, toujours vérifier ». L'exemple de **Google**, qui a mis en œuvre cette approche à travers son initiative *BeyondCorp*, illustre la maturité croissante de ce modèle, désormais recommandé par **Forrester (2021)** pour toute organisation adoptant le travail hybride ou le Cloud.

La question de l'authentification connaît elle aussi une profonde transformation. Les mots de passe, longtemps utilisés comme unique rempart, ne suffisent plus face à la sophistication des attaques. L'authentification multi facteur ou *Multi-Factor Authentication (MFA)* et les solutions biométriques se généralisent, renforçant les processus de connexion. **Microsoft**[12] **(2022)** souligne que l'activation de la MFA réduit de 99,9 % les risques de compromission de compte, tandis que le **rapport Verizon DBIR 2023** indique que près de 80 % des violations sont encore liées à des identifiants faibles ou compromis.

En parallèle, la **pression réglementaire** ne cesse de croître. Depuis l'entrée en vigueur du **Règlement général sur la Protection des Données (RGPD)** en Europe en 2018, les sanctions contre les entreprises négligentes en matière de données personnelles atteignent parfois plusieurs milliards d'euros, comme dans le cas de **Meta** en 2023. Aux États-Unis, la loi sur la protection des données personnelles

---

[11] Rapport 2024 sur les maisons connectées en France — faits et chiffres : https://fr.statista.com/themes/12514/la-maison-connectee-en-france/#topFacts

[12] Blog de Microsoft : « *One simple action you can take to prevent 99.9 percent of attacks on your accounts* » : https://www.microsoft.com/en-us/security/blog/ 2019/08/20/one-simple-action-you-can-take-to-prevent-99-9-percent-of-account-attacks

du consommateur en Californie (**California Consumer Privacy Act, CCPA**) et d'autres lois régionales imposent également une vigilance accrue. En Afrique, des pays comme le Sénégal se dotent aussi de cadres législatifs, à l'image de la **Loi n° 2008-12** [13] encadrant la protection des données personnelles.

Dans ce contexte, l'**assurance cyber** gagne en importance comme mécanisme de gestion des risques. L'attaque contre **Colonial Pipeline**[14] en 2021, qui a paralysé une bonne partie de l'approvisionnement en carburant aux États-Unis, a illustré la nécessité d'un transfert financier des risques, même si les assureurs peinent parfois à évaluer correctement les primes face à l'évolution rapide des menaces. Selon **Allied Market Research (2023)**, ce marché devrait être multiplié par six d'ici 2030.

Enfin, la pénurie mondiale de talents spécialisés pousse de nombreuses organisations à externaliser leurs besoins via des **Managed Security Service Providers (MSSP)**[15]. Le déficit global de professionnels en cybersécurité est estimé à plus de **3,4 millions** selon l'étude **(ISC)² (2022)**. Des acteurs comme **IBM Security Services**, **Orange Cyberdéfense**, **Orange Business Services Sénégal**, répondent à cette demande croissante en offrant des services de détection et de réponse aux incidents externalisés, permettant aux entreprises de pallier leur manque de ressources internes.

Ces tendances, prises dans leur ensemble, dessinent un paysage de cybersécurité en perpétuelle mutation, où l'évolution technologique s'accompagne d'un double mouvement : d'un côté, une sophistication

---

13 La Loi n° 2008-12 du 25 janvier 2008 au Sénégal établit le cadre juridique de la protection des données personnelles et crée la Commission des Données personnelles (CDP) pour veiller à son application.

14 Le 7 mai 2021, un ransomware du groupe DarkSide a forcé l'arrêt du Colonial Pipeline, principal réseau d'acheminement de carburant reliant le Texas à la côte est des États-Unis, entraînant des pénuries de carburant dans plusieurs États, un état d'urgence fédéral et le paiement d'une rançon d'environ 75 bitcoins (environ 4,4 millions USD) pour restaurer les opérations : https://en.wikipedia.org/wiki /Colonial_ Pipeline_ransomware_attack

15 Un Managed Security Service Provider (MSSP) est un prestataire spécialisé qui prend en charge, pour le compte d'une organisation, la surveillance continue, la gestion et la protection de son système d'information, en offrant des services tels que la détection des menaces, la réponse aux incidents et la gestion des dispositifs de sécurité.

croissante des solutions de protection, et de l'autre, une complexification tout aussi rapide des menaces. Elles mettent en évidence une responsabilisation accrue des acteurs publics comme privés, contraints de conjuguer conformité réglementaire, innovation technologique et anticipation stratégique. Plus encore, elles soulignent l'interdépendance mondiale des infrastructures numériques : une faille localisée peut désormais entraîner des répercussions systémiques à l'échelle planétaire.

En arrière-plan se joue une tension permanente entre innovation et vulnérabilité : chaque progrès, qu'il s'agisse de l'IA appliquée à la détection, du cloud ou de l'Internet des objets, ouvre des perspectives inédites de développement, mais engendre simultanément de nouveaux vecteurs d'attaque et de fragilisation. Ainsi, la cybersécurité s'impose moins comme un état figé que comme un processus dynamique, en équilibre précaire entre promesse et risque.

Conclusion

Née d'un projet militaire, l'infrastructure Internet est aujourd'hui au cœur du fonctionnement des entreprises et de la création de valeur. Mais cette dépendance accrue expose directement les actifs stratégiques (données sensibles, propriété intellectuelle, image de marque et continuité opérationnelle) à des menaces toujours plus sophistiquées. La cybersécurité apparaît dès lors comme **un impératif pour protéger ce patrimoine** et garantir la pérennité de son entreprise.

Afin d'aider les entreprises à mieux sécuriser leurs actifs, cet ouvrage se veut un guide pratique, nourri des observations et retours d'expérience de professionnels du domaine. Il propose une approche structurée autour de quatre axes :

1. Comprendre l'évolution des cyberattaques et leurs impacts potentiels sur les actifs des entreprises ;
2. Définir une stratégie de cybersécurité alignée sur les priorités métiers de son entreprise et soutenue par une gouvernance claire ;

3. Mettre en œuvre des tactiques de protection adaptées (architecture résiliente, contrôles d'accès ciblés, authentification robuste) ;
4. Déployer des dispositifs opérationnels de surveillance et de réponse pour limiter l'impact des incidents et assurer la continuité des activités.

Ainsi conçu, cet ouvrage a pour objectif d'accompagner les responsables de la sécurité et l'ensemble des professionnels du domaine dans une meilleure compréhension des enjeux stratégiques liés à la cybersécurité. Il propose également des approches concrètes et pratiques pour mettre en place des mesures adaptées, permettant non seulement de protéger efficacement son organisation, mais aussi de renforcer la confiance des parties prenantes et d'assurer la durabilité des activités de l'entreprise face aux menaces numériques.

PARTIE I

CONTEXTE GLOBAL DE LA CYBERSÉCURITÉ

CHAPITRE 1

LES CYBERATTAQUES, UN PROBLÈME DE PLUS EN PLUS SÉRIEUX

Le chapitre 1 fait un rappel historique de l'évolution des cyberattaques depuis les premières qui ont été révélées dans les années quatre-vingt jusqu'à aujourd'hui. Il met l'accent sur certains événements majeurs qui ont eu un impact significatif sur la manière dont les cyberattaques sont perçues dans le fonctionnement des entreprises.

1.1 Une cyberpandémie !

1.1.1 Les entreprises face à la réalité des cybermenaces

Cybersécurité, cyberattaque, cybercriminalité, cyberdéfense… Il y a vingt ans, ces mots ne faisaient pas partie du vocabulaire courant des technologies de l'information. Certains ont seulement été ajoutés au dictionnaire[16] français entre 2017 et 2018. Aujourd'hui, ils sont cités des millions de fois par jour. Les intrusions sont devenues un véritable enjeu à tous les niveaux ; qu'on soit un particulier, une agence gouvernementale, une petite ou une grande entreprise ou un établissement avec une dimension multinationale.

Les entreprises de toutes tailles, de tous les secteurs d'activité (bancaire, commercial, alimentaire, industriel, divertissement, etc.) sont toutes concernées par les cyberattaques. De la plus grande à la plus petite, en

[16] Commission d'enrichissement de la langue française (France), FranceTerme : http://www.culture.fr/franceterme

passant par **Sony**[17], **Equifax**[18], **Target**[19], **DynDNS**[20], la **Banque Desjardins**[21] au Québec, des entités étatiques et privées au Sénégal et en Afrique, aucune structure n'est à l'abri.

Au cours des dernières années, l'ampleur et l'impact des cyberattaques ont considérablement évolué. Certains spécialistes avaient estimé qu'en 2011, aux États-Unis, **60 % des petites entreprises** étaient incapables de poursuivre leurs activités plus de six mois après une cyberattaque ; surtout si l'attaque engendrait la perte de données. Plus d'une décennie plus tard, ce **pourcentage**[22] est resté le même bien que les professionnels de la cybersécurité soient de plus en plus outillés et sensibilisés.

Dans une étude (Accenture, 2019) couvrant 11 pays dont le Brésil, le Canada, Singapour, l'Espagne et les États-Unis, **Accenture** avait estimé à **16 millions de dollars USD**, le coût moyen d'une cyberattaque dans l'industrie bancaire en 2017. Ce coût, passé à 18 millions en 2018 n'a pas cessé de s'accroître, atteignant des records aujourd'hui.

Les entreprises doivent consentir à des investissements massifs en ressources humaines et dans l'acquisition de solutions, de plus en plus

---

[17] La cyberattaque de 2014 contre Sony Pictures a vu des pirates infiltrer son réseau, divulguant des données sensibles, des courriels internes et des films inédits, causant d'importants dommages à l'entreprise : https://www.trendmicro.com/vinfo /us/security/ news/cyber-attacks/the-hack-of-sony-pictures-what-you-need-to-know

[18] La cyberattaque de 2017 contre Equifax a exploité une vulnérabilité de ses systèmes, exposant les données personnelles d'environ 147 millions de personnes : https://www.trendmicro.com/vinfo/us/security/news/cyber-attacks /equifax -reveals-extent-of-2017-data-breach-number-of-stolen-records

[19] En 2013, des pirates ont pénétré le réseau de Target via un fournisseur tiers, volant les données de paiement de plus de 40 millions de clients et compromettant les informations personnelles de 70 millions d'autres : https://redriver.com/security/target-data-breach

[20] La cyberattaque de DynDNS d'octobre 2016 fut une vaste attaque DDoS contre le fournisseur DNS Dyn, entraînant d'importantes perturbations sur Internet et affectant des sites majeurs comme Twitter, Netflix, CNN ou Reddit: https://www.engadget.com/2016-10-21-some-of-the-biggest-sites-on-the-internet-were-shut-down-this-mo.html

[21] La cyberattaque visant Desjardins en 2019, menée par un ex-employé, a entraîné l'accès non autorisé et le vol de données personnelles de plusieurs millions de membres : https://lactualite.com/actualites/29-millions-de-membres-de-desjardins-victimes-dune-faille-de-securite

[22] Données sur le pourcentage d'entreprise en faillite après une cyberattaque : https://www.idagent.com/blog/60-percent-of-companies-go-out-of-business-after-a-cyberattack

difficile à opérer. En **2023**, elles ont consacré environ **188 milliards USD** à la cybersécurité, une dépense record confirmée par le **Wall Street Journal (WSJ)**[23]. Pour **2024**, les prévisions indiquaient une augmentation notable : les dépenses devaient atteindre les **215 milliards USD,** selon toujours le WSJ, soit une hausse d'environ **15 %**. Selon des analyses de Gartner (diffusées via *WisdomTree*)[24], ces montants se répartissent entre logiciels de sécurité, services managés, infrastructures réseaux, etc. De plus, les études rapportent que malgré cette croissance des dépenses, les violations de données n'ont cessé d'augmenter : en 2023, **82 %** des fuites concernaient des environnements cloud et les attaques ransomware, aggravant les risques face à ces investissements croissants.

1.1.2 Quand les cyberattaques bouleversent les particuliers

On parle souvent des cyberattaques à travers les pertes colossales qu'elles infligent aux entreprises. Mais on oublie trop souvent les particuliers, ceux qui, derrière les chiffres, voient leur quotidien bouleversé. En effet, si les entreprises peuvent estimer les coûts liés à une cyberattaque et lancer des plans de remédiation, pour un individu, les conséquences sont plus diffuses, plus personnelles, et parfois impossibles à chiffrer.

Imaginez un matin, vous recevez un appel de votre banque vous informant qu'un prêt a été contracté en votre nom. Vous n'avez rien signé, et pourtant votre identité a bien été utilisée. C'est ce qui est arrivé à des millions d'Américains après la fuite de données d'**Equifax** en 2017. Leur vie financière entière s'est retrouvée exposée (numéros de sécurité sociale, historiques de crédit, informations bancaires). Pour les entreprises concernées, l'affaire se solde en amendes et frais juridiques. Mais pour les victimes, ce sont des années de stress, d'inquiétudes et de

---

[23] Article du Washington Journal (WSJ) du 15 mars 2024: https://www.wsj.com/tech/cybersecurity/why-are-cybersecurity-data-breaches-still-rising-2f08866c

[24] Article dans le blog de Wisdom Tree intitulé « *Cybersecurity Should Remain a Top Focus in 2023* »: https://www.wisdomtree.com/investments/blog/2022/10/31/cybersecurity-should-remain-a-top-focus-in-2023

batailles administratives pour prouver qu'elles ne sont pas à l'origine de ces emprunts frauduleux.

En 2014, une autre histoire a choqué le monde : le scandale du **« Celebgate »**[25]. Des pirates, grâce à de simples emails d'hameçonnage, ont accédé à des comptes **iCloud**[26] et dérobé des centaines de photos privées de célébrités. Ces images, dont certaines intimes, se sont retrouvées sur Internet. Les coupables ont fini par être arrêtés et condamnés, mais pour les victimes, principalement des femmes, le traumatisme reste ineffaçable : perte d'intimité, peur constante de voir ressurgir ces images, harcèlement en ligne. Une atteinte directe à leur dignité et à leur vie personnelle, impossible à réparer par une simple compensation financière.

Dans une petite ville d'Europe, un retraité reçoit un appel. L'homme au bout du fil dit travailler pour le support technique de **Microsoft** : « *Votre ordinateur a un problème grave, mais je peux vous aider à le résoudre* ». La voix est rassurante, l'homme semble compétent. Le retraité suit ses instructions, sans savoir qu'il est en train de lui donner un accès complet à son ordinateur. Quelques minutes plus tard, toutes ses photos, ses lettres, ses documents sont chiffrés avec un message lui disant : *« Payez une rançon si vous voulez récupérer vos fichiers. »*. Il décline, mais ce refus va lui coûter cher. Ses souvenirs numériques, dont les photos de sa femme disparue, sont perdus pour toujours.

Aujourd'hui, il suffit d'un simple clic pour tomber dans un piège. Un email, semblant provenir d'une banque ou même d'un collègue, invite à **cliquer en urgence** sur un lien. Beaucoup ignorent que, derrière ce geste banal, se cachent des menaces redoutables :

- Des logiciels espions qui enregistrent chaque frappe sur le clavier ;
- Des ransomwares qui bloquent l'accès aux fichiers ;

---

[25] Le « Celebgate » ou « Fappening » désigne une cyberattaque de 2014 lors de laquelle des pirates ont accédé à des photos privées de nombreuses célébrités via leurs comptes iCloud, déclenchant un large débat sur la vie privée et la sécurité des données. Plus d'Information sur Wikipédia : https://en.wikipedia.org /wiki/ICloud _leaks_of_celebrity_photos

[26] iCloud est un service de stockage de données infonuagique mis à la disposition de ses clients par la firme Apple : https://www.icloud.com

- Ou encore l'utilisation de l'ordinateur infecté comme relais pour attaquer d'autres cibles.

Pendant la pandémie de COVID-19, des millions de personnes ont reçu de faux emails se faisant passer pour l'**Organisation mondiale de la Santé (OMS)**. En cherchant des informations vitales sur le virus, beaucoup d'utilisateurs ont fourni leurs informations personnelles à des cybercriminels. Un clic de trop, et leur vie numérique a basculé.

Ces histoires montrent une réalité troublante : les cyberattaques ne sont pas de simples **« incidents techniques »**. Elles touchent à l'identité, à la mémoire, à la confiance et parfois à l'intimité la plus profonde des victimes et leurs proches.

Face à cette réalité, une certitude s'impose : **les particuliers sont en première ligne**. Protéger ses mots de passe, se méfier des appels ou emails suspects, sauvegarder ses données… ce ne sont plus des gestes techniques, mais des réflexes vitaux pour préserver son quotidien.

1.2 Les premières cyberattaques

L'histoire des cyberattaques remonte aux débuts de l'informatique, lorsque des individus ont commencé à exploiter les vulnérabilités des systèmes informatiques à des fins diverses. Le phénomène de rançonnage, très prisé aujourd'hui par les attaquants à cause de la facilité qu'ils ont à tromper la vigilance des victimes, n'est pas nouveau. On peut même le considérer comme une des premières formes connues de cyberattaque, exploitant l'ignorance des utilisateurs de l'informatique. **Joseph L. Popp**[27] est largement connu pour avoir été l'auteur du cheval de Troie appelé *AIDS Trojan* ou *AIDS Virus*, un logiciel rançonneur pionnier. En effet, en **1989**, profitant de l'ignorance des professionnels du domaine médical, de la maladie du SIDA, il a créé un logiciel malveillant qui chiffrait les fichiers des ordinateurs des victimes et exigeait le paiement d'une rançon pour en rétablir les accès.

---

27 Histoire du Dr Popp précurseur des attaques par rançonnage : https://medium.com/@alinasimone/the-bizarre-pre-internet-history-of-ransomware-bb480a652b4b

Le programme du Dr Popp a été distribué sur des **disquettes**[28] et visait principalement les institutions médicales et de recherche.

Une des premières cyberattaques largement médiatisées est celle de **Michael Calce**[29] alias **Mafiaboy**. En février 2000, ce jeune Québécois de 15 ans avait décidé de lancer une série d'attaques par **déni de service distribué (DDoS)** sur des sites Internet très connus de grandes entreprises comme Amazon, CNN, Dell, eBay et Yahoo, le plus grand moteur de recherche au monde à l'époque. Les dommages de Mafiaboy avaient été estimés à près de **1,2 milliard USD**. Ses actions avaient suscité une large couverture médiatique et un regain d'intérêt pour la cybersécurité, mettant en évidence l'impact potentiel de cyberattaques coordonnées et l'importance de disposer de défenses solides contre de telles menaces. Il fut interpellé et condamné à huit mois de détention en milieu ouvert. Cette peine peut être perçue aujourd'hui comme très légère. En effet, de nos jours, quelqu'un qui commet les mêmes actes que Mafiaboy se verrait certainement infliger une peine de plusieurs années de prison ferme.

En mai 2000, le ver « **ILOVEYOU** »[30], qui avait commencé à se répandre par courrier électronique, a fini par infecter des milliers d'ordinateurs Windows, causant plusieurs dommages, notamment la suppression de plusieurs fichiers. Le ver, écrit sous forme d'un script avec le langage de programmation **Visual Basic**, était déguisé sous la forme d'un fichier texte avec le titre très attirant de « **LOVE-LETTER-FOR-YOU.txt.vbs** ». Ce qui avait le pouvoir de tromper la vigilance de n'importe qui à cette époque où les risques inhérents à l'utilisation de l'Internet n'étaient pas connus.

---

[28] Une disquette, ancêtre de la clé USB pour le stockage mobile de données, est un support de stockage amovible qui a été largement utilisé pour le stockage et le transfert de données de la fin des années 1970 au début des années 2000. Elle se compose d'un disque fin et flexible recouvert d'un matériau magnétique, enfermé dans une coque en plastique carrée ou rectangulaire. Les disquettes existent en différentes tailles, les plus courantes étant les formats 9 et 12 cm.

[29] Article sur Mafia Boy dans le New York Time : https://www.nytimes.com/2000/04/20/business/canada-arrests-15-year-old-in-web-attack.html

[30] Information additionnelle sur le ver *ILOVEYOU* dans Wikipédia : https://en.wikipedia.org/wiki/ILOVEYOU

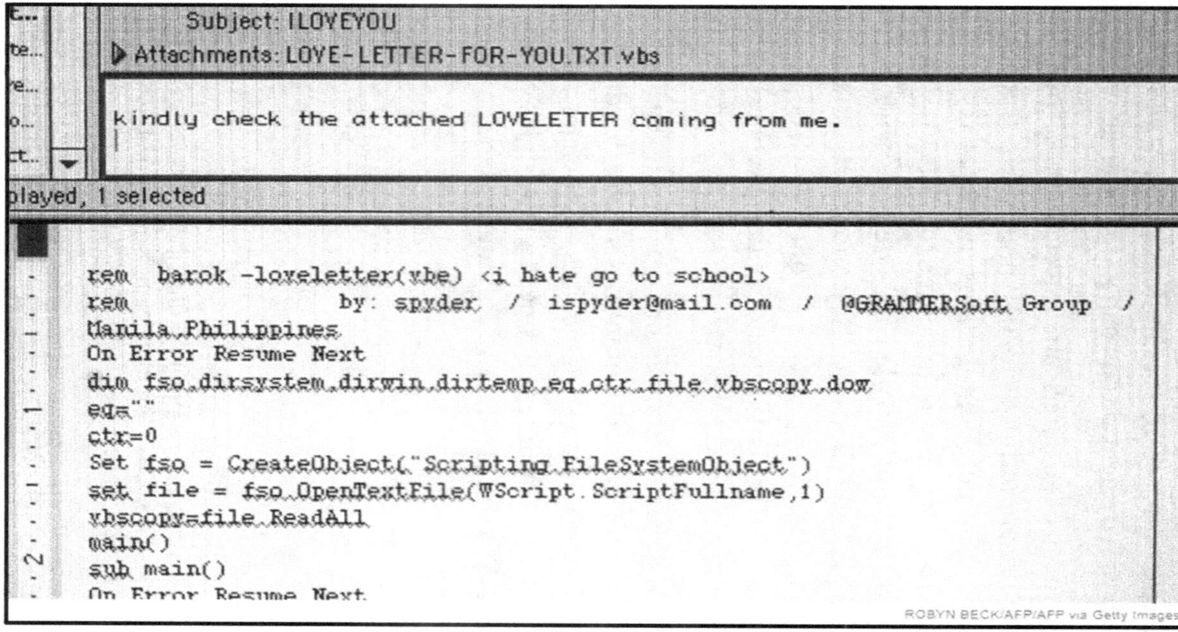

Figure 1 : Copie du message et du code du virus ILOVEYOU qui s'est répandu en mai 2000[31]

[31] Historique du ver « ILOVEYOU » par CNN : https://edition.cnn.com/2020/05/01/tech/iloveyou-virus-computer-security-intl-hnk/index.html

Les conséquences de « *ILOVEYOU* » allaient être plus dévastatrices que l'attaque de Mafiaboy. Le virus qui s'est propagé dans le monde entier en quelques heures allait causer des dommages estimés à plusieurs milliards de dollars. Heureusement pour son auteur, un jeune philippin du nom de **Onel de Guzman**[32], qui résidait dans un pays où les lois en vigueur à l'époque ne prévoyaient pas de sanctions pour de tels actes.

Albert Gonzalez[33], un hacker américain est en train de purger une sentence de 20 ans de prison, infligée en 2010 pour avoir, entre 2005 et 2007, formé un réseau criminel (dont certains membres vivaient hors du territoire des États-Unis) qui a notamment volé et vendu des informations de près de 200 millions de cartes de paiement. Gonzalez et ses acolytes ont utilisé la méthode de l'injection SQL pour attaquer leurs victimes. En effet, grâce à ce procédé, ils ont réussi à déployer des portes dérobées sur les systèmes informatiques dans le but de pouvoir collecter des données.

Gonzalez, inculpé dans plusieurs États américains, dont New York et le New Jersey, a reconnu avoir aidé ses complices à voler des dizaines de millions de numéros de cartes bancaires, touchant plus de 250 institutions financières. Parmi les victimes figuraient les clients des magasins détaillants **TJX** et la **Heartland Payment**[34], spécialisée dans le traitement des paiements.

---

[32] Onel de Guzman est un pirate informatique philippin qui s'est fait connaître en créant le ver « ILOVEYOU » en 2000, un logiciel malveillant destructeur basé sur le courrier électronique qui a infecté des millions d'ordinateurs dans le monde entier.

[33] Profil d'Albert Gonzalez dans l'encyclopédie Wikipédia : https://en.wikipedia.org/wiki/Albert_Gonzalez

[34] La cyberattaque de Heartland Payment Systems : Une importante violation de données s'est produite en 2008 et a entraîné la compromission de plus de 100 millions de cartes de crédit et de débit. Les attaquants ont exploité les vulnérabilités des systèmes de traitement des paiements, installant des logiciels malveillants pour capturer les informations des cartes pendant les transactions.

SBK/EL/2009R00080

UNITED STATES DISTRICT COURT
DISTRICT OF NEW JERSEY

UNITED STATES OF AMERICA	:
	: Hon.
v.	: Criminal No. 09-
	: 18 U.S.C. §§ 371 and 1349
ALBERT GONZALEZ, a/k/a "segvec," a/k/a "soupnazi," a/k/a "j4guar17," HACKER 1, and HACKER 2	:

INDICTMENT

The Grand Jury in and for the District of New Jersey, sitting at Newark, charges:

COUNT 1
(Conspiracy)
18 U.S.C. § 371

1. At various times relevant to this Indictment:

The Defendants

a. Defendant Albert Gonzalez, a/k/a "segvec," a/k/a "soupnazi," a/k/a "j4guar17" ("GONZALEZ"), resided in or near Miami, Florida.

b. Defendant HACKER 1 resided in or near Russia.

c. Defendant HACKER 2 resided in or near Russia.

Figure 2 : Acte d'accusation de Albert Gonzalez au New Jersey

UNITED STATES DISTRICT COURT
DISTRICT OF MASSACHUSETTS

UNITED STATES OF AMERICA v. ALBERT GONZALEZ, a/k/a cumbajohny, a/k/a cj, a/k/a UIN 201679996, a/k/a UIN 476747, a/k/a soupnazi, a/k/a segvec, a/k/a k1ngchilli, a/k/a stanozololz, Defendant.	Criminal No. 08 CR 10.2.2.3 PBS VIOLATIONS: 18 U.S.C. § 371 (Conspiracy) 18 U.S.C. § 1030(a)(5)(A)(i) (Damage to Computer Systems) 18 U.S.C. § 1343 (Wire Fraud) 18 U.S.C. § 1029(a)(3) (Access Device Fraud) 18 U.S.C. § 1028A (Aggravated Identity Theft) 18 U.S.C. §§ 1029(c)(1)(C), 982(a)(2)(B), 981(a)(1)(C), 28 U.S.C. §2461(c) (Criminal Forfeiture)

INDICTMENT

COUNT ONE
(Conspiracy)
18 U.S.C. § 371

The Grand Jury charges that:

1. From approximately 2003 through 2008, in the Southern District of Florida, the District of Massachusetts, Eastern Europe and elsewhere, ALBERT GONZALEZ, Christopher Scott ("Scott"), Damon Patrick Toey ("Toey"), Maksym Yastremskiy ("Yastremskiy"), J.J., J.W., and others known and unknown to the Grand Jury, conspired to commit unlawful access to computer systems, in violation of 18 U.S.C. § 1030; wire fraud, in violation of 18 U.S.C. § 1343; access device (credit and debit card) fraud, in violation of 18 U.S.C. § 1029; aggravated identity theft, in violation of 18 U.S.C. §1028A; and money laundering, in violation of 18 U.S.C. § 1956.

Figure 3 : Acte d'accusation de Albert Gonzalez au Massachusetts

Le nombre annuel de cyberattaques n'a pas cessé d'augmenter dans la période 2010 – 2015 avec la diversification des acteurs. La **Cyberwarfare**[35] ou cyberguerre, cette forme de cyberattaque dont les acteurs sont des États-nations, se développe. Les grandes puissances, surtout le trio Russie, États-Unis et Chine, s'accusent mutuellement. L'Ukraine et Israël sont aussi identifiés comme étant très actifs dans le domaine.

1.3 Des attaques de plus en plus fréquentes

Les conséquences des cyberattaques n'ont pas cessé de croître, tant en fréquence qu'en gravité, au point qu'une véritable industrie s'est structurée tout autour. Les cybercriminels exploitent régulièrement des vulnérabilités, connues ou non, mènent des attaques sophistiquées, dont certaines ont marqué les dernières années. Parmi les plus notables, on peut citer celles listées ci-dessous :

- En mai 2017, le rançongiciel **WannaCry**[36] a infecté des milliers d'ordinateurs dans le monde en quelques heures. Il chiffrait les données et exigeait une rançon, doublée après trois jours, avant suppression définitive au bout de sept jours. De nombreuses victimes ont perdu leurs données, faute de paiement ;
- Sept mois auparavant, en octobre 2016, une attaque par déni de service a paralysé l'accès à des sites de grandes multinationales, dont CNN et MSNBC, en ciblant l'entreprise **Dyn**[37]**,** leur fournisseur de service DNS. L'enquête a montré que l'attaque provenait d'un

[35] La Cyberwarfare ou cyberguerre désigne l'usage d'attaques numériques par des États ou leurs mandataires pour perturber, endommager ou infiltrer les systèmes d'un adversaire, souvent dans des objectifs d'espionnage, de sabotage ou d'influence géopolitique.

[36] Description du Ransomware WannaCry: https://www.symantec.com/blogs /threat-intelligence/wannacry-ransomware-attack

[37] Analyse de l'attaque DDoS sur la compagnie Dyn : https://dyn.com/blog/dyn-statement-on-10212016-ddos-attack/

botnet[38] **Mirai**[39], constitué d'objets connectés infectés (caméras, passerelles, interphones, etc.) ;

- En 2017, aux États-Unis, la chaîne de magasins **Target** a subi une vaste fuite de données touchant plus de **70 millions de personnes**. Les attaquants ont accédé à des informations personnelles (noms, adresses, numéros de téléphone et emails), facilitant des usurpations d'identité pour réaliser des achats ou contracter des emprunts au nom des victimes ;
- En juin 2019, la coopérative financière **Desjardins** au Québec a subi un vol de données majeur. D'abord estimée à 2,7 millions de clients particuliers, victimes et 173 000 entreprises (40 % des clients entreprises), la fuite s'est finalement révélée concerner **l'ensemble des 4,2 millions de membres individuels** ;
- Pour répondre à la fuite de 2019, **Desjardins** a invité ses clients à s'inscrire aux services de surveillance de crédit avec l'entreprise **Equifax**[40]. Or, en septembre 2017, **Equifax** avait elle-même subi une cyberattaque touchant environ **148 millions de clients**[41] ;
- En 2007, l'**Estonie** a subi une série d'attaques DDoS inédites durant **22 jours** (entre avril et mai), paralysant services publics et institutions financières. Fortement digitalisé, le pays était particulièrement vulnérable. Ces attaques, liées aux tensions politiques avec la Russie, déclenchées après le déplacement d'une statue soviétique, ont marqué un **tournant majeur en cybersécurité mondiale** (Ottis, 2007) ;

---

38 Un réseau de « zombies » ou botnet est un réseau d'ordinateurs compromis contrôlé à distance par un acteur malveillant, souvent utilisé pour mener des cyberattaques coordonnées ou distribuer des logiciels malveillants.

39 Série d'articles sur le malware Mirai par le journaliste spécialisé en cybersécurité, Brian Krebs : https://krebsonsecurity.com/tag/mirai-botnet

40 Entreprise de surveillance de crédit, Equifax : https://www.equifax.com

41 Détails de la brèche de sécurité chez Equifax : https://krebsonsecurity.com/2017/09/the-equifax-breach-what-you-should-know

- **L'opération Payback**[42], menée par le groupe **Anonymous**[43], était une série d'attaques par déni de service. Elle a débuté en représailles contre **Aiplex Software**[44], qui attaquait des sites diffusant du contenu piraté, avant de s'élargir à d'autres cibles. Sa phase la plus marquante a visé des institutions financières comme **PayPal, Mastercard et Visa**, sanctionnées pour avoir cessé de collaborer avec **WikiLeaks**[45] sous pression américaine.

Les cyberattaques ne sont pas seulement dirigées vers les entreprises. Les états s'attaquent mutuellement **dans le plus grand silence** avec l'apparition de la cyberguerre ou *Cyberwarfare* :

- Le ver informatique **Stuxnet**[46] est connu pour avoir été mis en œuvre conjointement par les services secrets des États-Unis et d'Israël dans le but de porter un coup d'arrêt au programme nucléaire iranien. Découvert en 2010, Stuxnet ciblait les systèmes de contrôle, de surveillance et d'acquisition de données (SCADA) et serait la cause de dommages très importants dans le programme nucléaire iranien.

---

[42] L'opération Payback est une série de cyberattaques coordonnées lancées par le groupe Anonymous à la fin de l'année 2010, visant des organisations et des entités qu'ils considèrent comme opposées à la liberté en ligne et aux mesures de lutte contre le piratage. Les sites Web de la Motion Picture Association of America (MPAA), de la Recording Industry Association of America (RIAA) et de PayPal ont notamment été attaqués : https://security.radware.com/ddos-knowledge-center/ddospedia/operation-payback

[43] Anonymous est un collectif international de pirates informatiques et un groupe d'activistes décentralisé et faiblement associé, connu pour son utilisation de cyberattaques, notamment de DDoS et de fuites de données, afin de promouvoir la liberté d'expression, la justice sociale et la lutte contre la censure, en ciblant souvent des gouvernements, des entreprises et d'autres institutions.

[44] Airplex Software, une compagnie qui lutte contre le piratage de contenu : https://www.aiplex.com

[45] WikiLeaks est une organisation à but non lucratif fondée par Julian Assange en 2006 qui publie des documents classifiés, ayant fait l'objet de fuites ou dont l'accès est restreint, provenant de sources anonymes, dans le but de promouvoir la transparence et de dénoncer la corruption, les manquements des gouvernements et les violations des droits de l'homme : https://wikileaks.org

[46] Stuxnet est un ver informatique très sophistiqué découvert en 2010, conçu pour saboter le programme d'enrichissement nucléaire de l'Iran en provoquant le dysfonctionnement des centrifugeuses de l'usine de Natanz, ce qui constitue l'un des premiers cas connus de cyberguerre ciblant des infrastructures critiques. Analyse du ver Stuxnet par le site d'information WIRED : https://www.wired.com /2014/11/countdown-to-zero-day-stuxnet

- Un rapport du **comité des renseignements du Sénat** américain **publié en 2019** concluait que : « *Le gouvernement russe a mené une vaste activité, commençant au moins en 2014 et se poursuivant au moins jusqu'en 2017, contre l'infrastructure électorale américaine au niveau de l'État fédéral et au niveau local* » (US Senate, 2019).
- Toujours aux États-Unis, le procureur spécial nommé après le limogeage du directeur du FBI James Comey en mai 2017 avait indiqué dans un rapport (Mueller, 2019) que l'influence russe s'est exercée sur deux axes. La première forme d'influence électorale russe est venue principalement d'une agence de recherche sur Internet qui a mené des opérations sur les médias sociaux visant un large public américain dans le but de semer la discorde dans le système politique américain avec la diffusion de fausses nouvelles. Ensuite, une campagne de piratage s'est orchestrée. En mars 2016, les services de renseignements russes ont piraté les ordinateurs et les comptes de messagerie des organisations, des employés et des bénévoles soutenant la candidate *Hilary Clinton*, y compris le compte de messagerie du président de la campagne. Un mois plus tard, c'est-à-dire en avril 2016, les Russes ont piraté les réseaux informatiques du Comité de Campagne du Congrès démocratique (DCCC) et du Comité national démocratique (DNC). Les documents et emails volés ont été diffusés en ligne via des intermédiaires comme Wikileaks. La publication de ces documents a affecté la campagne de la candidate **Clinton** à cause de certains échanges compromettants.

Il arrive qu'on assiste à un mélange d'intérêts personnels et d'intérêts étatiques. C'est-à-dire que les autorités d'un pays, mis au courant d'activités de leurs ressortissants envers d'autres pays, peuvent tout simplement ignorer les faits ou décider de les encourager dans le plus grand secret afin d'en tirer un bénéfice, au lieu de les réprimander :

- Le **20 juillet 2020**, les autorités judiciaires de la ville de Seattle aux États-Unis ont mis en examen deux ressortissants chinois pour activités cybercriminelles envers « *des entreprises américaines et étrangères présentes dans une grande variété de secteurs, notamment la fabrication de haute technologie, l'ingénierie civile,* *lourde et médicale, les logiciels commerciaux, éducatifs et de jeux, l'énergie solaire, les produits pharmaceutiques et la défense* »[47]. Les deux individus sont non seulement accusés de travailler pour leurs propres bénéfices, mais également « *au profit du ministère chinois de la Sécurité d'État (MSS), y compris le département de la sécurité d'État du Guangdong* ».

Les cyberattaques font souvent la une des médias **après** qu'elles ont été menées. Cependant, il existe des situations où **la simple révélation de l'existence d'une vulnérabilité critique** suffit à provoquer une véritable onde de choc dans le monde de la cybersécurité. En effet, certains rapports de failles de sécurité particulièrement graves suscitent une alerte immédiate, car ces vulnérabilités peuvent potentiellement **affecter un large éventail de systèmes connectés à Internet**, indépendamment de leur localisation ou de leur infrastructure d'hébergement. Ces failles, dites « **zero-day** », très critiques, mobilisent alors en urgence, chercheurs, experts et éditeurs de logiciels, avant même qu'un exploit ne soit rendu disponible sur Internet :

- Le monde a vécu un des moments pareils le **7 avril 2014**, jour où la vulnérabilité **Heatbleed**[48], qui existait pourtant depuis 2012, a été rendue publique. *Heartbleed* est une faille dans la bibliothèque de logiciels cryptographiques du protocole *OpenSSL*. Ce qui permet de lire le contenu de la mémoire des systèmes protégés par *OpenSSL* et de voler les informations censées être protégées par chiffrement *SSL/TLS*. La situation était d'une extrême sévérité considérant qu'une grande majorité de serveurs présents sur Internet avaient implémenté les versions affectées du logiciel ;
- Six mois après la découverte de la vulnérabilité critique Heartbleed, une nouvelle faille nommée **POODLE** (*Padding Oracle on Downgraded Legacy Encryption*) a été révélée. Bien que de nature différente, elle appartient à la même catégorie de vulnérabilités

[47] La liste des fugitifs les plus recherchés du FBI regroupe des criminels dont la capture est prioritaire en raison de la gravité de leurs délits et de la menace qu'ils font peser sur la sécurité publique des États-Unis : https://www.fbi.gov/wanted/cyber/china-mss-guangdong-state-security-department-hackers

[48] Description de la vulnérabilité Heartbleed : https://heartbleed.com

affectant la sécurité des communications chiffrées sur Internet. POODLE cible spécifiquement la **version 3.0 du protocole SSL** (*Secure Socket Layer*), un protocole désormais considéré comme obsolète et vulnérable. Cette faille permet à un attaquant d'intercepter et de **déchiffrer les données échangées entre un navigateur Web et un serveur sécurisé**, compromettant ainsi la confidentialité des sessions. POODLE exploitait notamment la possibilité pour un attaquant d'obliger un client et un serveur à **rétrograder leur connexion vers SSL 3.0**, facilitant l'exploitation du chiffrement faible. Cette découverte a accéléré la **dépréciation officielle de SSL 3.0** au profit de protocoles plus robustes comme **TLS** (*Transport Layer Security*).

D'autres vulnérabilités majeures, créant un niveau de panique moins élevé, ont été déclarées entre 2010 et 2020 :

- **Shellshock (2014)** [49], une faille de sécurité critique, a affecté plusieurs versions des systèmes Linux et d'Unix ainsi que plusieurs autres **constructeurs**[50] dont les équipements sont basés sur Unix. La faille, affectant le **Shell Bash**, un interpréteur de ligne de commande largement utilisé pour les systèmes basés sur Unix, permettait aux attaquants d'exécuter des commandes arbitraires sur les systèmes affectés en exploitant les variables d'environnement, ce qui pouvait entraîner des accès non autorisés, des violations de données et la compromission du système ;
- **EternalBlue (2017)** n'était pas réellement une vulnérabilité, mais un outil développé par les services secrets américains (NSA) [51] et divulgué par un groupe de hackers du nom de **Shadow Brokers**[52].

---

[49] Analyse technique de la vulnérabilité Shellshock par la firme Trend Micro : https://success.trendmicro.com/en-US/solution/KA-0004519

[50] Liste des constructeurs ayant confirmé que leurs équipements étaient vulnérables à Shellshock : https://cve.mitre.org/cgi-bin/cvename.cgi?name=CVE-2014-6271

[51] La National Security Agency (NSA) est une agence américaine chargée du renseignement électronique, notamment de la collecte et de l'analyse des communications et des données étrangères, ainsi que de la protection des communications et des systèmes d'information du gouvernement américain contre les cybermenaces.

[52] The Shadow Brokers Leaked Exploits Explained: https://old.rapid7.com/blog/post/2017/04/18/the-shadow-brokers-leaked-exploits-faq/

EternalBlue est utilisé pour exploiter une vulnérabilité dans un protocole de transport du système d'exploitation Windows connu sous le nom de **Server Message Block (SMB)**. L'outil permet à l'exploitant de prendre le contrôle des ordinateurs et il a été à la base des **ransonware, WannaCry** et **NotPetya**.

La particularité des vulnérabilités listées précédemment est qu'elles sont de type logiciel. C'est-à-dire que les constructeurs affectés peuvent développer des correctifs dans un court délai. Tel n'était pas le cas avec les vulnérabilités **Spectre** et **Meltdown**[53] découvertes le 1er juin 2017 par une équipe de chercheurs de **Google** et qui exploitaient le mode de fonctionnement du processeur et de la mémoire des systèmes.
Le niveau de criticité de ces deux vulnérabilités était tel que l'équipe de Google avait gardé l'information confidentielle, préférant informer d'abord **les fabricants de matériels affectés tels que Intel et ARM** pour leur permettre de développer des correctifs avant que l'information ne soit dévoilée au grand public :

- **Spectre** est une vulnérabilité exploitant l'**exécution spéculative** des processeurs, une technique destinée à accélérer leur performance. Elle consiste à tromper le CPU pour qu'il exécute spéculativement des instructions qui ne devraient pas l'être. En manipulant ces instructions transitoires, un attaquant peut accéder à des données sensibles, comme des **mots de passe** présents dans la mémoire de la victime (Kocher, et al., 2019) ;
- **La vulnérabilité Meltdown** (Lipp, et al., 2020) exploite les mêmes failles que *Spectre* avec une petite différence. L'exploitation de Spectre permet de lire des emplacements arbitraires dans la mémoire allouée à un programme alors que *Meltdown* permet à un programme de lire toute la mémoire d'un système donné.

En fin 2020, une nouvelle forme d'attaques consistant à **cibler les entreprises spécialisées** dans le développement des solutions de

---

[53] Description des vulnérabilités Spectre et Meltdown : https://meltdownattack.com

sécurité a fait les manchettes. C'est dans ce contexte que **FireEye** et **SolarWinds** ont été la cible d'attaques de très grande envergure :

- **FireEye**, l'une des plus grandes entreprises de cybersécurité au monde, avec d'importants clients gouvernementaux et entreprises, avait annoncé, le 10 décembre 2020, être la victime d'attaques massives. En effet, un groupe sophistiqué d'attaquants s'est introduit dans son réseau pour dérober leurs outils internes de simulation et de tests de la sécurité. L'attaque a été attribuée au groupe **APT29**[54] qui, selon plusieurs spécialistes, est affilié à la Russie. Cependant, aucune preuve formelle n'a été fournie pour étayer ces accusations ;
- **SolarWinds**, fournisseur de solutions de surveillance réseau, a subi une **attaque de la chaîne d'approvisionnement** ciblant sa suite logicielle **Orion**. Des attaquants ont injecté un **code malveillant** dans le processus de développement, distribué ensuite aux clients via les mises à jour logicielles. Une enquête menée avec la firme **CrowdStrike**[55] a révélé que les intrusions ont commencé dès **septembre 2019** et que les attaquants ont opéré discrètement pendant plus d'un an, jusqu'à la découverte du malware en **décembre 2020**.

Le monde politico-médiatique n'échappe pas non plus aux cyberattaques, souvent ciblé en raison de son rôle stratégique dans la diffusion de l'information. Les journalistes, rédactions et plates-formes médiatiques constituent des cibles privilégiées pour des opérations d'espionnage, car elles détiennent des données sensibles, des sources confidentielles et des informations à fort impact politique ou économique. Ces attaques visent généralement à surveiller, à manipuler ou à contrôler l'accès à l'information :

---

[54] APT29 ou Cozy Bear ou The Dukes, est un groupe de cyberespionnage sophistiqué qui serait associé à l'agence de renseignement, le FSB du gouvernement russe. Il est connu pour ses activités de menaces persistantes avancées (APT), notamment ses campagnes ciblant des institutions gouvernementales, des entités diplomatiques et diverses organisations dans le monde entier afin de surveiller ou de voler des informations sensibles. Description du groupe APT29 par le MITRE : https://attack.mitre.org/groups/G0016/

[55] Analyse de la brèche de SolarWinds par CrowdStrike : https://www.crowdstrike.com/blog/sunspot-malware-technical-analysis

- **Juillet 2021**, un autre scandale lié à la cybersécurité est venu secouer le monde. Cette fois, les attaquants sont des États. Le consortium **Forbidden Stories**[56] et l'organisme **Amnesty International**[57] ont révélé qu'un logiciel nommé **Pegasus**[58], développé par une entreprise israélienne du nom de **NSO Group**[59], a été utilisé pour espionner les téléphones de plusieurs individus à travers le monde. Parmi les victimes révélées par la liste des numéros analysés par le consortium, on dénombre des activistes, des journalistes, des hommes d'affaires et des avocats de plusieurs pays. Certains chefs d'État, comme le président français, ont été cités parmi les victimes.

Pour conclure ce premier chapitre, il est fondamental de rappeler que la cybersécurité ne concerne plus uniquement les experts en informatique ou les grandes entreprises technologiques. Elle est aujourd'hui l'affaire de tous : particuliers, PME, multinationales et institutions publiques.

Dans de nombreux pays, les autorités encouragent activement **la digitalisation des services, la dématérialisation des procédures administratives** et l'adoption des technologies connectées, considérées comme des vecteurs de progrès économique et social. Toutefois, cette transition rapide, bien qu'indispensable, engendre inévitablement de nouveaux défis en matière de sécurité. Chaque hausse du taux de pénétration d'Internet, chaque déploiement de solutions numériques dans les secteurs critiques comme la santé, les finances, l'énergie, et

---

[56] *Forbidden Stories* ou Histoires interdites est une organisation à but non lucratif qui s'est donné comme mission de continuer le travail des journalistes qui sont dans l'incapacité de le faire, parce que menacés, emprisonnés ou assassinés : https://forbiddenstories.org/fr

[57] Fondé le 28 mai 1961 par Peter Benenson, Eric Baker à Londres au Royaume-Uni, Amnesty International est une organisation non gouvernementale qui lutte pour la défense des droits de l'homme : https://www.amnesty.org/fr

[58] Information sur le projet Pegasus publiée par le consortium Forbidden Stories : https://forbiddenstories.org/pegasus-the-new-global-weapon-for-silencing-journalists

[59] NSO Group est une société israélienne de cybersécurité connue pour avoir développé et vendu des logiciels de surveillance sophistiqués, notamment le logiciel espion Pegasus, qui permet d'accéder à distance aux smartphones, de les surveiller, d'en extraire des données et d'effectuer une surveillance en temps réel. La technologie du groupe a été controversée en raison de son utilisation présumée par divers gouvernements pour cibler des journalistes, des activistes et des dissidents politiques. Information sur le groupe auteur du projet Pegasus, NSO Group : https://www.nsogroup.com

l'éducation, s'accompagne d'un accroissement significatif des vulnérabilités exploitables par des acteurs malveillants.

À l'image d'une pandémie virale, les cybermenaces évoluent, mutent et se propagent à une vitesse fulgurante. Elles suivent une courbe exponentielle, nourrie par la sophistication croissante des techniques d'attaque, la professionnalisation des cybercriminels, et parfois même la complicité d'acteurs étatiques.

Malgré les pertes financières, humaines et réputationnelles déjà subies par de nombreuses organisations, et en dépit des efforts croissants pour développer des dispositifs de protection, le niveau de menace demeure en constante progression. Cette réalité souligne une évidence : **la cybersécurité ne peut être envisagée comme une simple réponse ponctuelle ou technique**. Elle doit s'inscrire dans une **démarche globale**, préventive et évolutive, intégrée à la culture même des organisations.

CHAPITRE 2

COMPRÉHENSION DES RISQUES ET DES ENJEUX DES CYBERATTAQUES

Ce chapitre identifie quelques-uns des enjeux majeurs liés aux cybermenaces. Il décrit les types de cyberattaques les plus fréquents. Il trace également le portrait des différents acteurs de la cybermenace et associe à chacun ses motivations primaires.

2.1 Évolution du paysage technologique

Le paysage technologique évolue à un rythme soutenu, redéfinissant les usages et les attentes et il est vital de suivre les tendances des cybermenaces afin d'être prêt à réagir à tout moment. Rares sont les individus qui ont les connaissances techniques pour outrepasser, sans se faire prendre, les mesures de sécurité mises en place par les entreprises. Alors on peut se demander pourquoi il y a autant d'attaques qui réussissent.

2.1.1 Évolution des cyberattaques

Les attaquants exploitent les nombreuses vulnérabilités découvertes chaque jour, affectant les logiciels et les systèmes utilisés par les entreprises dans le cadre de leurs activités quotidiennes. Ces dernières ne disposent pas toujours des ressources humaines, matérielles ou du temps nécessaire pour corriger l'ensemble des failles signalées dans des délais courts. À cela s'ajoute le fait que chaque opération de correction peut entraîner des interruptions de service, susceptibles, selon les cas, de provoquer des arrêts de service engendrant des pertes significatives. De manière générale, les cyberattaques peuvent progresser à cause des trois motifs suivants :

- **L'évolution des cibles** — le vol de données est la conséquence la plus coûteuse et la plus rapide de la cybercriminalité, mais les données ne sont pas la seule cible. Les systèmes industriels sont désormais dans la ligne de mire des attaquants qui peuvent mettre à genoux l'économie d'un pays lorsqu'ils atteignent leurs cibles. Le **23 décembre 2015**, une cyberattaque a frappé le réseau électrique ukrainien[60]. Cette attaque, attribuée aux Russes, était **une première en Ukraine**. Elle avait compromis les systèmes d'information de trois entreprises de distribution d'énergie et avait perturbé temporairement l'approvisionnement en électricité dans le pays. Les attaquants sont en permanence à l'affût de nouvelles cibles, privilégiant celles qui restent les plus vulnérables, car elles ne sont souvent ni pleinement maîtrisées ni suffisamment protégées ;
- **Un impact évolutif** — nul doute que l'accès aux données est la motivation première des cyberattaquants. Ce faisant, ils s'attaquent à l'un des piliers de la cybersécurité qui est la « Confidentialité ». Cependant une nouvelle tendance de cyberattaques cible les deux autres piliers qui sont « l'intégrité » et la « disponibilité » des données. En effet, les attaquants ne se contentent plus de copier les données. Ils peuvent les modifier ou tout simplement les détruire. De nombreux particuliers qui n'ont pas cédé aux chantages des rançonnages ont vu leurs données supprimées pour toujours ;
- **Techniques d'attaque en évolution constante** — tels des chercheurs universitaires, les cybercriminels sont constamment à la recherche de nouvelles méthodes d'attaque et s'adaptent en conséquence. L'organisme américain à but non lucratif, **MITRE**[61] a mis en place une base de données évolutive appelée **ATT&CK**

[60] Décembre 2015 : cyberattaque contre le réseau électrique ukrainien : https://en.wikipedia.org/wiki/December_2015_Ukraine_power_grid_cyberattack

[61] *MITRE Corporation* est une organisation à but non lucratif qui fournit une expertise stratégique et technique aux agences gouvernementales américaines, en se concentrant sur la résolution de problèmes complexes dans des domaines tels que la sécurité nationale et la cybersécurité par l'intermédiaire de ses centres de recherche et de développement financés par le gouvernement fédéral : https://www.mitre.org

(Adversarial Tactics, Techniques & Common Knowledge)[62] dont l'objectif est de répertorier les différentes tactiques et techniques d'attaques basées sur des observations du monde réel. C'est un moyen pour déterminer quelles sont les possibilités des adversaires pour s'attaquer à une infrastructure. La connaissance de ces techniques permet de mettre en place les moyens de protections adéquates en relation avec les risques identifiés.

2.1.2 Disparition ou extension des périmètres à protéger

Il n'y a pas si longtemps, le rôle des administrateurs réseau et sécurité se concentrait principalement sur la protection des systèmes internes contre les menaces externes. Cela passait par l'installation de barrières telles que des pare-feux, chargés de filtrer les flux entrants et sortants aux frontières du réseau. À l'image d'un « *checkpoint* » d'un poste frontalier, ces dispositifs surveillaient les points d'entrée du réseau de l'entreprise. Mettre en place des pare-feux, souvent complétés par des systèmes de détection d'intrusion (IDS), était alors la norme. Cette approche suffisait généralement à maintenir les menaces à l'extérieur du périmètre de l'entreprise.

Aujourd'hui, l'environnement technologique a fortement évolué avec l'avènement de l'informatique dématérialisée ou **Cloud Computing**[63], de la technologie mobile, ainsi que des pratiques du **Bring Your Own Device (BYOD)**[64]. Les frontières de l'entreprise ont quasiment disparu ou s'étendent au-delà du périmètre physique. Les utilisateurs internes ne se connectent plus uniquement à partir de l'intérieur des bâtiments de leur entreprise. Ils accèdent aux ressources informationnelles à partir

---

62 La matrice d'attaque du MITRE (*MITRE ATT&CK matrix*) est un cadre détaillé qui organise et décrit les tactiques, techniques et procédures utilisées par les cyberattaquants pour atteindre leurs objectifs. Elle aide les entreprises à comprendre et à se défendre contre des menaces spécifiques en faisant correspondre les comportements adverses aux différentes étapes d'une attaque : https://attack.mitre.org/matrices/enterprise

63 Le *Cloud Computing*, selon le Dictionnaire Larousse, désigne un modèle d'accès à des services informatiques (applications, serveurs, bases de données, etc.) via Internet, permettant de consommer des ressources à la demande, sans avoir à les posséder.

64 *Bring Your Own Device* (BYOD) désigne une pratique consistant à permettre aux employés d'utiliser leurs appareils personnels (ordinateurs portables, smartphones, tablettes) à des fins professionnelles, notamment pour accéder aux réseaux et données de l'entreprise.

de réseaux externes (maisons, cafés, aéroports) et utilisent des appareils mobiles qui ne sont pas à tous les coups la propriété de l'entreprise.

Les données et les applications ne sont plus exclusivement hébergées sur des serveurs internes, possédés, entretenus et protégés physiquement par son entreprise. L'essor des entrepôts de données, du **Cloud Computing** et des logiciels en tant que service (**SaaS—Software-as-a-Service**) introduit de nouveaux défis immédiats en matière d'accès et de sécurité.

Les services Web et l'usage croissant, par les employés, d'applications hébergées dans le cloud ont considérablement élargi le périmètre d'interaction au-delà des frontières traditionnelles de confiance. Qu'il s'agisse de servir plusieurs clients ou de collaborer avec des entités externes, les échanges via des plates-formes tierces, souvent peu sécurisées, sont devenus monnaie courante.

Le phénomène de l'informatique parallèle, en constante augmentation, pose un risque sérieux de sécurité de l'information. En effet, l'utilisation de certaines applications ou plates-formes échappe aux contrôles des services informatiques qui ont la charge de gérer les ressources technologiques de l'entreprise. L'informatique parallèle plus connue sous son appellation anglophone de **Shadow IT** (Howell, Franklin, Sritapan, Souppaya, & Scarfone, 2023) est l'utilisation par les employés d'une entreprise, de systèmes, de logiciels, d'appareils, d'applications et de services informatiques, souvent sur le Cloud sans passer par le canal d'approbation qui doit permettre aux services informatiques et de sécurité d'émettre une opinion sur les risques.

La prolifération du Shadow IT peut entraîner des risques de sécurité, des problèmes de conformité et des défis en matière de gestion des données. Par exemple, dans un souci d'améliorer la productivité de ses collaborateurs et aussi de partager de l'information avec ses partenaires extérieurs, le département des Ventes d'une entreprise peut directement souscrire à des outils de type **Cloud** comme **OpenDrive** [65] ou

[65] Outils de gestion d'entreprise dans le Cloud : https://www.opendrive.com/business

Dropbox[66] sans que les services informatiques ne soient mis au courant et sans évaluation préalable des risques. Or toute acquisition de nouveaux outils ou solutions doit faire l'objet d'évaluation pour déterminer les risques afférents.

L'informatique parallèle peut accroître la productivité des employés et favoriser l'innovation. Toutefois, elle comporte également des risques importants en matière de sécurité des informations.

2.1.3 Explosion du nombre de vulnérabilités

Il est bien connu que les cybercriminels sont en quête permanente de vulnérabilités à exploiter. Ce qui alimente leur persévérance, c'est la conviction qu'au sein de l'immense réseau interconnecté qu'est Internet, de nombreux systèmes présentent des failles exploitables, souvent à l'insu de leurs propriétaires. Il ne leur reste plus qu'à les identifier pour les exploiter, souvent en toute tranquillité. Des outils comme **Shodan**[67], un moteur de recherche spécialisé, permettent justement de repérer des appareils connectés à Internet susceptibles de divulguer des informations techniques utiles, que les attaquants peuvent exploiter pour compromettre ces systèmes.

Les équipes de sécurité, quant à elles, doivent agir rapidement pour identifier et corriger les vulnérabilités affectant leurs environnements avant que celles-ci ne soient repérées et exploitées par des attaquants. Toutefois, le volume élevé de nouvelles failles signalées chaque semaine, voire chaque jour, peut devenir une source de stress considérable. Cette prolifération constante complexifie davantage la gestion de la sécurité des systèmes d'information et exerce une pression croissante sur des ressources déjà fortement sollicitées. Ignorer ces vulnérabilités, que ce soit par négligence ou par manque de ressources, peut entraîner des conséquences particulièrement coûteuses. L'exemple

---

66 Plate-forme de sauvegarde et de partage de fichiers : https://www.dropbox.com/business

67 Shodan est un moteur de recherche spécialisé qui permet d'identifier et d'analyser les appareils connectés à Internet (serveurs, caméras, routeurs, systèmes industriels, etc.) en exposant leurs services, vulnérabilités et configurations : https://www.shodan.io

du rançongiciel **WannaCry**[68], apparu en mai 2017, en est une illustration marquante. De nombreuses entreprises touchées avaient omis de corriger la faille critique annoncée deux mois plus tôt, et classée avec un **niveau de sévérité de 8,1 sur 10**, selon l'échelle **CVSS**[69].

2.2 Identification des cybermenaces

Le volume des cyberattaques ne cesse de croître, obligeant les entreprises à maintenir un niveau de vigilance permanent. Face à cette réalité, il devient indispensable d'adopter des mesures de sécurité proportionnées aux risques encourus. De plus en plus d'experts s'accordent à dire qu'il ne s'agit plus de savoir **si** une entreprise sera ciblée, mais **quand** cela se produira, tant toute organisation qui a système connecté à Internet devient, de fait, une cible potentielle.

John Chambers, l'ancien CEO de **Cisco Systems** pousse la réflexion un peu plus loin en affirmant que : « *Il existe deux types d'entreprises : celles qui ont été attaquées et celles qui ne savent pas encore qu'elles ont été attaquées* »[70]. C'est pour dire qu'une bonne partie des cibles découvre qu'elle a été piratée plusieurs mois après que l'événement s'est produit. Le cas de **SolarWinds** cité dans le chapitre précédent est une parfaite illustration.

Le délai entre le moment où la brèche s'est produite et le moment de sa découverte est ce qu'on appelle « *dwell time* » ou écart dans la détection d'une brèche de sécurité dans le langage des experts. Cet écart reste très élevé malgré le fait que les entreprises et les constructeurs de solutions travaillent d'arrache-pied pour le réduire année après année.

Le constructeur de solutions de sécurité **FireEye**[71] a indiqué qu'en **2020**, le *dwell time* moyen était estimé à **56 jours**. C'est-à-dire,

---

68 Page Wikipédia WannaCry: https://en.wikipedia.org/wiki/WannaCry_ransomware_attack

69 La vulnérabilité affectant le protocole SMBv1 fonctionnant sur Microsoft Windows Server avait été publiée le 16 mars 2017 avec le numéro CVSS CVE-2017-0144 : https://nvd.nist.gov/vuln/detail/CVE-2017-0144

70 Texte de John Chambers publié le 21/01/2015 au Forum Économique Mondial : https://www.weforum.org/agenda/2015/01/companies-fighting-cyber-crime

71 FireEye est une entreprise de cybersécurité spécialisée dans la détection avancée des menaces, la réponse aux incidents et le renseignement cyber : https://www.fireeye.com

lorsqu'un cyberattaquant réussit à s'introduire dans les infrastructures d'une entreprise, il peut passer inaperçu pendant deux mois en moyenne. Ce temps était estimé à **416 jours en 2012** (FireEye, 2020). En effet, depuis 2011, année où FireEye a commencé à produire ce type de rapport, les équipes de cybersécurité ont divisé par sept le temps nécessaire pour découvrir une intrusion. Malheureusement, cette amélioration est loin d'être suffisante. En effet, un attaquant qui se promène dans le réseau d'une entreprise pendant 56 jours sans être détecté a largement le temps de mettre cette dernière en faillite.
L'utilisation généralisée de la technologie et notre dépendance à la connectivité constituent un terreau fertile pour la prolifération des activités malveillantes.

Le chapitre précédent a présenté un panorama des différentes formes d'attaques survenues au cours des vingt dernières années, chacune marquée par une gravité notable. Aujourd'hui, ces attaques sont non seulement plus fréquentes, mais également de plus en plus sophistiquées et inquiétantes.

2.3 Les types de cybermenaces

Les cybermenaces désignent **des actions malveillantes** réalisées dans l'environnement numérique dans le but de nuire, de compromettre la sécurité ou d'accéder illégalement à des systèmes, des données ou des réseaux. Elles tirent parti des failles présentes dans les infrastructures informatiques, les logiciels ou les connexions réseau pour atteindre leurs objectifs. Ces menaces peuvent affecter aussi bien les individus que les entreprises, les institutions publiques et, plus largement, la société dans son ensemble. Les sous-chapitres suivants présentent certaines des formes de cybermenaces les plus courantes.

2.3.1 Les Malwares ou logiciels malveillants

Le **malware**, ou **logiciel malveillant** représente une forme courante de cybermenace. Il regroupe divers types de programmes nuisibles tels que les **virus**, **vers**, **chevaux de Troie**, **rançongiciels (ransomwares)** et

logiciels espions. Ces programmes sont conçus pour infecter les systèmes informatiques et provoquer des comportements anormaux. Ils peuvent endommager les systèmes, bloquer l'accès à certaines données ou applications (comme le font les rançongiciels), supprimer des fichiers, dérober des informations sensibles, perturber les opérations ou encore prendre le contrôle à distance de l'ordinateur infecté.

Parmi ces menaces, les **rançongiciels** occupent une place particulièrement préoccupante en raison de leur forte capacité de nuisance. Ces logiciels chiffrent les données ou verrouillent l'accès aux systèmes, rendant leur utilisation impossible sans la clé de déchiffrement détenue par les attaquants qui exigent généralement le paiement d'une rançon en échange de la restauration de l'accès.

Les logiciels malveillants peuvent s'introduire dans un système par divers moyens. Une méthode courante est le **spam**, qui consiste en l'envoi massif de courriels non sollicités. Ces messages peuvent contenir des pièces jointes infectées (photos, documents PDF, Word, Excel, etc.) ou des liens renvoyant vers des sites malveillants.

2.3.2 L'ingénierie sociale et le Phishing ou hameçonnage

L'attaque par **ingénierie sociale** (*social engineering*) et l'attaque par **hameçonnage** (*phishing*) sont deux concepts étroitement liés, mais ils ne sont pas synonymes.

L'ingénierie sociale est une technique de **manipulation psychologique** utilisée par les cybercriminels pour tromper des individus et les inciter à révéler des informations confidentielles ou à effectuer des actions compromettantes. Contrairement aux attaques purement techniques, elle cible la **faiblesse humaine** plutôt que les systèmes informatiques. Les attaquants se font souvent passer pour des personnes de confiance (collègues, techniciens, représentants d'une entreprise) afin de tromper les victimes et obtenir leur coopération. Cette méthode peut se dérouler par téléphone, en face à face, par courriel ou via les réseaux sociaux. L'objectif est d'obtenir des données sensibles telles que des identifiants, mots de passe, coordonnées bancaires ou encore un accès physique à des locaux sécurisés.

L'ingénierie sociale demeure l'un des **vecteurs d'attaque les plus redoutables**, car elle s'appuie davantage sur **la ruse et la persuasion**. Dans un scénario typique, un individu peut se faire passer pour un technicien et appeler un employé en prétendant avoir besoin de ses identifiants pour résoudre un problème urgent. Dans une autre situation, un imposteur peut endosser l'identité d'un collègue ou même d'un supérieur hiérarchique afin d'obtenir un mot de passe confidentiel. Parfois, la tromperie se fait encore plus subtile : un visiteur se présente comme un simple livreur pour accéder à des zones sécurisées sans éveiller de soupçons. L'ingénierie sociale est **la stratégie globale**, souvent utilisée en amont ou en combinaison avec d'autres attaques.

L'attaque par **hameçonnage**, une des **techniques de cyberattaque les plus courantes**, quant à lui, est une méthode de cyberattaque qui consiste à piéger une victime en lui envoyant un message frauduleux, souvent sous la forme d'un courriel, d'un SMS ou d'un message sur les réseaux sociaux. Ce message se fait généralement passer pour une communication officielle provenant d'une entité de confiance, comme une banque, une entreprise, un service public ou même un collègue. Il **incite la victime à cliquer sur un lien** menant vers un **faux site Web** conçu pour ressembler au véritable site, dans le but de récolter des informations sensibles : identifiants de connexion, mots de passe, numéros de carte bancaire, etc. Parfois, ces messages contiennent également des pièces jointes infectées par des logiciels malveillants.

Imaginez recevoir un courriel qui semble parfaitement authentique, portant le logo de votre banque. Il vous demande, sous prétexte de sécurité, de « vérifier votre compte » en cliquant sur un lien malveillant, soigneusement dissimulé. Dans un autre cas, un message prétend provenir d'un service de livraison et vous invite à payer de supposés frais pour débloquer un colis. Chaque scénario repose sur le même principe : **pousser la victime à baisser la garde** pour lui soutirer des informations sensibles ou un paiement frauduleux.

Critère	Ingénierie sociale	Hameçonnage (Phishing)
Définition	• Ensemble de techniques de manipulation.	• Technique spécifique basée sur des messages piégés.
Moyens utilisés	• Appels, interactions physiques, courriels, etc.	• Courriels, SMS, messages instantanés.
But/Objectif	• Tromper la victime pour obtenir un accès ou des infos.	• Tromper via un message frauduleux pour voler des données
Exemple	• Faux technicien qui demande un mot de passe.	• Courriel de fausse banque demandant de « vérifier » un compte.

Tableau 1 : Différences entre ingénierie sociale et phishing

2.3.3 Le Déni de service distribué (DDoS)

Un déni de service distribué (DDoS) est une cyberattaque qui **vise à perturber le fonctionnement normal d'un système, d'un réseau ou d'une application**, souvent Web en le submergeant d'un volume massif de trafic afin de le rendre inaccessible aux utilisateurs. Contrairement à une attaque de type déni de service (DoS), qui est menée à partir d'une seule source, un DDoS implique la coordination de plusieurs sources pour générer un plus grand volume de trafic. Une attaque par DDoS peut affecter une infrastructure informatique à trois endroits différents présentant chacun un comportement spécifique :

- **Couche réseau** — le lien Internet connecte l'entreprise au monde extérieur. S'il est saturé par trop de paquets illégitimes, la communication sera ralentie ou coupée, provoquant un déni de service partiel ou total. Une attaque DDoS sur la couche réseau vise à saturer la bande passante ou les équipements réseau (comme les routeurs et pare-feux) en envoyant un volume massif de trafic, rendant les services inaccessibles ;

- **Couche serveur** — un attaquant peut utiliser un outil comme **Low Orbit Ion Cannon (LOIC)** [72] pour envoyer massivement des requêtes **SYN** à un serveur. Chaque requête consomme des ressources, et si leur taux d'arrivée dépasse la capacité du serveur à les gérer, ce dernier ne peut plus accepter de nouvelles connexions, légitimes ou non. Lorsque toutes les ressources sont épuisées, un déni de service survient ;
- **Couche application** — des systèmes comme les **Reverse Proxy** ou pare-feu bloquent, au niveau périmètre réseau, les attaques contre le serveur. Les attaquants ciblent alors l'application hébergée en envoyant lentement des requêtes **GET** et **POST** sur une longue durée, perturbant ainsi son fonctionnement. Une attaque DDoS applicative, également appelée **attaque couche 7** en référence au modèle OSI, cible directement les applications Web (HTTP, HTTPS, DNS, etc.) en simulant un trafic utilisateur normal, dans le but de saturer les capacités de traitement du serveur.

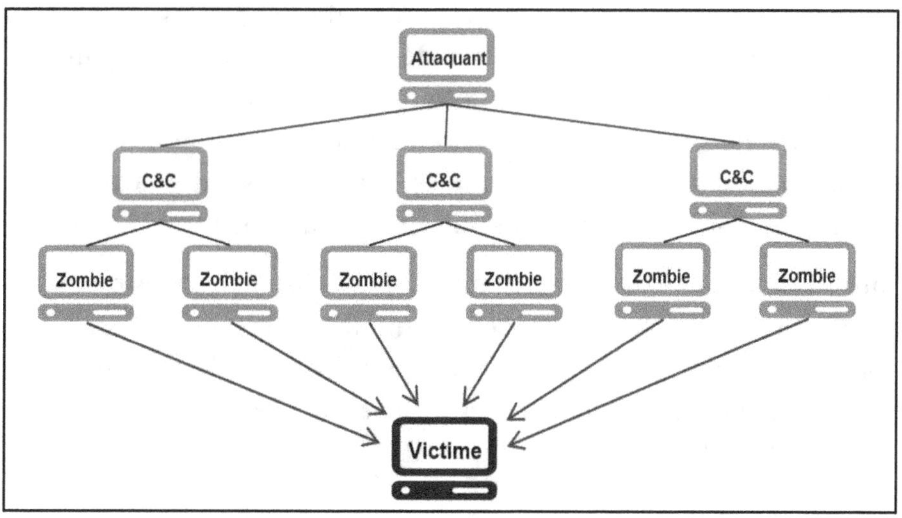

Figure 4 : Architecture d'une attaque par DDoS

[72] Low Orbit Ion Cannon (LOIC) est un outil de test de stress réseau couramment utilisé dans les attaques par déni de service (DoS) pour inonder un serveur ou un réseau cible d'un trafic excessif, le submergeant et provoquant des perturbations ou des pannes.

Une attaque DDoS ressemble à une offensive coordonnée menée dans l'ombre. L'attaquant commence par prendre le contrôle d'une multitude d'appareils vulnérables, ce qui forme un réseau **botnet** ou une armée de « **zombies** » prête à obéir. Depuis un serveur de **commande distant**, il déclenche alors l'assaut. Tous les appareils compromis se mettent à envoyer simultanément un flot massif de requêtes vers la cible.

Sous cette avalanche de trafic, le service visé sature : **serveurs**, **bande passante**, **applications** ou **bases de données** sont débordés, provoquant des ralentissements, des blocages ou des coupures complètes. Selon son ampleur et sa durée, une attaque DDoS peut paralyser aussi bien un simple site web qu'une banque ou une agence gouvernementale[73].

2.3.4 Le vol de mot de passe

Le vol de mot de passe survient lorsqu'un tiers parvient à s'emparer ou à deviner le mot de passe d'une personne afin d'accéder à ses informations. Les conséquences dépendent du type de compte et de la personne concernée. Si les données d'un utilisateur ordinaire suscitent peu d'intérêt, celles d'une personnalité publique, comme un politicien ou une célébrité, peuvent avoir un impact important sur sa réputation ou sa carrière. Avec la multiplication des comptes en ligne, beaucoup choisissent des mots de passe simples, souvent basés sur des noms de proches ou d'animaux, et les réutilisent sur plusieurs plates-formes.

Pour voler les mots de passe, les attaquants utilisent diverses méthodes. L'une d'elles est le **Keylogger**[74], un logiciel espion installé sur l'ordinateur de la victime, qui enregistre tout ce qu'elle tape au clavier. Une autre méthode courante est l'**attaque par force brute**, où l'attaquant teste automatiquement des milliards de combinaisons

---

[73] En 2023, plusieurs sites Web du gouvernement sénégalais ont été la cible d'attaques DDoS, visant à saturer les serveurs et à perturber l'accès aux services en ligne dans un contexte de tensions sociopolitiques : https://cybersecuritymag.africa/anonymous-en-operation-cyber-contre-senegal

[74] Un keylogger est un logiciel ou dispositif malveillant conçu pour enregistrer en secret les frappes sur un clavier. Il est souvent utilisé par des attaquants pour voler des informations sensibles comme des mots de passe, des identifiants bancaires ou des messages privés.

identifiant/mot de passe en quelques secondes. Plus le mot de passe est simple, plus il est facile à deviner.

En environnement professionnel, la compromission d'un mot de passe peut avoir un impact critique, en particulier lorsqu'il s'agit d'un compte à privilèges tels qu'un administrateur système ou réseau. Des outils comme **Mimikatz** permettent, via l'accès à la mémoire du processus **lsass.exe** sous Windows, d'extraire des informations d'authentification (identifiants, mots de passe en clair, hachés ou tickets Kerberos), offrant aux attaquants la capacité d'identifier les comptes privilégiés actifs et de les exploiter latéralement dans d'autres systèmes internes.

2.3.5 Le vol de données

De nos jours, les braquages de banques appartiennent presque au passé. Les plus jeunes n'en ont souvent entendu parler qu'à travers des films d'action, où les voleurs masqués s'enfuient avec des sacs pleins de billets. La réalité est bien différente. Les établissements financiers ont renforcé leurs défenses (systèmes de surveillance sophistiqués, caméras omniprésentes, dispositifs de sécurité) rendant l'identification et l'arrestation des criminels presque inévitables. De plus, les coffres ne renferment plus que très peu de liquidités, et ceux-ci sont protégés par des mécanismes d'une fiabilité redoutable. Surtout, l'argent physique n'est plus la cible la plus convoitée. Ce sont désormais **les données des clients**, **informations bancaires**, **identifiants**, **historiques financiers**, qui représentent une véritable mine d'or pour les cybercriminels. Ces informations leur permettent de commettre des vols d'identité ou d'autres actes illégaux au nom des victimes. Elles peuvent également être revendues à prix élevé sur le **Dark Web**.

Dans un article publié par le journal Radio-Canada[75], **le 13 février 2020**, on pouvait lire : « *Un représentant en assurance de personnes de Québec... aurait admis à des enquêteurs de l'Autorité des marchés financiers (AMF) et de la Chambre de la sécurité financière avoir payé*

[75] Article de Radio-Canada daté du 13 février 2020 https://ici.radio-canada.ca/nouvelle/1519744/desjardins-fuite-donnes-liste-informations-personnelles-representant-quebec

40 000 $ pour acheter des listes d'informations personnelles de membres du Mouvement Desjardins. ». On peut se demander à combien de personnes le fraudeur a vendu la même liste.

Les entreprises doivent non seulement protéger les données de leurs clients, mais aussi sécuriser leurs propres secrets tels que les brevets, les licences ou les recettes qui assurent leur avantage concurrentiel. Des concurrents malintentionnés pourraient chercher à s'en emparer.

2.3.6 Cas des Infostealers

Les **Infostealers**, ou voleurs d'informations, sont des logiciels malveillants conçus pour agir discrètement afin de **collecter des données sensibles sur les systèmes infectés**. Contrairement aux malwares qui causent des dommages visibles ou réclament une rançon, ils visent des informations personnelles, financières ou professionnelles, comme les mots de passe, les numéros de carte bancaire ou l'historique de navigation. Une fois recueillies, ces données sont envoyées en toute discrétion à des cybercriminels via des canaux souvent chiffrés pour ensuite servir à des fraudes, à des vols d'identité ou être revendues sur le *Dark Web*.

Les *infostealers* trouvent mille et une façons de pénétrer dans un système. Parfois, tout commence par un simple mail d'hameçonnage. Il semble anodin, peut-être même urgent, mais la pièce jointe qu'il contient est infectée et **ouvre une porte dérobée vers l'ordinateur** de la victime. D'autres fois, c'est un lien qui piège l'utilisateur. Envoyé par mail, publié sur un réseau social ou dissimulé dans un site Web, il mène directement à un **téléchargement malveillant**. Il existe aussi des attaques plus sophistiquées, qui exploitent des failles invisibles dans un logiciel ou un système pour installer le malware sans que personne ne s'en aperçoive. Et parfois, la menace ne demande même pas de clic. Un simple passage sur un site compromis suffit pour déclencher un **téléchargement furtif**, connu sous le nom de « *drive-by download* ».

Les *infostealers* utilisent diverses techniques pour échapper aux contrôles, rester actifs, identifier d'autres cibles sur le réseau et permettre aux attaquants de contrôler à distance le système.

Parmi les exemples notables de logiciels, on peut citer **Zeus**[76], une variante qui cible les informations d'identification bancaires, et **Emotet**[77], initialement un cheval de Troie bancaire qui s'est transformé en un voleur d'informations plus sophistiqué, capable de distribuer d'autres logiciels malveillants. Chaque variante utilise des techniques et des vecteurs d'infection différents, mais elles ont toutes un objectif commun : collecter et exfiltrer secrètement des données précieuses, ce qui en fait une menace persistante dans le paysage de la cybersécurité.

Redline[78] est l'un des *Infostealer* connus le plus récent et très efficace grâce à sa capacité à extraire des informations d'identification des navigateurs Web. Il recueille également des données à partir de diverses applications, y compris des portefeuilles de cryptomonnaies, et il peut capturer des informations système pour faciliter d'autres attaques. Sa conception modulaire permet aux attaquants de personnaliser ses fonctions, ce qui renforce son efficacité.

2.3.7 L'attaque par injection SQL

L'injection SQL est une attaque ciblant les sites Web qui communiquent avec une **base de données contenant souvent des informations sensibles**, telles que les coordonnées des clients, les détails de commandes ou les numéros de cartes de crédit. C'est une méthode de manipulation de données, mise en œuvre à travers une

---

76 Découvert en 2007, Zeus est un cheval de Troie fonctionnant en modèle client-serveur. Il se spécialisait dans le vol d'informations bancaires et de données financières, qu'il renvoyait discrètement à ses opérateurs via un serveur de commande et de contrôle : https://www.cynet.com/malware/zeus-malware-variants-methods-and-history.

77 Emotet, apparu en 2014 comme cheval de Troie ciblant les identifiants bancaires, n'a réellement été étudié par les chercheurs qu'à partir de 2017. Il est ensuite devenu l'un des malwares les plus actifs, notamment durant la période du COVID. Infos sur le malware par le MITRE : https://attack.mitre.org/software/S0367

78 Redline apparu vers 2020, est un malware polyvalent conçu pour voler des informations sensibles. Très prisé des hackers pour son efficacité et sa diffusion simple, il s'est largement propagé via des campagnes de phishing liées au COVID-19 et des publicités Google piégées: https://blogs.blackberry.com/en/2021/07/threat-thursday-redline-infostealer.

vulnérabilité de l'application pour accéder à des informations qui ne sont pas censées être disponibles.

L'attaque peut ne pas s'arrêter à la divulgation non autorisée d'information puisque dans certaines situations l'attaquant peut avoir la possibilité de modifier ou de supprimer des données, compromettant ainsi leur intégrité et leur disponibilité.

Le succès des attaques par injections SQL est rendu possible par les mauvaises pratiques de certains développeurs d'application qui ne mettent pas des moyens de validations des entrées dans les formulaires affichés par les pages Web. Ils n'utilisent pas également les outils de tests comme le logiciel **Burp Suite**[79] inclus dans la suite **Kali Linux**[80] et très prisé par les testeurs d'intrusion.

2.3.8 Les exploits de type « Zero-Day » ou « 0-day »

Les vulnérabilités sont des failles dans les logiciels ou systèmes d'exploitation qui, si elles ne sont pas corrigées, peuvent être exploitées par des cybercriminels. Elles résultent souvent d'erreurs de programmation, de configurations incorrectes ou de mesures de sécurité insuffisantes. Il s'agit d'une course entre les éditeurs, qui cherchent à identifier et à corriger ces failles, les utilisateurs, qui doivent appliquer rapidement les correctifs, et les attaquants, toujours à la recherche de cibles à exploiter.

Le « **Zero-day** » [81] désigne une faille de sécurité récemment découverte, pour laquelle aucun correctif n'existe encore. Les attaquants peuvent

---

[79] Burp Suite est un outil complet de tests de sécurité utilisé pour repérer et analyser les vulnérabilités des applications web. Il permet notamment de scanner, explorer et intercepter le trafic HTTP/HTTPS afin d'évaluer et renforcer la sécurité des applications : https://tools.kali.org/web-applications/burpsuite.

[80] Kali Linux est une distribution Debian dédiée aux tests d'intrusion et aux investigations numériques. Elle intègre une vaste collection d'outils de sécurité pour analyser et sécuriser réseaux, applications et systèmes : https://tools.kali.org.

[81] La vulnérabilité zéro-day la plus connue, et souvent considérée comme la plus célèbre et critique de l'histoire, est sans doute Log4Shell (CVE-2021-44228), découverte en novembre 2021 dans la bibliothèque Java Apache Log4j. Cette faille permettait l'exécution de code à distance très facilement, à l'échelle mondiale, dans des services tels qu'iCloud, Minecraft, Steam, et bien d'autres, avec une note CVSS de 10/10.

les exploiter avant que les fournisseurs ne les détectent, ce qui rend ces attaques particulièrement dangereuses et souvent très efficaces.

2.3.9 Autres formes de cybermenaces

La liste des cybermenaces est vaste et en constante évolution, et va bien au-delà de celles présentées dans les sous-sections précédentes. En effet, les cybercriminels développent sans cesse de nouvelles techniques et stratégies pour contourner les mesures de sécurité et exploiter les failles des systèmes informatiques. Ces menaces peuvent prendre des formes variées, allant des attaques ciblant les infrastructures critiques aux intrusions plus subtiles visant à voler des données confidentielles ou à perturber les opérations d'une organisation. Certaines cybermenaces sont particulièrement sophistiquées, combinant plusieurs vecteurs d'attaque pour maximiser leur impact et rendre leur détection plus difficile.

Par ailleurs, avec l'essor des technologies numériques et la multiplication des appareils connectés, la surface d'attaque s'est largement étendue, offrant aux hackers davantage d'opportunités pour lancer leurs offensives. Face à cette complexité croissante, il est indispensable que les entreprises, les administrations et même les particuliers renforcent continuellement leurs défenses, adoptent des pratiques de sécurité rigoureuses et se tiennent informés des dernières tendances en matière de cybermenaces.

2.4 Les acteurs de la cybermenace

« Acteurs de la cybermenace » [82] fait référence aux personnes ou organisations qui tentent d'accéder sans autorisation à un dispositif, à un réseau ou à un système de contrôle en utilisant une voie de communication de données (US-CERT, 2021). Ils peuvent être classés

---

82 Explication de la notion d'acteurs de la cybermenace — leurs motivations, leur sophistication, leurs techniques, leurs outils et la surface de la cybermenace par le Centre canadien pour la cybersécurité : https://www.cyber.gc.ca/fr/orientation/introduction-lenvironnement-de-cybermenaces

en plusieurs catégories en fonction de leurs motivations, de leurs compétences et de leurs cibles.

Il est essentiel de comprendre les motivations et les tactiques de ces acteurs pour élaborer des stratégies de défense plus adaptées. Les acteurs de la cybermenace se répartissent en six grands groupes, chacun étant animé par des objectifs et des motivations distinctes (The Council of Economic Advisers, US White House, 2018). Toutefois, il faut noter que le paysage des menaces est en constante évolution et que de nouveaux acteurs voient le jour régulièrement.

Menaces	Motivations	Cibles
Les États-nations	• Programmes politiques, économiques, techniques ou militaires	• Autres États • Entreprises dans des secteurs stratégiques
Les entreprises concurrentes	• Accès à des droits de propriété intellectuelle de leurs concurrents	• Entreprises concurrentes
Les hacktivistes	• Causes politiques et sociales	• États et organismes gouvernementaux • Entreprises de renommée internationale
Les groupes criminels organisés	• Appât du gain	• Entreprises détenant des informations privées de clients comme les banques
Les attaquants opportunistes	• Recherche de notoriété	• Pas de cible en particulier. Saisissent toutes opportunités qui se présentent.
Les employés malhonnêtes ou mécontents	• Vengeance • Gains financiers	• Actuel employeur • Ancien employeur

Tableau 2 : Les acteurs de la cybermenace

Il faut noter que certains acteurs peuvent appartenir à plusieurs catégories et que leurs motivations ainsi que leurs méthodes évoluent avec le temps. C'est pourquoi il est crucial de rester constamment informé des dernières tendances et des menaces en cybersécurité afin de bien comprendre le contexte actuel.

2.4.1 Les États-nations : espionnages et attaques étatiques

Les gouvernements s'espionnent mutuellement, cherchant à découvrir les secrets des uns et des autres pour obtenir un avantage lors de négociations ou à d'autres fins stratégiques ou militaires. En 2013, le monde entier apprenait, dans des documents fuités par **Edward Snowden**[83], que les **services secrets américains (NSA)** avaient mis sur écoute une trentaine de dirigeants de la planète dont la chancelière allemande de l'époque, **Mme Angela Merkel**.

S'il est habituel de critiquer les Américains pour de telles pratiques, les autres pays ne sont pas en reste. En effet, **Jean-Claude Juncker**[84], alors Premier ministre du Luxembourg, avait raconté qu'en 1997, il a dû changer d'hôtel à la dernière minute, lieu de sa rencontre prévue avec l'homme politique français **Jacques Delors** à Paris. Il a été doublement surpris de la tournure des événements. Tout d'abord, il reçoit, tard dans la nuit, un appel du président américain **Bill Clinton**[85] directement sur la ligne fixe de sa chambre alors que personne n'avait été prévenu de son changement d'hôtel. Ensuite, le lendemain, le président français **Jacques Chirac**[86] le félicite pour la façon dont il a répondu au président Clinton. Mr Junker avait raconté cet imprévu avec le sourire, mais son histoire montre que les gouvernements qui ont les moyens d'espionner les autres, le font sans hésitation si leurs intérêts sont en jeu.

De nos jours, les accusations d'espionnage et de sabotage entre États sont devenues quasiment banales. Les Américains ont accusé les Russes d'avoir voulu semer la zizanie durant leur élection présidentielle de 2016. En retour, les Russes accusent les Américains et les Ukrainiens de faire pareil. L'Iran dénonce les agissements des Américains et des

---

83 Edward Snowden est un ancien contractuel de la NSA qui a divulgué en 2013 des informations classifiées révélant de vastes programmes de surveillance mondiale menés par le gouvernement américain, suscitant un vaste débat sur la protection de la vie privée, la sécurité et la transparence du gouvernement.

84 Jean-Claude Juncker était sur écoutes. Journal Bruxelles B2 du 29 novembre 2019 : https://www.bruxelles2.eu/2019/11/juncker-sur-ecoutes

85 Bill Clinton (William Jefferson Clinton) est un homme politique américain qui a été le 42e président des États-Unis de 1993 à 2001.

86 Jacques Chirac était un homme politique qui a été président de la France de 1995 à 2007. Il est décédé le 26 septembre 2019.

Israéliens. Ces derniers font pareil à l'égard de l'Iran. Entre la Chine et les États-Unis, chacun accuse l'autre de tenter d'infiltrer ses systèmes informatiques. Par ailleurs, depuis plusieurs années, la Corée du Nord et les États-Unis se livrent également à un bras de fer militaire qui s'est étendu au domaine électronique.

Outre les acteurs officiels des États, tels que les services de renseignement, il existe également des groupes « **privés** » qui agissent contre d'autres pays, avec des objectifs variant selon la situation géopolitique mondiale. Ces groupes, souvent bien financés par leurs gouvernements, sont motivés par des enjeux politiques, économiques, technologiques ou militaires. Ils mènent des attaques sophistiquées, ciblées, ainsi que des activités d'espionnage industriel.

La multiplication de ces attaques rend difficile l'identification précise des auteurs et des cibles. **Les États s'accusent mutuellement sans apporter de preuves, souvent pour ne pas dévoiler leurs méthodes de collecte d'informations**. Contrairement à un mythe répandu, les groupes soutenus par des États n'utilisent pas forcément des techniques ou outils inédits ; ils emploient souvent des méthodes d'attaque standard, similaires à celles des cybercriminels classiques. Leur principal avantage réside dans la protection dont ils bénéficient de la part de leurs gouvernements, qui les empêchent d'être extradés même s'ils sont identifiés à l'étranger. Ces acteurs étatiques encourent ainsi peu de risques, grâce à la « **bénédiction** » de leur État.

2.4.2 Les entreprises concurrentes

Certaines entreprises cherchent à obtenir un accès illicite à des droits de propriété intellectuelle de leurs concurrents, y compris des informations financières, stratégiques et relatives à la main-d'œuvre. Ce sont souvent des entreprises qui évoluent dans des domaines stratégiques. Ainsi, elles peuvent bénéficier du soutien des États-nations pour cibler des concurrents dans d'autres pays.

Quand on parle de **cyberespionnage**, beaucoup pensent aux activités des États-nations. Ce qu'il ne faut pas oublier est que les domaines d'activité de certaines entreprises sont fortement liés aux intérêts stratégiques de leur pays. Il ne faut pas non plus être surpris que le conflit entre deux entreprises concurrentes se transforme en enjeux politiques. **En juin 2018**, les entreprises, **Apple** (États-Unis) et **Samsung** (Corée du Sud) réglaient un conflit qui a commencé en **2011** et qui concernait les brevets sur les smartphones[87].

Quand on parle de vols de propriété intellectuelle, c'est souvent un seul pays, la Chine, qui est pointé du doigt. Selon une enquête menée par le journal **CNBC**[88] **en 2019**, une entreprise américaine sur cinq affirme avoir subi un vol de propriété intellectuelle par les Chinois au cours de l'année 2018. Ces accusations envers la Chine ont commencé il y a bien longtemps. Déjà en 2003, **Cisco Systems**, l'entreprise américaine en équipements de télécommunication, accusait son concurrent chinois **Huawei** de vol de propriété intellectuelle. Que les accusations soient vraies ou fausses, ce que l'on peut retenir sur ce cas, est que les activités du chinois *Huawei* menacent celles de l'américain *Cisco Systems* dans certaines parties du monde, surtout en Afrique où les parts de marché du géant chinois ne cessent de grossir.

2.4.3 Les Hacktivistes

Le **hacktivisme**, contraction de « **hack** » et « **activisme** », désigne des intrusions ou perturbations de systèmes informatiques motivées par des causes politiques ou sociales. Les auteurs de ces actes, appelés **hacktivistes**, sont des individus ou des groupes défendant une idéologie ou un message qu'ils cherchent à faire entendre par le biais d'attaques informatiques. Leur objectif est souvent de sensibiliser l'opinion publique, de dénoncer des injustices ou de nuire à des organisations qu'ils jugent responsables d'abus. Leurs cibles privilégiées sont généralement des multinationales, des institutions gouvernementales ou

87 Article du journal New York Times du 27 juin 2018 : https://www.nytimes.com/2018/06/27/technology/apple-samsung-smartphone-patent.html

88 Enquête du Journal CNBC sur le vol de propriété intellectuelle : https://www.cnbc.com/2019/02/28/1-in-5-companies-say-china-stole-their-ip-within-the-last-year-cnbc.html

des entreprises du secteur financier, qu'ils accusent de profiter de manière injuste au détriment de populations vulnérables.

Le groupe **Anonymous,**[89] dont les origines remontent au début des années 2000, est l'un des symboles les plus connus du hacktivisme. Composé d'individus aux profils variés et sans structure hiérarchique, ce collectif mène des actions souvent coordonnées pour défendre des causes ou dénoncer des injustices au nom de groupes sociaux qu'il juge marginalisés ou opprimés. Leurs opérations se déroulent exclusivement sur Internet, ce qui en fait une menace pour toute organisation ayant une présence en ligne, quel que soit le pays.

Au fil des années, de nombreuses cyberattaques ont été attribuées au groupe Anonymous. Parmi celles-ci, on peut citer :

- Operation **Chanology** (Gallegos, 2009) est une campagne qui a contribué à propulser le nom *Anonymous* au-devant de la scène et qui a consisté à une série d'attaques par déni de service visant l'église de la Scientologie ;
- L'opération **Payback**[90] est une série d'attaques coordonnées visant les entreprises ayant suspendu leur soutien à **Wikileaks**[91], un site spécialisé dans la publication d'informations sensibles, souvent obtenues de manière non autorisée ;
- Le **Printemps érable**[92], nom donné au mouvement étudiant québécois de **2012** contre la forte hausse des frais de scolarité, a été marqué par une série d'attaques informatiques ciblant divers ministères et organismes gouvernementaux.

---

89 Histoire du collectif Anonymous : https://fr.wikipedia.org/wiki/Anonymous_ (collectif)

90 Article du journal « The Guardian » sur l'opération « Payback » : https://www.theguardian.com/media/2010/dec/08/operation-payback-mastercard-website-wikileaks

91 Le site Wikileaks a publié beaucoup d'information sensible et souvent d'ordre étatique notamment des correspondances entre les ambassades et leurs gouvernements : https://wikileaks.org

92 Grève étudiante québécoise, 2012 : https://fr.wikipedia.org/wiki/Grève_étudiante_québécoise_de_2012

- En **mai 2023**, plusieurs sites gouvernementaux **sénégalais**, dont celui de la Présidence et divers ministères, ont subi une attaque DDoS[93] revendiquée par le groupe « *The Mysterious Team* ». Si les assaillants ont officiellement justifié leur action par des motivations politico-religieuses et ont usurpé l'identité du collectif *Anonymous* pour accroître leur visibilité, cette cyberattaque s'inscrivait également dans un contexte national marqué par de fortes tensions politiques et judiciaires et aux vagues de manifestations qu'elles ont suscitées.

2.4.4 Les groupes criminels organisés

Des groupes, motivés par le profit, mènent des attaques ciblées pour voler des données personnelles, comme les numéros de cartes de crédit, qu'ils revendent ensuite sur le **Dark Web**[94].

Le *Dark Web* désigne une partie cachée d'Internet, non indexée par les moteurs de recherche classiques et accessible uniquement via des réseaux sécurisés et anonymes, tels que **Tor (The Onion Router)**[95]. Ce réseau superposé nécessite des logiciels spécifiques et des configurations particulières pour y accéder. Bien qu'il soit parfois utilisé pour protéger la vie privée et garantir l'anonymat, c'est également un espace où se déroulent de nombreuses activités illégales.

Pour des raisons évidentes, l'anonymat offert par le *Dark Web* attire de nombreux criminels, qui s'en servent pour mener des transactions illégales tout en dissimulant leur identité. On y trouve, par exemple, des personnes vendant des numéros de cartes de crédit volées ou proposant des offres d'attaques par déni de service.

Le *Dark Web* se présente comme un monde parallèle, tissé dans l'ombre d'Internet. Ceux qui s'y aventurent peuvent y conserver un anonymat quasi total, circulant à travers des réseaux chiffrés comme Tor, où les

---

93 Article sur l'attaque DDoS au Sénégal dans InCyber : https://incyber.org/article/senegal-une-cyberattaque-frappe-les-sites-du-gouvernement

94 Le Dark Web est une partie d'Internet non indexée, accessible via des logiciels comme Tor, et connue pour héberger des activités anonymes, souvent illégales, telles que marchés, forums. Description Wikipédia : https://en.wikipedia.org/wiki/Dark_web

95 Site Internet du projet Tor (The Onion Router) : https://www.torproject.org

traces de leur identité se perdent facilement. Les échanges y sont protégés par un **chiffrement poussé**, garantissant que les données circulent en toute confidentialité.

Les sites se cachent derrière des adresses en « **.onion** », invisibles aux navigateurs classiques, et ouvrent la porte à des marchés en ligne où se côtoient produits et services légaux ou illicites, allant des logiciels malveillants aux informations volées ; ce qui motive une surveillance accrue des autorités et expose les utilisateurs à des poursuites. Son exploration est donc déconseillée sans un besoin précis et avec des compétences d'utilisation adaptées.

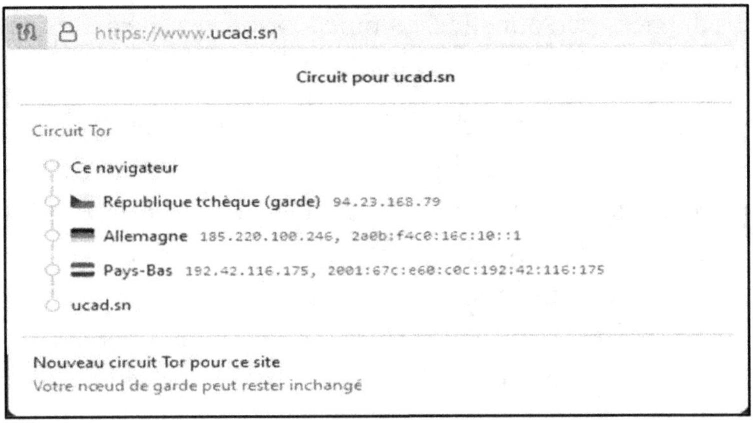

Figure 5 : Circuit 1 du trafic dans le réseau TOR vers un site web

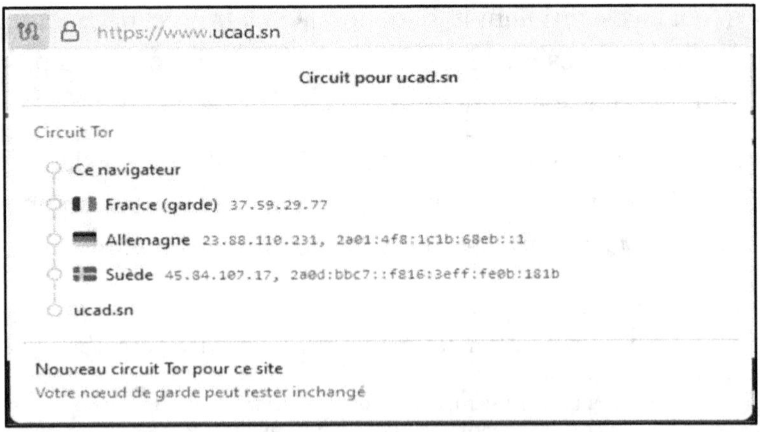

Figure 6 : Circuit 2 du trafic dans le réseau TOR vers un site web

Le navigateur **Tor** offre la possibilité de visualiser les différents pays traversés par un paquet avant d'atteindre sa destination. Comme illustré dans les deux figures précédentes, une requête envoyée depuis un poste situé au Sénégal pour accéder au site de l'Université Cheikh Anta Diop (UCAD) de Dakar peut transiter d'abord par la République tchèque, puis l'Allemagne, ensuite les Pays-Bas, avant de revenir au Sénégal pour atteindre sa destination finale. Dans ce cas, le serveur cible ne verra que l'adresse IP des Pays-Bas dans ses journaux, donnant l'impression que la requête provient de ce pays, alors qu'il ne s'agissait que d'un relais intermédiaire. De plus, étant toujours sur la page Web, l'utilisateur peut demander la génération d'un **nouveau circuit Tor**, ce qui fera passer son trafic par d'autres pays et fera apparaître la requête comme provenant d'une source différente de la première.

Mais le *Dark Web* n'est pas seulement un terrain d'activités clandestines. Il offre aussi un refuge pour la liberté d'expression, permettant aux lanceurs d'alerte et aux citoyens de **régimes répressifs** de partager des informations sensibles sans craindre la censure.

Le graphique suivant montre un pic de connexions au réseau *Tor* au Sénégal entre avril et mai 2023, période marquée par des tensions socio-politiques et des coupures d'internet. Cela suggère que de nombreux activistes des réseaux sociaux ont recours à *Tor* pour préserver leur anonymat, craignant d'éventuelles représailles de la part des autorités.

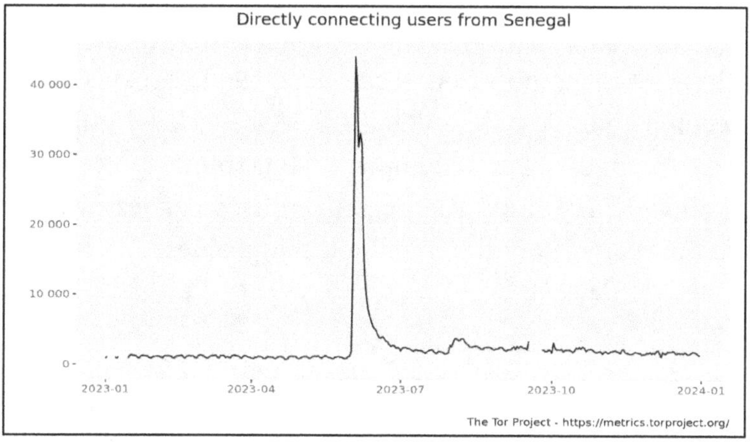

Figure 7 : Utilisation du réseau TOR au Sénégal entre avril et mai 2023

Le site **metrics.torproject.org** est la plate-forme officielle du projet dédiée à la collecte, à l'analyse et à la visualisation de données statistiques sur le réseau *Tor*. Il fournit des informations essentielles telles que le nombre d'utilisateurs quotidiens, le trafic global, la répartition géographique des connexions, le nombre de relais et de ponts actifs, ainsi que les performances et la stabilité du réseau. Ces métriques permettent de mieux comprendre l'évolution, l'utilisation et la résilience du réseau *Tor*. Elles servent aussi à détecter des anomalies (coupures, censures, attaques) et à renforcer la transparence, la confiance et l'amélioration continue de l'infrastructure de confidentialité qu'offre *Tor*.

2.4.5 Les attaquants opportunistes

Les attaquants opportunistes sont souvent des amateurs, parfois même inconscients de la gravité des actes qu'ils commettent. Ils profitent de vulnérabilités connues dans les systèmes sans viser de cible précise, en s'appuyant sur des outils automatisés disponibles en ligne.

Ils sont fréquemment associés aux « **script kiddies** », des individus peu expérimentés, des profils imprévisibles et très nuisibles. Ils utilisent des logiciels ou scripts de piratage accessibles gratuitement, sans réelle compréhension technique. Motivés par la recherche de reconnaissance, ils peuvent se révéler particulièrement dangereux. Ne mesurant pas toujours les conséquences de leurs actions, ils peuvent frapper n'importe quelle cible, y compris des infrastructures sensibles.

Des outils sont disponibles en accès libre sur Internet. Certains sont même accompagnés de guides détaillés, de scénarios d'utilisation et de vidéos explicatives. Par exemple, **Metasploit** [96] et le système d'exploitation **Kali Linux**[97], largement utilisés par les professionnels des tests d'intrusion, sont librement téléchargeables.

---

[96] Metasploit est un framework de cybersécurité utilisée pour développer, tester et exécuter des exploits afin d'identifier les vulnérabilités des systèmes : https://www.metasploit.com

[97] Kali Linux est une distribution Linux spécialisée en cybersécurité, largement utilisée pour le pentesting, l'analyse forensique et l'évaluation des vulnérabilités : https://www.kali.org

2.4.6 Les employés malhonnêtes ou mécontents

Les employés mécontents ou « **disgruntled employees** »[98], sont des personnes insatisfaites de leur environnement, de leurs conditions de travail ou de leur direction. Ce mécontentement peut provoquer une baisse de productivité, un turnover élevé, des conflits ou des perturbations internes. Ces individus, qui incluent également d'anciens collaborateurs, des consultants et de partenaires commerciaux, représentent une menace interne particulière, car motivés par leur rancune ou des griefs personnels. Ils peuvent utiliser délibérément leur accès légitime aux systèmes informatiques de l'entreprise pour mener des actions malveillantes. Leur volonté de se venger ou de tirer un profit financier peut mettre en péril la survie de l'entreprise. Grâce à leur connaissance des systèmes, des pratiques de sécurité et des failles internes, ils peuvent agir discrètement et éviter la détection. Ils peuvent voler ou compromettre des données sensibles pour les vendre ou les transmettre à des concurrents, comme l'a illustré l'affaire Desjardins. Leur but peut aussi être de nuire tout simplement à l'entreprise.

Pour prévenir et réduire les cyberattaques des employés mécontents, plusieurs stratégies sont nécessaires. Il faut d'abord instaurer des contrôles d'accès stricts, limitant les droits aux seules informations et systèmes indispensables selon le principe du « **besoin de savoir** » ou « **Need to know** »[99]. Un suivi régulier et des audits des activités sur le réseau permettent de repérer tout comportement suspect. Par ailleurs, la formation et la sensibilisation des employés, la surveillance comportementale ainsi que des actions juridiques et des mesures administratives doivent être mises en place pour renforcer la sécurité.

---

98 Documentation de 7 cas de brèches de sécurité d'entreprises causées (dont le média social Twitter, chaînes d'hôtel Marriott, police de Dallas, USA) provenant de menaces internes : https://www.ekransystem.com/en/blog/real-life-examples-insider-threat-caused-breaches

99 Le principe Le principe « Need to know » limite l'accès aux informations aux seules données nécessaires aux fonctions d'un individu, réduisant ainsi les risques d'accès non autorisé et de fuite de données sensibles.

CHAPITRE 3

INTRODUCTION À LA CYBERSÉCURITÉ

Ce chapitre expose les notions fondamentales de la cybersécurité, indispensables pour comprendre les enjeux abordés par la suite. Il sert de point d'appui et assure la transition vers le développement de la stratégie, qui sera détaillé dans la deuxième partie du livre.

3.1 La nécessité de protéger les données

L'évolution contemporaine des sociétés humaines est marquée par une **dépendance structurelle aux technologies numériques**, qui irriguent désormais tous les secteurs de l'activité économique, sociale et politique. Cette dépendance croissante, loin de s'atténuer, s'accroît de manière continue, renforçant la nécessité d'une réflexion approfondie sur la **sécurité des données**.

En effet, qu'il s'agisse d'un individu, d'une PME ou d'une multinationale, la continuité des activités repose sur la **disponibilité** et la **fiabilité des systèmes d'information**. Les organisations modernes, qu'elles soient publiques ou privées, collectent, traitent et stockent quotidiennement d'importants volumes de données, issues de sources multiples : ordinateurs personnels, environnements *Cloud*, appareils mobiles, capteurs connectés, systèmes de vidéosurveillance, etc. Ces données, qui peuvent être à caractère **personnel, financier, médical ou stratégique**, constituent un **actif informationnel critique**. Leur valeur intrinsèque en fait des cibles privilégiées pour des acteurs malveillants, allant des cybercriminels aux groupes d'espionnage industriel ou étatique. La criminalité contemporaine tend ainsi à délaisser les attaques physiques traditionnelles au profit d'**intrusions numériques**, jugées **plus rentables et moins exposées aux sanctions pénales**. Par exemple, dans le secteur hospitalier, l'essor du dossier médical électronique illustre parfaitement la problématique. Ce dernier contient des informations médicales sensibles (antécédents pathologiques, résultats d'analyses, prescriptions). Une violation de ces bases de données peut entraîner non seulement des atteintes graves à la vie privée, mais également des risques de fraude médicale ou de chantage.

Par ailleurs, la **collecte massive de données** amplifie mécaniquement le risque de compromission. De nombreux cas documentés démontrent que certaines fuites aboutissent à la publication de données personnelles sur des forums ou réseaux sociaux, facilitant des phénomènes tels que l'**usurpation d'identité** ou le **phishing ciblé** ou *Spear-Phishing*. Par exemple, des incidents récurrents de fuite de bases de données d'identifiants (adresses électroniques, mots de passe) alimentent le marché noir numérique, notamment via des plates-formes du *Dark Web*, ce qui favorise la multiplication d'attaques automatisées ou *Credential Stuffing*[100]. En outre, le recours massif aux infrastructures infonuagiques (*Dropbox*[101], *Google Drive*[102], *OneDrive*) renforce l'exposition des entreprises. Bien que ces environnements offrent de la flexibilité et des capacités de stockage étendues, ils constituent des **points de vulnérabilité majeurs**, en raison de leur accessibilité ubiquitaire et de la concentration des informations sensibles (données bancaires, numéros de sécurité sociale, archives professionnelles, etc.). Dans ce contexte, la cybersécurité s'impose comme un impératif stratégique. Elle vise à garantir les dimensions fondamentales du modèle CIA (*Confidentiality, Integrity, Availability*), tout en y intégrant la traçabilité :

---

[100] Le credential stuffing est une attaque automatisée ou les attaquants utilisent des listes d'identifiants volés pour tester en masse ces couples login/mot de passe sur de nombreux sites et services. Ils exploitent la réutilisation des mots de passe par les utilisateurs.

[101] En 2012, l'entreprise de stockage de données en nuage Dropbox a été piratée. Les adresses électroniques et les mots de passe de plus de 68 millions d'utilisateurs ont été divulgués sur l'Internet. En 2022, l'entreprise subit encore une nouvelle violation de données (10 ans après la première) : https://blog.gitguardian.com/dropbox-breach-hack-github-circleci.

[102] La vulnérabilité de Google Drive laisse filtrer les données privées des utilisateurs : https://thehackernews.com/2014/07/google-drive-vulnerability-leaks-users_9.html

- **La confidentialité**, afin de prévenir tout accès non autorisé aux données ;
- **L'intégrité**, pour s'assurer que les informations demeurent exactes et qu'aucune altération non légitime ne puisse survenir ;
- **La disponibilité**, afin de garantir un accès fiable et continu aux systèmes et aux ressources critiques ;
- **La traçabilité**, qui permet de suivre et de consigner chaque action ou transaction, assurant ainsi une visibilité sur les activités.

Ces quatre piliers constituent le socle de la **gouvernance de la sécurité de l'information** et conditionnent la résilience des entreprises face aux menaces numériques. Leur mise en œuvre ne répond pas seulement à des impératifs opérationnels ou économiques, mais également à des **contraintes réglementaires de plus en plus strictes**. L'adoption de cadres normatifs tels que le Règlement général sur la Protection des Données (RGPD) en Europe, le *California Consumer Privacy Act* (CCPA) aux États-Unis ou encore les législations émergentes en Afrique comme la loi sénégalaise sur la protection des données personnelles, imposent aux entreprises une responsabilité accrue dans la gestion des données.

La protection des données ne se limite pas à une exigence technique. Elle relève également d'un **enjeu sociétal et éthique**, dans la mesure où les individus concernés n'exercent **aucun contrôle direct** sur l'utilisation de leurs informations personnelles et doivent s'en remettre à la diligence des entités responsables de leur collecte et traitement.

3.2 La sécurité de l'information

La **sécurité de l'information** est un concept global qui vise à protéger toutes les formes de données, qu'elles soient numériques, physiques ou même verbales. Elle englobe la protection des documents papier, des conversations sensibles, des archives physiques et des données stockées sur des supports externes. Par exemple, la mise en place d'une salle d'archives verrouillée, de caméras de surveillance pour protéger des dossiers confidentiels ou de procédures de classification des informations confidentielles relève de la sécurité de l'information qui relève d'un concept plus large qui englobe la cybersécurité, laquelle se concentre spécifiquement sur le monde numérique et ses menaces. On peut dire que, dans le langage courant, les termes **sécurité de l'information** et **cybersécurité** sont souvent utilisés de manière interchangeable, même si la cybersécurité représente en réalité une sous-partie de la sécurité de l'information. En tous les cas, l'objectif final est de protéger la **confidentialité**, **l'intégrité**, la **disponibilité** et la **traçabilité** des données sous toutes les formes.

3.2.1 La confidentialité des données

La confidentialité assure que seules les personnes ou entités autorisées peuvent accéder aux données de l'entreprise. C'est souvent l'aspect de la sécurité des données auquel la plupart des gens pensent en premier. Elle désigne l'obligation morale, éthique, juridique et professionnelle de protéger les informations confiées aux entreprises. Elle implique un système de classification permettant de distinguer les informations confidentielles de celles qui sont publiques, ce qui détermine les mesures à appliquer pour limiter les accès. **Les attaques visant la confidentialité** ont pour but de permettre aux cybercriminels d'accéder et de voler des informations appartenant à d'autres. Les données bancaires sont particulièrement ciblées, car elles peuvent être revendues à des fraudeurs en ligne. Les entreprises peuvent être ciblées par leurs concurrents cherchant à s'approprier des informations stratégiques comme la propriété intellectuelle ou les secrets industriels.

Dans le langage courant, les termes « **confidentialité** » et « **vie privée** » sont souvent utilisés de manière interchangeable, mais ils ont des significations distinctes sur le **plan juridique**[103]. **La vie privée** est le droit d'un individu de décider quand, comment et dans quelle mesure il partage ses informations personnelles avec d'autres personnes ou organisations. Cela comprend le contrôle sur la collecte, l'usage et la

[103] Définition donnée par le site d'aide juridique aux États-Unis : https://criminal.findlaw.com/criminal-rights/is-there-a-difference-between-confidentiality-and-privacy.html

divulgation de ses données. Les informations privées peuvent être confidentielles, et les entités qui les collectent doivent alors garantir leur protection en mettant en place les mesures adéquates.

3.2.2 L'intégrité des données

L'**intégrité des données** garantit qu'aucune modification illégale ou non autorisée n'est apportée aux informations. Les experts en cybersécurité ont pour mission de préserver cette intégrité en empêchant toute altération non désirée. Par exemple, les responsables des ressources humaines ne peuvent ajuster le salaire d'un employé que s'ils disposent des autorisations nécessaires. Des contrôles rigoureux doivent être instaurés pour repérer toute modification non autorisée. **Les attaques visant l'intégrité** consistent à modifier des informations sans autorisation, généralement dans le but d'en tirer un bénéfice. Par exemple, un attaquant qui vole les données bancaires d'une personne puis effectue un retrait frauduleux commet à la fois une atteinte à la confidentialité (vol d'information) et une atteinte à l'intégrité (retrait non autorisé sur le compte). Le contrôle strict des accès et des droits des utilisateurs sur les données est crucial pour garantir que seules les personnes autorisées puissent les modifier.

3.2.3 La disponibilité des données

La **disponibilité des données** assure que les personnes autorisées puissent accéder aux systèmes et aux données de l'entreprise précisément quand elles en ont besoin, sans délai. Par exemple, si les clients d'une banque ne peuvent pas consulter leurs comptes en ligne ou retirer de l'argent aux guichets, cela peut engendrer de la frustration et les inciter à se tourner vers la concurrence. **Les attaques visant la disponibilité** consistent à rendre un système inaccessible lorsque ses utilisateurs en ont besoin. Pour ce faire, les attaquants saturent les ressources du système en lui envoyant un grand nombre de requêtes frauduleuses, ce qui l'empêche de répondre aux demandes légitimes. Ce type d'attaque est couramment appelé déni de service, ou DDoS.

3.2.4 La traçabilité des données

La **traçabilité des données** consiste à enregistrer et suivre toutes les actions effectuées sur les informations, depuis leur création jusqu'à leur suppression. Elle permet de savoir qui a accédé aux données, quelles modifications ont été apportées et à quel moment, offrant ainsi une visibilité complète sur le cycle de vie des informations. Cette traçabilité est essentielle pour détecter et analyser les attaques, comme les accès non autorisés, les altérations de fichiers ou le vol de données. Par exemple, lorsqu'un intrus s'introduit dans un système pour exfiltrer des informations sensibles, **les journaux d'audit** et les historiques d'accès permettent de reconstituer ses actions et d'identifier les failles exploitées. Ainsi, la traçabilité joue un rôle clé dans la prévention, la détection et la réponse aux incidents de sécurité.

3.3 Définition de la cybersécurité

La cybersécurité, souvent confondue avec la sécurité de l'information, se focalise spécifiquement sur la protection des systèmes numériques, des réseaux et des données face aux cybermenaces. **Elle vise à sécuriser les informations et les actifs technologiques** liés aux environnements digitaux, incluant les ordinateurs, serveurs, appareils mobiles, services cloud et l'ensemble de l'infrastructure Internet.

La cybersécurité est une **sous-composante** de la sécurité de l'information. Le **National Institute of Science and Technology**[104] la définit comme la : « *Prévention des dommages, protection et restauration des ordinateurs, des systèmes de communications électroniques, des services de communications électroniques, des communications par fil et des communications électroniques, y compris les informations qui y sont contenues, afin d'assurer leur disponibilité, leur intégrité, leur authentification, leur confidentialité et leur non-*

[104] Le NIST (*National Institute of Standards and Technology*) est une agence fédérale américaine qui élabore des normes, cadres et recommandations de référence, dont le célèbre Cybersecurity Framework, largement utilisé à l'échelle internationale pour renforcer la sécurité des systèmes d'information. Glossaire des termes du NIST : https://csrc.nist.gov/glossary/term/cybersecurity

répudiation ». C'est un ensemble de technologies, de processus et de pratiques conçus pour protéger les systèmes électroniques, réseaux, ordinateurs, appareils mobiles, programmes et données d'une entreprise contre les cyberattaques, les accès non autorisés et les dommages aux données. La cybersécurité permet de prévenir les cyberattaques ou de les détecter afin de pouvoir répondre rapidement à la menace.

Face à l'évolution permanente des cybermenaces, la cybersécurité est un processus sans cesse renouvelé, demandant une surveillance continue, des mises à jour régulières des mesures de protection, ainsi qu'une connaissance approfondie des nouvelles vulnérabilités et des meilleures pratiques. Les techniques des cybercriminels évoluent en parallèle des avancées technologiques. Les entreprises doivent donc rester informées des dernières innovations et méthodes de sécurité.

3.4 Les différentes formes de sécurité

Pour assurer une cybersécurité efficace et adaptée aux enjeux, une entreprise doit coordonner ses actions sur l'ensemble de son système d'information. Cela implique d'intervenir simultanément sur plusieurs aspects via un programme dont les activités sont menées de manière continue. Parmi les domaines à couvrir, on peut noter[105] :

- **La sécurité des données** — c'est la protection des données sous toutes leurs formes (les documents papier, les dispositifs USB, les cartes mémoire, les CD et DVD, les disques durs des serveurs, les disques durs d'ordinateur et les disques durs d'imprimantes, les photocopieurs, les télécopieurs, etc.) contre l'accès, l'utilisation, la modification, la divulgation, la suppression non autorisée ou toute autre forme de malveillance. Établir une politique de classification et de gestion des documents, qu'ils soient de nature réglementaire ou commerciale, est un exemple de sécurité de l'information ;

[105] La norme NIST SP 800-53, cadre de référence complet, englobe l'essentiel des formes de sécurité, qu'elles soient applicatives, réseau, données, organisationnelles ou opérationnelles, en proposant un catalogue exhaustif et structuré de contrôles destinés à protéger les systèmes d'information de manière globale et cohérente.

- **La sécurité des infrastructures et des réseaux** — elle consiste à déployer des systèmes protégeant les informations circulant au sein des réseaux et infrastructures de l'entreprise. Elle permet de contrôler strictement les flux autorisés à entrer et sortir des systèmes. Un environnement sécurisé doit être protégé contre les attaques malveillantes ou accidentelles, tout en garantissant la confidentialité, l'intégrité et la disponibilité des informations et services offerts aux utilisateurs. Par exemple, la mise en place d'une infrastructure segmentée en plusieurs zones, chacune adaptée en niveau de sécurité selon la criticité des services hébergés, illustre cette approche ;
- **La sécurité des applications** — c'est le procédé qui permet de rendre les applications plus sures. Elle consiste en l'utilisant des logiciels et du matériel permettant de trouver et de corriger les failles qui peuvent se présenter au stade du développement de l'application. Ensuite, il faut déployer des outils et des méthodes pour protéger les applications une fois qu'elles sont déployées. L'exécution de tests d'intrusion ou le déploiement de pare-feu de type **Web Application Firewall (WAF)** sont des exemples de sécurité des applications ;
- **La sécurité physique** — elle est aussi associée à la cybersécurité. Son but est de protéger l'intégrité et la disponibilité des systèmes et des installations en exerçant un contrôle des accès physiques. La protection de l'intégrité physique des individus au sein de l'entreprise est un élément important de la sécurité physique. Le contrôle d'accès avec un badge électronique permettant d'ouvrir les portes ou la mise en place de vigile devant les entrées des buildings sont des exemples de sécurité physique ;
- **Réponse aux incidents** — ce processus consiste à détecter, à analyser et à réagir rapidement aux cyberattaques ou aux violations de systèmes. Les entreprises élaborent des plans pour limiter l'impact, contenir la menace, restaurer les services et apprendre de chaque incident. Par exemple, une entreprise de commerce en ligne a détecté une intrusion sur son système de paiement. Grâce à son plan de réponse, elle a isolé les serveurs affectés, bloqué l'accès illégal et informé les clients, limitant les dégâts et protégeant sa réputation ;

- **La gestion des urgences et de la continuité des opérations** — c'est la forme de sécurité qui consiste à planifier l'occurrence d'un incident majeur tel que les catastrophes naturelles qui ont des impacts de très grande envergure. L'entreprise doit veiller à disposer de moyens lui permettant de réagir le plus rapidement possible lorsqu'un tel événement survient. Exemple, si une inondation est susceptible d'affecter le lieu où les systèmes informatiques critiques sont hébergés, l'entreprise doit avoir mis en place un plan lui permettant de changer de lieu dans les plus **brefs délais**[106]. Elle doit aussi s'assurer d'être en mesure de fonctionner à capacité réduite ;
- **La sensibilisation des utilisateurs à la Sécurité** — elle est aujourd'hui un enjeu majeur pour toutes les entreprises. Les utilisateurs représentent souvent **le maillon faible** de la cybersécurité et doivent être conscients des risques liés à leur utilisation des ressources informationnelles. Comme tous les utilisateurs ne disposent pas des mêmes compétences, il revient aux responsables de la sécurité, en coordination avec les spécialistes des ressources humaines, de les former afin de mieux les préparer. Cette éducation vise à leur enseigner les bonnes pratiques, comme éviter de cliquer sur des liens inconnus ou de télécharger des pièces jointes suspectes dans les courriels.

Chaque année, des firmes spécialisées publient des rapports sur les tendances des menaces en matière de cybersécurité pour l'année en cours où elles identifient les cybermenaces les plus actives et les plus dévastatrices. Si d'une année à l'autre ces tendances peuvent varier, il y a des cybermenaces qui reviennent toujours. Des attaques comme

---

[106] En fin septembre 2024, les fortes pluies dans la région de Dakar ont causé un arrêt partiel du TER, non pas parce que les voies étaient inondées, mais plutôt à cause de composants électroniques endommagés dans un central : « Depuis les fortes pluies du 25 septembre, le Train Express régional (TER) de Dakar traverse une période de perturbations importantes. Les intempéries ont gravement impacté plusieurs équipements électroniques, entraînant des problèmes de sécurité nécessitant des délais de réparation incompressibles selon un communiqué de la SETER » https://www.rts.sn/actualite/detail/a-la-une/perturbations-sur-le-ter-suite-aux-fortes-pluies-des-retards-et-des-solutions-en-cours.

l'**hameçonnage** (*Phishing*) le **rançonnage** (*Ransonware*) ou le cyberespionnage sont toujours d'actualité.

Les acteurs, dont les motivations varient, tirent profit des événements catastrophiques tels que les grosses inondations, les tsunamis ou les situations de pandémie comme la crise du **COVID-19**. En effet, durant ces moments difficiles, le niveau de vigilance de beaucoup de personnes baisse et les attaquants en profitent pour soit leur retirer de l'argent soit voler leur identité. On a vu des personnes utiliser le nom d'autres personnes pour demander l'aide du gouvernement fédéral canadien destiné à ceux qui avaient momentanément perdu leur emploi pendant la crise du **COVID-19**. Plusieurs personnes à qui les identités avaient été usurpées n'avaient jamais cessé de travailler.

Les menaces, provenant de tous les continents, sont si nombreuses qu'il est difficile de les suivre toutes. Des fabricants de solutions de sécurité comme **Kaspersky**[107], **FireEye**[108] et **CheckPoint**[109] publient des cartes interactives, décrivant, en temps réel, l'évolution des cybermenaces dans le monde. Pour les amateurs de géopolitique et de cybersécurité, l'examen de ces cartes se révèle particulièrement éclairant en périodes de tensions internationales. Par exemple, lors de conflits opposant des puissances comme les **États-Unis** et la **Russie**, ou encore entre la **Chine** et **Taïwan**, on observe une intensification des cyberattaques ciblées. Une lecture attentive de la direction de ces flux de données permet de mettre en lumière des stratégies offensives distinctes, souvent attribuées à des groupes **APT** (*Advanced Persistent Threat*) alignés sur des intérêts étatiques.

3.5 Aperçu d'un programme de cybersécurité

Un programme de cybersécurité est un ensemble formalisé de politiques, procédures, directives et normes qui servent de guide pour

---

107 Carte des menaces du fabricant d'antivirus Kaspersky : https://cybermap.kaspersky.com

108 Carte des menaces du fabricant FireEye : https://www.fireeye.com/cyber-map/threat-map.html

109 Carte des menaces du fabricant Checkpoint : https://threatmap.checkpoint.com

mettre en place des pratiques et contrôles efficaces. Il définit clairement les rôles et responsabilités en matière de sécurité de l'information à travers toute l'entreprise. L'objectif est de créer un cadre structuré pour identifier, gérer et atténuer les risques liés à la cybersécurité. Ce programme s'organise généralement autour de quatre axes principaux :

1. **La sensibilisation et l'engagement du comité de direction**, garant des impératifs stratégiques de la cybersécurité, assurant son placement au cœur des priorités de l'entreprise ;
2. **La gestion proactive des risques cyber**, pour anticiper et réduire les menaces avant qu'elles ne se matérialisent ;
3. **La conception d'une architecture de sécurité robuste et adaptée**, protégeant les systèmes et les données, surtout celles critiques ;
4. **La supervision opérationnelle quotidienne**, assurant la surveillance, la détection et la réponse rapide aux incidents de cybersécurité.

3.5.1 La sensibilisation et l'engagement du comité de direction

« **Cybersecurity is not an IT issue, it's a business issue** »[110]. Les experts s'accordent à dire que la cybersécurité relève avant tout d'un enjeu commercial, car elle concerne la gestion des risques globaux de l'entreprise, et non pas seulement des systèmes informatiques.

Pendant longtemps, de nombreuses entreprises ont consacré peu de ressources à la cybersécurité, car elles ne la considéraient pas comme un enjeu commercial, mais uniquement comme un problème lié aux technologies de l'information. Ce manque de prise de conscience a entraîné un sous-investissement dans ce domaine. Aujourd'hui, la situation évolue. Face à la multiplication des failles de sécurité touchant tous les secteurs et aux lourdes conséquences pour les victimes, le lien

[110] L'article « *Cybersecurity Isn't an IT problem* » explique que la cybersécurité ne doit pas être perçue comme une simple responsabilité du département informatique, mais comme un enjeu global de gestion des risques. Elle implique la technologie, mais aussi les comportements humains, la gouvernance, la conformité réglementaire et la collaboration entre tous les services de l'organisation afin de protéger durablement les activités. https://www.nhbr.com /cybersecurity-isnt-an-it-problem

entre cybersécurité et gestion des risques d'entreprise est désormais clairement établi.

On observe de plus en plus d'initiatives en cybersécurité lancées ou soutenues au plus haut niveau des entreprises. La cybersécurité est désormais pleinement intégrée à la gestion des risques. Dans certaines entreprises, une nouvelle gouvernance se met en place, séparant la cybersécurité de la fonction informatique classique, notamment avec la création du poste de **CISO** (*Chief Information Security Officer*) ou **Responsable de la Sécurité des Systèmes d'Information (RSSI)**, qui relève directement du directeur général (CEO) ou de son adjoint, plutôt que du **Responsable des Systèmes d'Information (RSI)** (Gregory, 2018). L'objectif est d'avoir un même niveau d'arbitrage entre **RSSI** et **RSI** dans la mesure où les deux fonctions peuvent entrer en « **conflit** » sur certains sujets.

Les dirigeants d'entreprise, chargés de définir la stratégie à suivre, doivent être les premiers à prendre conscience des conséquences des cyberattaques en instaurant une gouvernance solide pour le programme de cybersécurité. Cela implique d'identifier les principales parties prenantes ainsi que leurs rôles et responsabilités. Ils doivent également créer un comité de pilotage ou nommer des responsables chargés de superviser le programme. Au sein de leurs responsabilités, les membres du comité de direction doivent :

- Montrer **leur engagement** en allouant les ressources matérielles, financières et humaines nécessaires à la protection de l'entreprise ;
- Définir clairement le périmètre et les objectifs du programme, en tenant compte de la taille, du secteur d'activité et du profil de risque de l'entreprise ;
- Veiller à ce que la gouvernance de la cybersécurité soit intégrée au système de gouvernance global, sans être traitée en élément isolé ;
- Adapter les compétences en cybersécurité aux besoins de l'organisation, en convainquant notamment les dirigeants moins familiers du domaine que ces investissements sont essentiels malgré leur aspect parfois abstrait ;

- Renforcer la sensibilisation à la cybersécurité dans toute l'entreprise, reconnaissant que l'humain reste le maillon faible, comme l'ont démontré de nombreuses failles récentes ;
- Encourager et promouvoir les bonnes pratiques de sécurité, en donnant l'exemple et en respectant eux-mêmes les règles imposées au personnel.

Sans l'engagement du comité de direction, l'importance accordée à la cybersécurité ne sera pas à la hauteur des enjeux. Cet engagement ne doit pas être juste des paroles. Il doit plutôt se traduire à travers une série d'actes concrets qui exigent aux différentes parties prenantes de s'accorder sur les exigences de sécurité à mettre en place, d'indiquer les conditions et les délais de réalisations et d'effectuer un retour d'information sur le niveau de satisfaction des différentes réalisations (Donald N. & Spinosa, 2007).

3.5.2 La gestion des risques de cybersécurité

La gestion des risques est **un pilier essentiel** de la cybersécurité, car elle permet d'identifier, d'évaluer et de prioriser les menaces qui pèsent sur les systèmes et les données de son entreprise. Plutôt que de chercher à tout protéger de manière uniforme, elle aide à concentrer les efforts sur les actifs les plus critiques et les vulnérabilités les plus exploitées. Il est donc important de prioriser la protection des éléments vitaux pour sa survie, en évaluant l'impact et la probabilité des risques afin d'allouer efficacement les ressources disponibles.

La **gestion des risques** ne se limite pas à une simple checklist ; elle se construit autour de phases fondamentales : **l'identification, l'analyse et le traitement des risques**. Mais avant même de lancer ce processus, les dirigeants doivent poser des bases solides pour assurer son efficacité. La première action consiste d'abord à **identifier les actifs essentiels**. Il s'agit de cartographier avec précision les objectifs, les produits et les services de l'entreprise afin de savoir exactement ce qu'il faut protéger. Ensuite, il est crucial de **comprendre les menaces** : qui pourrait attaquer l'organisation, pourquoi et par quels moyens. Cette analyse permet de concentrer les efforts sur les risques les plus probables et les plus critiques. Enfin, il faut **définir un seuil de tolérance au risque**, en évaluant le coût potentiel des cyberattaques les plus plausibles et en mettant en place une gouvernance capable de maintenir l'entreprise dans ce cadre acceptable.

Une gestion des risques efficace repose sur une **approche proactive** plutôt que réactive. L'objectif n'est pas seulement de réagir aux incidents, mais d'**anticiper et de contrôler les conséquences futures** autant que possible. En procédant ainsi, l'entreprise réduit non seulement la probabilité qu'un risque se matérialise, mais aussi l'impact potentiel sur ses activités et sa réputation.

3.5.3 L'architecture et la conception de la sécurité

L'architecture et la conception de la sécurité viennent répondre aux besoins de mitigation des risques identifiés à la phase précédente d'analyse en précisant quand et où appliquer les différents contrôles de sécurité. Les principes de conception sont clairement définis dans l'architecture de sécurité et les spécifications détaillées des contrôles sont généralement documentées puis implantées à la suite de la phase de conception et de validation.

Plusieurs cadres de développement d'architecture tels que **TOGAF**[111], **Zachmann**[112] et **SABSA**[113] ont été publiés au fil des années afin d'aider les entreprises à mieux se concentrer sur leurs actifs critiques. Il faut souligner que tous ces cadres n'ont pas la même vision ou la même portée.

- Les cadres **TOGAF** et **Zachman** ont été développés avec une vision d'architecture d'entreprise ou **Enterprise Architecture (EA)**. Une architecture d'entreprise est un cadre structuré qui facilite l'analyse, la planification, la conception et la mise en œuvre d'une architecture de système d'information alignée sur la stratégie commerciale de

[111] Cadre d'architecture d'entreprise TOGAF : https://www.opengroup.org/togaf
[112] Cadre d'architecture d'entreprise Zachman : https://www.zachman.com
[113] Cadre d'architecture de sécurité SABSA : https://sabsa.org

l'entreprise. Son objectif est de définir la manière la plus efficace pour l'entreprise d'atteindre ses buts présents et futurs ;

- **SABSA** est un cadre d'architecture développé avec une vision plus orientée vers la sécurité de l'information. Il s'appuie sur un processus de gestion des risques intégré au développement de solution.

TOGAF, Zachman et SABSA sont des modèles d'architecture conceptuelle et sont **agnostiques à la technologie** permettant l'intégration de différentes approches et de solutions à des besoins différents et très complexes. Ils fournissent également des mécanismes pour gérer cette complexité.

D'autres modèles d'architectures plus orientés technologiques comme le **SAFE** de Cisco, le **Zero-Trust** ou le **Defense-In-Deep** sont utilisés quand vient le temps de la mise en œuvre des solutions de protections. Ces modèles seront revus plus en détail dans les prochains chapitres.

Lors de la phase d'architecture et de conception de la sécurité, le responsable de la sécurité et son équipe doivent s'assurer que les deux exigences suivantes sont satisfaites :

- **Création de politiques et procédures** de cybersécurité conformes aux meilleures pratiques du secteur, aux exigences réglementaires et aux besoins spécifiques de l'entreprise. Ces politiques et procédures doivent couvrir la protection des données, les contrôles d'accès, la gestion des incidents et la formation des employés ;
- **Mise en place des contrôles de sécurité** adaptés pour protéger les actifs et systèmes de l'entreprise, tels que pare-feu, systèmes de détection d'intrusion, antivirus, chiffrement et configurations sécurisées, en adoptant une stratégie de défense en profondeur pour superposer ces mesures.

3.5.4 Les opérations de sécurité

Les systèmes ne se gèrent pas tout seuls, même si l'**intelligence artificielle** est désormais omniprésente dans les discussions. Après avoir analysé l'environnement avec différentes composantes et déployé les meilleures solutions de cybersécurité, adapté aux risques identifiés, il est essentiel de les gérer au quotidien avec du personnel qualifié, capable de faire face aux menaces qui évoluent constamment. Par conséquent, les solutions doivent constamment s'adapter aussi.

Les opérations de sécurité ont pour but d'empêcher les attaquants d'exploiter les failles des systèmes de l'entreprise. Elles reposent sur des contrôles techniques, administratifs et humains, permettant aux dirigeants de décider quand autoriser l'utilisation des systèmes et quand renforcer la gestion des risques. Ces opérations incluent aussi la réponse aux incidents, la gestion de la maintenance et la correction des vulnérabilités.

Pour assurer une exploitation **fiable et sécurisée** de son environnement technologique, l'entreprise doit investir de manière équilibrée dans **trois piliers essentiels** : les **ressources humaines**, pour sensibiliser et former le personnel aux bonnes pratiques ; les **technologies**, pour déployer des solutions de protection avancées ; et les **processus**, afin de structurer et normaliser la sécurité à travers des procédures claires et efficaces, une approche souvent résumée par le triptyque *People, Process, Technology.*

À travers ses opérations de cybersécurité, l'entreprise organise une **gestion proactive et continue** de ses activités, en déployant un ensemble d'actions clés :

- **Élaborer un plan d'intervention en cas d'incident** précisant les rôles et responsabilités, les protocoles de communication, les mesures de confinement, la collecte de preuves et les processus de récupération, afin de garantir une réaction rapide et coordonnée face aux incidents pour réduire les impacts possibles ;
- **Sensibiliser et former les employés** à tous les niveaux sur les menaces actuelles et les bonnes pratiques, en insistant sur des domaines critiques tels que le **phishing**, la sécurité du code et la gestion des mots de passe ;
- **Déployer des outils de surveillance avancés** pour les réseaux, les systèmes et les actifs, incluant la détection et la prévention des

intrusions, les systèmes SIEM et le suivi des journaux, afin d'identifier et de réagir rapidement à toute anomalie ;

- **Réaliser des audits internes réguliers** et, ponctuellement, des évaluations externes pour détecter et corriger les vulnérabilités du système de sécurité ;
- **Établir des partenariats stratégiques** avec des acteurs industriels, des agences gouvernementales et des fournisseurs spécialisés pour suivre l'évolution des menaces, partager des informations et renforcer la culture de sécurité au sein de l'entreprise ;
- **Assurer l'amélioration continue du programme**, en intégrant les retours d'expérience, l'évolution des menaces, des technologies et des exigences réglementaires, afin de maintenir une posture de sécurité optimale ;
- **Communiquer régulièrement aux parties prenantes**, notamment au comité de direction et au conseil d'administration, l'état d'avancement des initiatives, les résultats obtenus et les indicateurs clés, démontrant ainsi l'efficacité et la maturité du programme.

Un programme de cybersécurité bien élaboré et correctement déployé permet à une entreprise d'identifier et de gérer de manière proactive les risques liés à la cybersécurité, de protéger ses actifs essentiels, de garantir le respect des réglementations en vigueur, et de réagir rapidement et efficacement face aux incidents de sécurité. Le programme constitue un **processus permanent**, nécessitant une surveillance constante, une évaluation régulière et une adaptation continue pour suivre l'évolution des menaces et des technologies.

PARTI II

STRATÉGIE ET GOUVERNANCE DE LA CYBERSÉCURITÉ

CHAPITRE 4

LA STRATÉGIE DE CYBERSÉCURITÉ

Ce chapitre présente les exigences essentielles à la construction d'une stratégie de cybersécurité, en mettant en lumière les moyens et les outils nécessaires pour aboutir à un résultat cohérent et aligné avec la stratégie commerciale de l'entreprise.

4.1 La gouvernance de la cybersécurité

4.1.1 Définition et objectifs de la gouvernance cybersécurité

La gouvernance de la cybersécurité peut être définie comme l'ensemble des structures, des responsabilités, des processus décisionnels et des mécanismes de contrôle mis en place au sein d'une entreprise pour orienter, superviser et évaluer les actions relatives à la sécurité du système d'information. Elle vise à garantir que les décisions en matière de sécurité ne soient pas laissées à l'improvisation ou à la seule initiative des équipes techniques, mais qu'elles soient **alignées sur les objectifs stratégiques globaux de l'entreprise**, intégrées à la gestion des risques et portées par la gouvernance d'entreprise dans son ensemble. Elle ne se limite donc pas à la protection contre les attaques informatiques ; elle vise à créer **un cadre durable, cohérent et pilotable** pour protéger l'entreprise, ses clients, ses partenaires et ses salariés contre tout type de menace numérique.

Dans une entreprise moderne, où les actifs les plus critiques (données, algorithmes, infrastructures numériques, etc.), sont dématérialisés, la cybersécurité devient une condition sine qua non de la performance et de la durabilité. L'un des objectifs majeurs de la gouvernance est donc d'assurer une **maîtrise des risques numériques**, qu'ils soient accidentels (pannes, erreurs humaines) ou intentionnels (attaques, fraudes). En intégrant ces risques dans les processus de gouvernance généraux, l'entreprise est en mesure d'identifier les points de vulnérabilité, de prioriser les mesures à mettre en place, et de suivre les progrès réalisés en matière de sécurité.

Un autre objectif clé est de garantir la **conformité réglementaire**. Les exigences en matière de cybersécurité sont de plus en plus nombreuses et contraignantes. Le Règlement général sur la Protection des Données (RGPD), les normes **ISO/IEC 27001**, les lois sectorielles comme la **LPM**[114] en France pour les **OIV**[115] ou **NIS2**[116] au niveau européen, Loi **n° 2008-12** au Sénégal, imposent une approche structurée et démontrable de la sécurité de l'information. Une gouvernance claire permet non seulement de répondre à ces exigences, mais aussi de prouver, en cas de contrôle ou d'incident, que l'organisation a mis en œuvre les moyens appropriés.

La gouvernance permet également de **clarifier les responsabilités**. Qui décide ? Qui exécute ? Qui contrôle ? Dans un domaine aussi transversal que la cybersécurité, où les actions d'un département peuvent entraîner des conséquences sur l'ensemble de l'entreprise, il est essentiel que les rôles soient bien définis, que les processus de remontée d'information soient fluides, et que les décisions puissent être prises rapidement et de manière éclairée.

En structurant les prises de décision autour d'une politique de sécurité formalisée, en créant des comités de pilotage, en définissant des indicateurs de suivi, la gouvernance de la cybersécurité permet aussi

---

[114] En France, la Loi de programmation militaire actuellement en vigueur est la loi n° 2023-703 du 1er août 2023, couvrant la période 2024–2030 : elle définit les priorités stratégiques et les moyens financiers destinés à moderniser les armées, renforcer la dissuasion, la cyberdéfense, l'espace, les capacités maritimes et le renseignement, afin d'assurer la souveraineté et l'autonomie stratégique du pays.

[115] Les Opérateurs d'Importance vitale (OIV) sont des entités désignées par l'État français comme essentielles au fonctionnement de la nation, car elles exploitent des infrastructures ou services dont l'indisponibilité aurait un impact majeur sur la sécurité, l'économie ou la santé publique.

[116] La directive NIS2 est un texte européen adopté en 2022 visant à renforcer la cybersécurité des secteurs critiques en imposant des obligations accrues aux entités publiques et privées en matière de prévention, de détection et de gestion des incidents de sécurité.

d'**objectiver les arbitrages** entre performance, coût, innovation et risque. Ainsi, elle dépasse largement la seule prévention des attaques informatiques. Elle devient un **outil de pilotage stratégique**, au service de la transformation numérique de l'entreprise et de sa compétitivité.

Enfin, l'un des enjeux fondamentaux de cette gouvernance est de **favoriser une culture de la sécurité** partagée. La meilleure des politiques techniques reste inefficace si elle n'est pas accompagnée d'une compréhension collective des enjeux de sécurité. La gouvernance crée les conditions pour diffuser cette culture, depuis le comité de direction jusqu'aux utilisateurs finaux, à travers des campagnes de sensibilisation, des formations, des règles claires applicables à tous.

En somme, la gouvernance de la cybersécurité est bien plus qu'un cadre administratif : elle est **le socle organisationnel** sur lequel repose la capacité de l'entreprise à faire face aux menaces numériques.

4.1.2 La cybersécurité au cœur de la gouvernance d'entreprise

Longtemps perçue comme un sujet exclusivement technique, la cybersécurité est aujourd'hui un **enjeu stratégique majeur** (NIST, 2020) qui s'inscrit pleinement dans les logiques de gouvernance globale de l'entreprise. Son impact potentiel sur la performance, la continuité des activités, la réputation ou encore la conformité réglementaire, est tel que les conseils d'administration, les directions générales et les comités de risques ne peuvent plus l'ignorer ou la déléguer entièrement aux seuls experts techniques. La cybersécurité est devenue un **levier de confiance, de compétitivité et de résilience**[117], dont la maîtrise conditionne la pérennité même de l'entreprise.

Dans un contexte où les actifs numériques constituent la colonne vertébrale des entreprises, qu'il s'agisse de données clients, de processus automatisés, d'outils de collaboration, de plates-formes commerciales ou de chaînes d'approvisionnement numériques, toute

[117] Rapport du World Economic Forum: « Global Cybersecurity Outlook 2023 ». https://www3.weforum.org/docs/WEF_Global_Security_Outlook_Report_2023.pdf. Ce rapport montre que les entreprises qui investissent dans la cybersécurité obtiennent un meilleur niveau de confiance des parties prenantes, y compris investisseurs et clients.

compromission de ces actifs peut produire des effets dévastateurs. Une attaque par ransomware peut paralyser une entreprise entière en quelques heures. Une fuite de données personnelles peut déclencher des sanctions réglementaires et entamer la confiance des clients. Une altération des systèmes critiques peut entraîner des conséquences économiques et juridiques lourdes. Face à ces risques systémiques, **la cybersécurité ne peut être pensée comme une activité négligée ou isolée, cantonnée aux services des technologies de l'information**, mais doit au contraire être considérée comme **un axe structurant de la gouvernance d'entreprise**[118].

Cette intégration suppose un changement de paradigme : il ne s'agit plus seulement de protéger les outils informatiques, mais d'**accompagner les décisions stratégiques avec une vision du risque numérique**[119]. Ainsi, la cybersécurité doit être présente dès la conception des projets, dans les discussions relatives à l'innovation, dans les choix d'investissement, dans les contrats de sous-traitance, et dans les démarches de conformité. Elle devient une composante transversale, au même titre que la gestion des ressources humaines ou la maîtrise des risques financiers.

D'un point de vue organisationnel, cette évolution se traduit par une nécessaire **implication des plus hauts niveaux de responsabilité**[120] dans la gouvernance de la sécurité. Le comité de direction doit non seulement soutenir activement les initiatives de sécurité, mais aussi les intégrer dans ses arbitrages et dans ses priorités stratégiques. **Le RSSI, en tant qu'expert et pilote opérationnel de la cybersécurité, doit**

---

[118] ISO/IEC 27014:2020 — *Information security, cybersecurity and privacy protection— Governance of information security*. Cette norme définit comment la cybersécurité doit être intégrée dans les mécanismes de gouvernance organisationnelle au même titre que la finance ou la qualité.

[119] *European Union Agency for Cybersecurity* (ENISA), *Cybersecurity Risk Management Guidelines, 2021*. ENISA souligne l'importance d'une approche fondée sur le risque pour aligner cybersécurité et décisions stratégiques.

[120] OECD, *Digital Security Risk Management for Economic and Social Prosperity*, 2015. https://www.oecd.org/content/dam/oecd/en/publications/reports/2015/10/digital-security-risk-management-for-economic-and-social-prosperity_g1g5c3dc/9789264245471-en.pdf. Ce rapport affirme que la direction générale doit s'impliquer dans la cybersécurité comme dans tout autre domaine stratégique.

avoir un accès régulier au comité de direction, avoir la capacité d'alerter, de proposer des mesures correctrices, et **d'éclairer les prises de décision** avec une lecture claire des menaces et des opportunités.

Cette dynamique implique également une **meilleure articulation entre les différentes fonctions de l'entreprise** : les directions métiers, la direction juridique, la direction des risques, la direction des ressources humaines, et bien sûr la direction des systèmes d'information. Toutes ont un rôle à jouer dans l'appropriation des enjeux de cybersécurité et dans la mise en œuvre des politiques définies. Une gouvernance efficace repose ainsi sur une capacité de **coordination, de pilotage transversal et de remontée d'information**[121]. Elle doit favoriser la collaboration et la responsabilisation de chacun, tout en maintenant un pilotage centralisé pour assurer cohérence et réactivité.

L'intégration de la cybersécurité dans la gouvernance globale passe aussi par une **gestion rigoureuse des risques numériques**[122]. Les entreprises doivent être capables d'identifier les menaces qui pèsent sur leurs actifs stratégiques, d'évaluer la probabilité et l'impact de ces menaces, et de mettre en place des plans de traitement adaptés. Cela suppose une démarche continue, évolutive, fondée sur des analyses de risques régulières, sur des indicateurs de performance en matière de sécurité, et sur une capacité à tirer les leçons des incidents passés.

Enfin, cette intégration ne serait pas complète sans une **vision éthique et responsable de la cybersécurité**[123]. La protection des données personnelles, le respect des droits des utilisateurs, la transparence sur les incidents, ou encore la loyauté vis-à-vis des clients sont autant de

---

[121] ISACA, *COBIT 2019 Framework: Governance and Management Objectives*. Ce cadre de gouvernance informatique met l'accent sur la responsabilité partagée et la nécessité de mécanismes de coordination entre entités.

[122] ISO 31000:2018 — *Risk management—Principles and guidelines*. Ce standard insiste sur l'importance d'une approche intégrée de la gestion des risques, y compris les risques cyber.

[123] CNIL (Commission nationale de l'informatique et des libertés), *Guide de la sécurité des données personnelles*, 2021. Ce guide rappelle que la cybersécurité ne se limite pas à la technique, mais engage la responsabilité morale de l'organisation envers les personnes concernées.

dimensions qui relèvent de la gouvernance d'entreprise au sens large, et dans lesquelles la cybersécurité joue un rôle central. Il ne s'agit plus seulement de défendre un périmètre technique, mais de construire une entreprise **de confiance**, capable d'évoluer dans un monde numérique incertain et exposé.

Pour finir, **la cybersécurité constitue aujourd'hui un socle fondamental de la gouvernance moderne**. Elle ne peut plus être pensée comme une spécialité isolée, mais doit être inscrite dans une vision systémique, pilotée au plus haut niveau, et mise en œuvre de manière proactive et coordonnée. C'est à ce prix que l'entreprise pourra faire face aux menaces croissantes, protéger ses intérêts stratégiques, et s'inscrire dans une trajectoire de développement durable.

4.1.3 Les rôles clés dans la gouvernance de la cybersécurité

La gouvernance de la cybersécurité repose sur un **écosystème d'acteurs complémentaires**, chacun jouant un rôle déterminant :

- **La direction générale** définit les orientations stratégiques et donne le ton en matière de sécurité. Son soutien explicite est crucial pour faire de la cybersécurité une priorité à tous les niveaux ;
- **La Direction des Systèmes d'Information (DSI)** est responsable de l'implémentation technique des mesures de sécurité, de la gestion des infrastructures et des réseaux. Elle travaille de concert avec le RSSI pour intégrer la sécurité dans les projets IT ;
- **Le Responsable de la Sécurité des Systèmes d'Information (RSSI)** pilote la stratégie de cybersécurité. Il définit la politique, sensibilise les utilisateurs, supervise les plans de gestion des incidents, veille à la conformité, et assure la coordination entre les différents acteurs. Il est le garant de la cohérence, de la transversalité et de la performance du dispositif de sécurité ;
- **La direction des risques, la conformité et l'audit interne**, lorsqu'elles existent, jouent un rôle complémentaire en intégrant la

cybersécurité dans la cartographie des risques globaux, en menant des contrôles et en assurant le lien avec les exigences réglementaires ;

- **Les directions métiers** sont également impliquées car porteuses de projets numériques qui manipulent des données sensibles. Leur engagement est essentiel pour une sécurité réellement intégrée.

4.2 Fondement d'une gouvernance Cyber efficace : la place stratégique du RSSI

Au cœur de la stratégie de gouvernance de la cybersécurité se trouve un acteur désormais incontournable : le **Responsable de la Sécurité des Systèmes d'Information (RSSI)**.

Le RSSI incarne la fonction de cybersécurité au sein de l'organisation. Son rôle ne se limite plus à l'administration de pare-feu ou à la rédaction de politiques de sécurité. Il est aujourd'hui porteur d'une vision stratégique de la protection du patrimoine informationnel, garant du respect des exigences réglementaires et pilier de la résilience numérique. Mais pour exercer pleinement son rôle dans l'entreprise, son **positionnement dans l'organigramme** est un choix structurant, aux conséquences profondes sur l'efficacité globale de la démarche cybersécurité. Les prochaines sous-sections examinent les différentes options de rattachement du RSSI, analysent les implications et proposent des orientations pour favoriser une gouvernance efficace et cohérente de la cybersécurité.

4.2.1 Le rôle élargi du RSSI dans les entreprises modernes

Autrefois considéré comme un profil purement technique, souvent issu des équipes informatiques, le RSSI est aujourd'hui **investi de responsabilités qui touchent directement à la stratégie**, à la gouvernance et au **pilotage des risques** de l'entreprise. Il est chargé d'élaborer la politique de sécurité de l'information, de superviser sa mise en œuvre opérationnelle, de suivre les indicateurs de sécurité et de coordonner les réponses aux incidents. Il intervient aussi bien dans la conception des nouveaux systèmes que dans la gestion quotidienne des menaces. Il est l'interlocuteur privilégié des autorités de régulation, des auditeurs, et parfois des actionnaires dans les secteurs réglementés.

La sécurité des systèmes d'information ne se limite plus aux infrastructures techniques. Elle englobe les processus métiers, les relations avec les partenaires, les données personnelles des clients, et même la réputation de l'entreprise. À ce titre, le RSSI doit disposer d'une vision globale, au-delà du périmètre informatique. Il doit travailler en transversal avec toutes les directions (juridique, RH, métiers, communication, etc.), ce qui impose un **positionnement stratégique et indépendant** au sein de l'organigramme.

4.2.2 La question cruciale du rattachement hiérarchique

Le rattachement hiérarchique du RSSI n'est pas un simple choix administratif. Il détermine son autonomie, son influence, sa légitimité et sa capacité à faire entendre des décisions parfois impopulaires, mais nécessaires. Il existe plusieurs modèles d'organisation, chacun avec ses avantages et ses limites. Le bon choix dépend du contexte de l'entreprise, de sa taille, de sa culture, mais surtout de sa maturité en matière de cybersécurité.

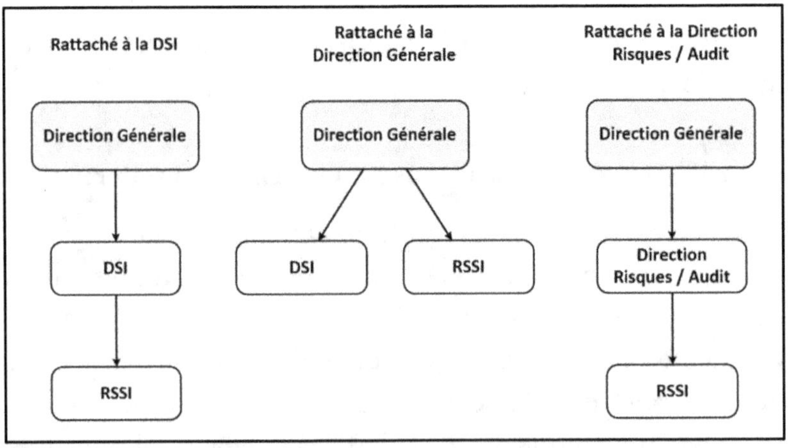

Figure 8 : Modèles de rattachement du RSSI

Le modèle le plus courant, historiquement, consiste à **rattacher le RSSI à la Direction des Systèmes d'Information (DSI)**. Ce choix présente une certaine logique, considérant que de nombreuses mesures de sécurité sont mises en œuvre par les équipes informatiques. La proximité avec les projets informatiques facilite l'intégration de la sécurité dès la phase de conception, et permet une coordination fluide entre les équipes techniques. Toutefois, ce modèle présente un risque majeur : celui de la **dépendance du RSSI vis-à-vis d'un directeur qui peut avoir des intérêts divergents**. La DSI étant souvent jugée sur la performance, la disponibilité et le coût des services informatiques, elle peut être tentée de minimiser certaines contraintes de sécurité jugées « bloquantes » ou coûteuses. Le RSSI se retrouve alors dans une position inconfortable, où il doit arbitrer entre sécurité et efficacité, sans réelle autonomie décisionnelle.

Une alternative plus robuste consiste à rattacher le **RSSI directement à la Direction générale (DG ou DGA).** Ce modèle traduit une volonté claire de faire de la cybersécurité un enjeu stratégique au plus haut niveau. Le RSSI dispose alors d'une indépendance forte, d'un accès direct aux décideurs, et d'une capacité à influencer l'ensemble des directions métiers. Il peut ainsi porter des messages clairs, définir des priorités globales et veiller à ce que la sécurité soit intégrée dans toutes les décisions structurantes de l'entreprise, de la transformation numérique aux fusions-acquisitions. Ce positionnement exige cependant un profil de RSSI expérimenté, capable de dialoguer avec les dirigeants, de défendre un budget, de présenter des indicateurs clairs, et d'avoir une vision business de la cybersécurité.

Un autre modèle consiste à placer le **RSSI au sein de la direction des risques, de l'audit interne ou de la conformi**té. Ce rattachement peut sembler logique dans les organisations où la cybersécurité est perçue comme un volet de la gestion globale des risques. Il permet d'inscrire les enjeux de sécurité dans une approche intégrée, en cohérence avec les démarches de conformité réglementaire, les cartographies de risques et les dispositifs de contrôle interne. Ce positionnement peut offrir une bonne visibilité dans les comités de pilotage des risques et favoriser l'obtention de ressources pour les actions de sécurisation. Toutefois, il présente **un risque d'éloignement du terrain technique et opérationnel**, ce qui peut limiter la réactivité en cas d'incident et la capacité à mettre en œuvre des mesures concrètes.

4.2.3 Un enjeu de maturité et de vision stratégique

Le choix du rattachement du RSSI doit être éclairé par une réflexion stratégique sur la place de la cybersécurité dans l'entreprise. Dans les structures de petite taille, ou en début de structuration de leur gouvernance de sécurité, un rattachement à la DSI peut représenter une étape logique, à condition de garantir une certaine indépendance fonctionnelle du RSSI. En revanche, dans les grandes organisations, ou celles soumises à des contraintes réglementaires fortes, il devient crucial de positionner la fonction sécurité au niveau de la direction générale ou à une fonction indépendante. C'est à ce niveau que peuvent se prendre les décisions d'arbitrage entre risques, investissements et exigences métiers permettant une intégration cohérente de la cybersécurité dans la stratégie d'ensemble de l'entreprise.

Le rattachement du RSSI constitue bien plus qu'une question d'organigramme. Il est un révélateur de la place accordée à la cybersécurité, un levier de gouvernance stratégique, et un facteur de réussite dans un monde où les menaces sont devenues systémiques. Rattacher le RSSI à la direction générale ou à une fonction indépendante permet de garantir son efficacité, de renforcer la crédibilité des politiques de sécurité, et d'assurer une meilleure coordination entre les enjeux techniques, métiers et réglementaires. **La cybersécurité n'est pas un coût à contenir, mais un investissement stratégique**, porteur de valeur, de résilience et de confiance.

Le RSSI, pour être efficace, doit pouvoir alerter, convaincre et décider, sans subir de pressions ou de conflits d'intérêts. Son positionnement hiérarchique doit refléter cette exigence.

4.3 BMIS : cadre de référence de la gouvernance cyber

4.3.1 Description du modèle

Pour encourager une approche orientée business de la gouvernance et la gestion des risques liés à la cybersécurité, **ISACA** a conçu en 2010 un cadre intitulé « **Business Model for Information Security (BMIS)** » (ISACA, 2010). Ce modèle vise à aborder la complexité des enjeux de sécurité de l'information tout en recherchant un équilibre entre les exigences de protection et les objectifs stratégiques de l'entreprise. **BMIS**[124] repose sur quatre composantes clés. Aux trois éléments habituellement pris en compte dans les technologies de l'information, à savoir les **individus**, les **processus** et les **technologies**, s'ajoute un quatrième pilier fondamental, l'**organisation**, qui sert de base structurante aux trois autres :

- **L'organisation** regroupe les personnes, les ressources et les processus qui interagissent au sein de rôles définis, avec pour objectif de contribuer collectivement à la réalisation des ambitions stratégiques de l'entreprise ;
- **Les individus** désignent l'ensemble des acteurs humains impliqués dans la mise en œuvre de la stratégie par la conception et l'exécution des différentes composantes. Il est essentiel de considérer leurs valeurs, comportements et biais dans cette dynamique ;
- **Les processus** correspondent à des suites structurées d'activités ayant un objectif commun. Ils sont essentiels pour détecter, évaluer, gérer et contrôler les risques, assurer la disponibilité, l'intégrité et la confidentialité des informations, tout en garantissant la traçabilité et la responsabilité ;
- **La technologie** englobe l'ensemble des outils, systèmes et infrastructures utilisés pour soutenir les processus métiers. Elle joue un rôle clé dans la capacité de l'entreprise à accomplir ses missions.

---

[124] Document BMIS disponible sur le site Internet de ISACA : https://store.isaca.org/s/store#/store/browse/detail/a2S4w000004Ko8cEAC

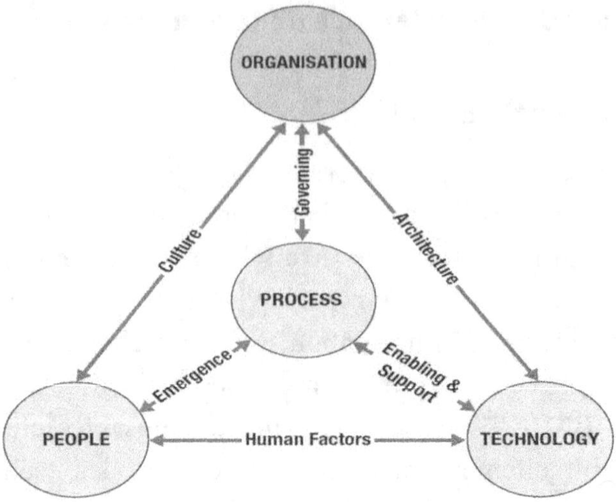

Figure 9 : Les composantes du modèle BMIS (ISACA, 2010)

Les composantes du modèle *BMIS* sont interconnectées par six **relations dynamiques** exerçant des influences dans plusieurs directions, créant ainsi des effets de tension ou d'attraction en fonction de l'évolution des situations. Les interactions et comportements au sein de ces connexions peuvent soit perturber l'équilibre du modèle, soit contribuer à le rétablir.

- **La gouvernance** correspond à la supervision exercée par la direction, qui définit les orientations et les limites dans lesquelles l'entreprise doit évoluer ;
- **La culture** reflète l'héritage collectif de l'entreprise, constitué de comportements, de croyances, d'attitudes, de pratiques et de présupposés qui se développent avec le temps à travers les différentes phases de son évolution ;
- **L'habilitation et le soutien** représentent le mécanisme qui permet l'exécution des processus via la technologie, en conformité avec les politiques et procédures de sécurité technique en vigueur ;
- **L'émergence** traduit l'interaction entre individus et processus, donnant naissance à de nouveaux schémas d'organisation ou d'amélioration continue. Elle favorise l'émergence d'opportunités,

de comportements innovants, de processus inédits ou de pratiques sécuritaires adaptées à l'évolution de l'entreprise ;

- **Les facteurs humains** désignent l'interface entre la technologie et les utilisateurs. Ces derniers peuvent représenter un point vulnérable dans la cybersécurité si les outils ne sont pas bien maîtrisés ou si les règles de sécurité ne sont pas respectées, entraînant des risques de fuite ou de vol d'informations ;
- **L'architecture** assure la cohérence entre les besoins technologiques et les objectifs de l'entreprise. Elle montre comment les dispositifs de sécurité peuvent être intégrés de manière efficace et économique, tout en aidant les décideurs à anticiper et orienter les investissements en cybersécurité.

Le *BMIS* ne dépend d'aucune technologie spécifique. Il est universellement applicable, quels que soient le secteur d'activité, la taille de l'organisation ou le dispositif de sécurité de l'information déjà en place. Il couvre un large éventail d'aspects, incluant la sécurité réseau, la protection des données personnelles, la sûreté physique et le respect des exigences réglementaires.

4.3.2 Traduction du modèle BMIS en cadre de gouvernance

Le **BMIS constitue avant tout un cadre théorique** qui offre une vision holistique de la sécurité, mais il ne peut être utilisé de manière efficace qu'à condition d'être opérationnalisé. Autrement dit, il doit être traduit en pratiques concrètes, en mécanismes de suivi et en indicateurs de performance mesurables, permettant de transformer un modèle conceptuel en un véritable outil de gouvernance et de pilotage stratégique de la cybersécurité.

Le tableau de bord suivant illustre comment les dimensions du *BMIS* peuvent être déclinées en objectifs de gouvernance et en **indicateurs de performance (KPI) et de risque (KRI).**

Axe BMIS	Objectif de gouvernance	Indicateurs clés (KPI/KRI)	Type de mesures
Organisation	Aligner la stratégie sécurité avec les objectifs métier	• Taux de projets intégrant la sécurité dès la conception (Security by Design)	• Nombre de projets validés par le RSSI
Processus	Garantir des processus de sécurité efficaces et maîtrisés	• MTTR (Mean Time to Respond) aux incidents • Taux procédures critiques documentées	• Résultats SOC • Tests PCA/PRA
Technologie	Assurer une infrastructure sécurisée et résiliente	• Taux de correctifs appliqués dans les délais • Taux de détection automatisée des menaces	• Patch management • SIEM, EDR
Personnes	Développer une culture et des comportements sécurisés	• Taux d'employés formés • Taux de réussite aux tests phishing	• E-learning security • Campagnes phishing
Culture (dynamique)	Instaurer une culture sécurité partagée	• Score de maturité organisationnelle • Feedback des employés	• Audits internes • Enquêtes
Gouvernance (dynamique)	Superviser et piloter la sécurité au plus haut niveau	• Nombre de comités sécurité/an • Taux de risques critiques traités	• Rapports au Board • Suivi plan de remédiation
Émergence (dynamique)	Anticiper les menaces et évolutions imprévues	• Temps d'adaptation aux nouvelles menaces • Taux budget innovation sécurité	• Threat intelligence • Exercices Red Team
Architecture (dynamique)	Intégrer la sécurité dans l'architecture IT	• Taux systèmes intégrés au SOC • Degré d'interopérabilité des solutions	• Cartographie SI • CMDB • Zero Trust
Humain (dynamique)	Réduire l'impact des erreurs humaines	• Taux d'incidents dus à des erreurs • Participation aux formations sécurité	• Tests d'ingénierie sociale
Technologie (dynamique)	Adapter les outils de sécurité aux évolutions techniques	• Taux couverture des actifs par les solutions de sécurité • ROI des solutions déployées	• Monitoring SIEM • SOC KPIs

Tableau 3 : Opérationnalisation du modèle BMIS

Le tableau de bord de la gouvernance issu du *BMIS* permet de suivre et de piloter la cybersécurité de manière holistique. Chaque axe du modèle (organisation, processus, technologie, personnes et dynamiques associées) est traduit en objectifs de gouvernance et en indicateurs de performance (KPI/KRI). Ce dispositif offre ainsi une vision synthétique, mais complète de l'état de la sécurité, mettant en évidence aussi bien l'efficacité opérationnelle (temps de réponse aux incidents, taux de patching) que les dimensions stratégiques (alignement sur les objectifs métiers, culture de sécurité, adaptation aux menaces émergentes). Il devient ainsi un outil central d'aide à la décision pour la direction et le comité de gouvernance.

4.4 Les fondements d'une stratégie de cybersécurité

L'élaboration d'une stratégie de cybersécurité efficace repose sur une approche méthodique articulée autour d'étapes fondamentales. Celles-ci incluent l'analyse des risques, la définition des objectifs de sécurité, le choix des mesures de protection, ainsi que l'organisation de la gouvernance et de la conformité. Chaque phase joue un rôle déterminant dans la robustesse globale du dispositif de sécurité. Ces différentes composantes seront détaillées dans les sections suivantes.

4.4.1 L'importance d'une stratégie de cybersécurité

La gestion de la sécurité des données ne peut se limiter aux seules actions quotidiennes des équipes opérationnelles. Il est essentiel de mettre en place une stratégie de cybersécurité globale permettant à l'organisation d'adopter une posture proactive, plutôt que de réagir uniquement face aux incidents ou menaces émergentes. Dans la communauté des professionnels de la cybersécurité, il est largement reconnu que les cybercriminels sont en quête permanente de nouvelles cibles. Ils accordent peu d'importance à la taille ou à la notoriété de l'entreprise, tant qu'ils peuvent exploiter une situation de crise.

De nombreuses organisations disposent de services informatiques composés de professionnels qualifiés, chargés d'assurer la sécurité opérationnelle des systèmes d'information. Cependant, les compétences internes, aussi solides soient-elles, ne garantissent pas à elles seules une protection totale face à des cybercriminels de plus en plus sophistiqués, capables de contourner les mécanismes de sécurité traditionnels. Les violations de données observées à grande échelle ne résultent pas toujours d'une négligence, mais illustrent la montée en puissance des techniques d'attaque, telles que le phishing ciblé, les malwares polymorphes ou les campagnes de ransomware automatisées. Pour renforcer leur posture de sécurité, les entreprises doivent mettre en œuvre des stratégies de cybersécurité intégrées, reposant notamment sur des solutions techniques comme les **EDR/XDR** (**Endpoint Detection and Response, Extend Detection and Response**), les pare-feux de nouvelle génération, les systèmes de gestion des informations et événements de sécurité (**SIEM**), ainsi que l'analyse comportementale (**UEBA**). Ces dispositifs doivent être complétés par une gouvernance rigoureuse (conforme aux cadres comme **ISO/IEC 27 001** ou **NIST CSF**) et des mesures organisationnelles telles que la sensibilisation continue du personnel, la simulation d'incidents (**tabletop exercises**) et des audits de sécurité réguliers. La concrétisation de ces objectifs nécessite l'établissement d'un cadre structuré : **la stratégie de cybersécurité**.

L'une des missions fondamentales du Responsable de la Sécurité des Systèmes d'Information (RSSI) [125] est justement de concevoir cette stratégie, qui servira de référentiel à l'ensemble des actions de sécurité au sein de l'entreprise. **Sa mise en œuvre se traduit par un programme de cybersécurité structuré**, aboutissant à une feuille de route opérationnelle. Celle-ci permet de traiter les enjeux de sécurité en identifiant clairement les mesures techniques, organisationnelles et

---

[125] L'article de RCGT souligne que, face à la montée des cyberattaques et à leurs impacts financiers, légaux et réputationnels, la présence d'un CISO (ou RSSI) est devenue essentielle pour toute entreprise. Ce rôle stratégique permet de définir une vision claire de la cybersécurité, d'anticiper les menaces, de coordonner la réponse aux incidents et d'assurer la conformité réglementaire. Pour les organisations ayant des ressources limitées, l'option d'un CISO virtuel offre une alternative flexible et abordable, garantissant tout de même un haut niveau d'expertise : https://www.rcgt.com/fr/nos-conseils/cybersecurite-pourquoi-votre-entreprise-a-t-elle-besoin-d-un-rsi-ciso.

procédurales à déployer pour protéger l'entreprise face aux risques liés aux incidents cyber.

Une stratégie est un plan d'action de haut niveau visant à atteindre un ou plusieurs objectifs déterminés (Gregory, 2018). Elle définit l'orientation globale de l'organisation et décrit, selon une vision claire et cohérente, les projets et initiatives que l'entreprise devra entreprendre dans les années à venir pour concrétiser ses ambitions.

La stratégie de cybersécurité **définit l'approche globale** adoptée par l'entreprise pour protéger ses actifs informationnels et réduire son exposition aux risques liés aux cybermenaces. Elle encadre les objectifs, les priorités et les moyens, tant techniques qu'organisationnels, nécessaires à la mise en place d'un dispositif de sécurité cohérent et efficace. Il s'agit d'un document évolutif, conçu pour s'adapter en permanence aux changements des environnements internes et externes de l'entreprise. La stratégie de cybersécurité ne peut être calquée sur un modèle universel, car elle doit refléter les réalités propres à chaque organisation, à l'instar des stratégies commerciales ou marketing. Elle doit être alignée sur les besoins spécifiques, les contraintes sectorielles, les objectifs métiers et le niveau de maturité en cybersécurité de l'entité qui la déploie.

Une stratégie de cybersécurité doit avant tout **s'aligner sur la stratégie commerciale** de l'entreprise, afin d'éviter toute contradiction entre les objectifs de sécurité et ceux de la direction. Généralement conçue sur un **horizon de trois à cinq ans**, elle doit néanmoins être révisée régulièrement. Son élaboration passe par plusieurs étapes clés pour garantir une réponse cohérente aux exigences de sécurité.

4.4.2 Mission, vision, objectifs et culture d'entreprise

Une entreprise standard regroupe généralement divers départements (finance, marketing, ressources humaines, technologies de l'information, ingénierie, entre autres) dont les employés peuvent exercer leurs fonctions sans nécessairement comprendre les activités des autres pôles. En revanche, pour un responsable de la sécurité et son équipe, cette approche cloisonnée n'est pas envisageable. Leur mission de protection des actifs exige une vision transversale et une compréhension claire des orientations stratégiques définies par la direction. Cela commence par une appropriation de la mission, de la vision, des objectifs et de la culture d'entreprise, qui constituent les fondements de son identité, de ses ambitions et de son positionnement stratégique. Ces éléments sont essentiels pour aligner efficacement les initiatives de cybersécurité avec les priorités globales de l'entreprise :

- **La Mission** exprime l'objectif fondamental et la raison d'être de l'entreprise. Elle précise ce qu'elle fait, à qui elle s'adresse et de quelle manière elle génère de la valeur pour ses parties prenantes. Une déclaration de mission efficace doit être claire, concise et représentative des principes directeurs de l'entreprise. Elle sert de repère pour employés, clients et partenaires, en fournissant une compréhension partagée de l'identité de l'entreprise et de sa finalité. Exemple de déclaration de mission : « *Fournir des produits alimentaires durables et de haute qualité aux familles du monde entier, en favorisant la santé et le bien-être par la nutrition et l'innovation* ».

- **La vision** d'une entreprise définit ses aspirations à long terme et l'état futur qu'elle ambitionne d'atteindre. Elle offre une représentation inspirante des objectifs stratégiques et de l'impact qu'elle souhaite générer dans son environnement. Tandis que la mission se concentre sur le présent et les objectifs immédiats, la vision projette vers l'avenir, motivant employés et parties prenantes à s'engager ensemble vers une ambition commune.

  Exemple de déclaration de vision : « *Devenir un leader mondial de l'agriculture durable, en mettant au point des technologies de pointe qui révolutionnent les pratiques agricoles et garantissent une planète plus saine pour les générations à venir* » ;

- **Les Objectifs**, également appelés buts ou cibles, représentent des résultats précis, mesurables et temporellement définis que l'entreprise s'engage à atteindre. Ils constituent des étapes concrètes contribuant à la réalisation de la mission et à l'accomplissement de la vision. Ces objectifs encadrent la planification stratégique et orientent les décisions opérationnelles afin d'assurer la cohérence des actions avec la finalité globale de l'entreprise. Parmi les exemples d'objectifs, on peut citer :

a. Accroître la part de marché de 15 % d'ici deux ans ;
b. Réduire les émissions de carbone de 20 % d'ici la fin de l'exercice fiscal ;
c. Améliorer la satisfaction client en diminuant de 10 % les évaluations négatives ;
d. Réduire les coûts de fonctionnement de 10 % dans l'année ;
e. Lancer deux nouvelles gammes de produits destinées à des marchés de niche avant le troisième trimestre.

La mission, la vision et les objectifs d'une entreprise sont **interdépendants** et doivent être alignés pour former un **cadre stratégique cohérent**. La mission définit la finalité de l'entreprise, la vision exprime ses ambitions à long terme, tandis que les objectifs traduisent ces aspirations en étapes concrètes et mesurables. Ensemble, ces éléments orientent les décisions, l'allocation des ressources et la recherche de nouvelles opportunités de croissance.

Certains responsables de la sécurité, notamment ceux issus d'un profil technique et analytique, peuvent éprouver des difficultés à appréhender pleinement ces concepts stratégiques. Il leur revient alors de solliciter l'accompagnement nécessaire pour en faciliter la compréhension, ce qui contribuera à optimiser l'efficacité de leurs missions.

Une fois ces données assimilées, l'étape suivante consiste à s'imprégner de la **culture d'entreprise**[126], qui englobe les valeurs, normes, pratiques et comportements du personnel. Cette culture influence les interactions internes entre collaborateurs ainsi qu'avec les parties prenantes externes, en reflétant les croyances et attitudes adoptées lors des activités commerciales.

---

126 Définition de la notion de « culture d'entreprise » par le site Investopedia : https://www.investopedia.com/terms/c/corporate-culture.asp

Dans cette phase exploratoire, il est essentiel d'identifier les besoins spécifiques des différents départements. Pour cela, il convient d'engager des échanges ouverts avec les responsables de chaque entité, qui doivent exprimer clairement leurs objectifs en langage business, en évitant le jargon technologique. Les responsables de la sécurité jouent souvent un **rôle dual** au sein de l'entreprise : en tant qu'**expert et conseiller en sécurité de l'information**, mais aussi en tant que **leader d'entreprise**. Cette double casquette leur permet d'évaluer les besoins métiers à la fois sous l'angle de la sécurité et de la rentabilité commerciale. Ce rôle est complexe, car les exigences de sécurité peuvent parfois entrer en tension avec des initiatives clés pour la croissance et le développement de l'entreprise.

4.4.3 Identification des actifs à protéger

Lorsqu'un responsable de la sécurité demande à son équipe de déployer un pare-feu doté de fonctions de protection applicative, un **Web Application Firewall (WAF)**, c'est parce que certaines applications critiques sont exposées à des attaques telles que les **injections SQL**[127] ou **Cross Site Scripting (XSS)**[128].

Avant d'élaborer une stratégie de cybersécurité, il est indispensable de réaliser un état des lieux complet des **actifs de l'entreprise**[129] afin de mieux comprendre l'environnement et d'identifier d'éventuels aspects jusque-là méconnus. Cette analyse commence par une revue globale des activités de l'entreprise, en s'appuyant sur la mission, la vision et les objectifs stratégiques définis par la direction générale.

---

[127] L'injection SQL est une attaque où l'acteur profite d'une mauvaise validation des entrées d'une application Web pour insérer du code SQL malveillant dans un champ de saisie (recherche, connexion, URL) pour manipuler les requêtes envoyées à la base de données.

[128] Le Cross-Site Scripting (XSS) est une attaque où un acteur malveillant injecte des scripts, souvent en JavaScript, dans des pages Web afin qu'ils s'exécutent dans le navigateur d'utilisateurs non méfiants. Ces scripts abusent de la confiance de l'utilisateur envers le site et s'exécutent sans son consentement.

[129] Classés depuis plusieurs années aux 1er et 2e rangs des contrôles les plus critiques du CIS (Critical Security Controls) : https://www.cisecurity.org/controls

Il est ensuite nécessaire d'examiner l'organigramme pour comprendre le rôle et la mission de chaque unité d'affaires ou département. Parfois, au cours de ce processus, plusieurs collaborateurs prennent conscience qu'ils maîtrisent mal le fonctionnement global de leur entreprise, ses services et ses principaux clients. Par ailleurs, il convient d'évaluer les politiques, les procédures et les processus existants, ou de constater leur absence lorsqu'ils ne sont pas documentés.

La **découverte des actifs** désigne le processus systématique d'identification et d'inventaire de l'ensemble des ressources informationnelles. Ces actifs incluent aussi bien des éléments physiques, numériques ou immatériels. L'objectif principal est d'obtenir une vue complète des biens détenus par l'entreprise, de leurs emplacements ainsi que de leur mode d'utilisation. Ces données sont essentielles pour assurer une gestion efficace, garantir la sécurité, respecter les exigences de conformité et soutenir la prise de décision.

Ci-dessous, un processus synthétique de découverte des actifs :

- **Définition du périmètre** — il faut déterminer l'étendue ou la portée des efforts de recherche d'actifs. Quels types d'actifs doit-on chercher à découvrir ? Il peut s'agir d'actifs physiques tels que commutateurs, routeurs, postes de travail et serveurs, ainsi que d'actifs numériques tels que les logiciels, les données ou les éléments de propriété intellectuelle ;

- **Élaboration d'un inventaire** — il s'agit de constituer un registre exhaustif de tous les actifs de l'entreprise, en recueillant des informations détaillées pour chacun : nom, description, emplacement, responsable, valeur, date d'acquisition et toute documentation associée ;

- **Choix des méthodes de collecte des données** — la collecte peut être manuelle, nécessitant une inspection physique des biens et un enregistrement direct des informations, une méthode souvent indispensable pour les actifs matériels, mais chronophages. Elle peut aussi s'appuyer sur des outils automatisés capables d'analyser les réseaux, bases de données et systèmes afin d'identifier les actifs numériques et d'extraire les informations pertinentes ;

- **Analyse par types d'actifs** — les méthodes de découverte varient en fonction de la nature des actifs, qu'ils soient numériques ou physiques. Pour les **ressources numériques** telles que les logiciels, les licences ou les bases de données, il est recommandé d'utiliser des outils d'analyse de réseau ou de gestion des actifs (ex. : scanner IP, solutions ITAM[130]) afin d'identifier les dispositifs connectés et les applications installées. Les données collectées doivent ensuite être classées selon leur sensibilité, leur criticité et leur rôle dans les processus métiers. Pour les **actifs physiques,** une inspection en personne des sites est nécessaire afin de recenser et documenter les biens présents. L'utilisation de technologies telles que les **codes-barres**[131] ou les étiquettes **RFID**[132] est fortement conseillée pour faciliter l'identification, le suivi et la gestion continue de ces actifs ;
- **Collecte et centralisation des données** — toutes les informations pertinentes relatives aux actifs doivent être documentées de manière structurée dans une base de données centralisée. Cela peut prendre la forme d'un tableur, d'un outil de gestion des actifs (ITAM) ou d'une solution spécialisée de découverte automatisée ;
- **Validation continue et précision des données** — il est essentiel de faire valider l'inventaire par les responsables concernés afin d'en garantir l'exactitude. Cette validation doit être régulière, car les actifs peuvent évoluer dans le temps (ajout, déplacement, retrait). Des audits périodiques de l'inventaire permettent de détecter les écarts,

---

[130] Les solutions ITAM (IT Asset Management) identifient, inventorient, suivent et gèrent les actifs informatiques d'une organisation tout au long de leur cycle de vie, afin d'en optimiser l'usage, la conformité et la sécurité.

[131] Les codes-barres sont des représentations visuelles (lignes ou motifs numériques) qui encodent des données lisibles par des scanners pour identifier rapidement des objets, produits ou actifs.

[132] La RFID (Radio Frequency Identification) est une technologie d'identification sans contact qui utilise les ondes radio pour lire à distance des puces électroniques fixées aux objets, permettant leur suivi et leur gestion automatisée.

d'identifier les équipements obsolètes et de mieux maîtriser les risques associés ;

- **Catégorisation et étiquetage des actifs** — les actifs doivent être classés selon des critères pertinents (type, fonction, emplacement ou sensibilité). Cette catégorisation facilite leur gestion, leur analyse et leur priorisation dans le cadre des actions de sécurité ;
- **Attribution de la propriété et des responsabilités** — chaque actif doit avoir un responsable clairement identifié. L'attribution d'un propriétaire garantit qu'une personne ou une entité a la charge de sa maintenance, de son suivi opérationnel et de sa sécurité.

Le processus de découverte des actifs est essentiel à la stratégie de cybersécurité, car il permet d'identifier et de valoriser l'ensemble des ressources de l'entreprise. En respectant les bonnes pratiques et les exigences réglementaires, et en s'appuyant sur des outils de gestion adaptés, ce processus facilite la prise de décision, la réduction des risques, la conformité, ainsi que l'identification des systèmes critiques liés aux activités et revenus de l'entreprise.

Dans le cadre de la définition d'une stratégie de cybersécurité, il est également indispensable de mener des recherches approfondies sur l'ensemble des **exigences réglementaires applicables à l'entreprise**, en fonction de son secteur d'activité, de sa zone géographique et de la nature des données qu'elle traite. Cette étape permet d'identifier les **lois**, **normes** et **cadres de conformité**, tels qu'ISO/IEC 27001, ou encore les exigences propres aux secteurs bancaire, médical ou des télécommunications, afin de garantir que la stratégie intègre dès le départ les obligations légales et contractuelles. Négliger ces aspects peut exposer l'entreprise à des sanctions financières, à une perte de confiance des clients, ou à des restrictions opérationnelles. Une **veille réglementaire** continue et une collaboration étroite avec les services juridiques, conformités et métiers sont donc essentielles pour bâtir une stratégie à la fois robuste, alignée et conforme.

Bien que le RSSI puisse contribuer à l'identification des cadres réglementaires applicables, **cette responsabilité ne devrait pas lui**

incomber seul, car la conformité implique des **compétences multidisciplinaires**, juridiques, opérationnelles et métier, nécessitant la collaboration de plusieurs équipes.

Analyser la situation actuelle de l'entreprise et la comparer à l'état souhaité pour le futur permet d'identifier les écarts et les carences à combler. Ce processus, appelé analyse d'écart, sert de base à la planification stratégique et à la définition des actions correctives.

4.4.4 Appétit pour le risque et seuil de tolérance

Dans la réalisation de leurs objectifs, les entreprises sont constamment exposées à des risques qu'elles doivent gérer parallèlement aux activités commerciales. Pour ce faire, les entreprises s'appuient généralement sur deux notions clés : l'appétit pour le risque et la tolérance au risque[133].

L'appétit pour le risque correspond à une déclaration stratégique de haut niveau définissant le niveau de risque que la direction est prête à accepter dans la poursuite des objectifs commerciaux et stratégiques. Il traduit l'équilibre que l'entreprise souhaite maintenir entre la prise de risque et sa capacité à en maîtriser les conséquences négatives. Cette notion joue un rôle fondamental dans la gouvernance des risques, car elle oriente la prise de décision et permet d'aligner les initiatives sur la stratégie globale.

La tolérance au risque, quant à elle, représente le degré de variation acceptable par rapport à cet appétit pour le risque. Elle mesure la capacité de l'entreprise à absorber les écarts ou les impacts potentiels liés à une activité spécifique, sans compromettre sa stabilité ni ses objectifs. En d'autres termes, c'est le seuil au-delà duquel un risque devient **inacceptable**, car ses conséquences surpasseraient les bénéfices attendus.

---

133 Explication détaillée de l'appétit et la tolérance au risque par ISACA : https://www.isaca.org/resources/news-and-trends/isaca-now-blog/2022/risk-appetite-vs-risk-tolerance-what-is-the-difference

Par analogie avec la circulation sur une autoroute, l'appétit pour le risque correspond à la **limite de vitesse officielle fixée** par les autorités (par exemple 100 km/h au Québec), tandis que la tolérance au risque représente la **marge de dépassement admissible** (comme rouler à 110 km/h) sans sanction immédiate de la police.

L'appétit pour le risque et le seuil de tolérance varient selon la situation et le contexte de l'entreprise. Par exemple, une start-up sera généralement plus encline à prendre des risques pour accélérer son développement, tandis qu'une institution financière, solide et exposée à des pertes majeures en cas d'échec, adoptera une posture plus prudente. Même au sein d'un même secteur, une entreprise financièrement robuste pourra se permettre une prise de risque plus importante pour lancer de nouvelles initiatives.

Avant d'élaborer une stratégie de cybersécurité, le responsable sécurité doit impérativement comprendre l'appétit et les seuils de tolérance au risque propres à son organisation. Pour cela, il peut s'appuyer sur la politique de gestion des risques, si elle existe, ainsi que sur le registre des risques, un document évolutif qui recense les risques identifiés, leur probabilité, leurs impacts, les mesures prévues et les responsables désignés. Cependant, l'étape la plus cruciale reste le **dialogue avec les responsables de chaque métier**, afin de recueillir leur perception des risques en fonction des responsabilités qui leur incombent.

4.5 Conception d'une stratégie de cybersécurité basée sur un cadre formel

La mise en œuvre d'une stratégie de cybersécurité repose sur plusieurs prérequis essentiels. Parmi les premiers figure le choix d'un cadre de référence adapté, qui orientera l'implémentation des contrôles de sécurité. Vient ensuite la réalisation d'une analyse d'écart, comparant la situation actuelle à l'état souhaité. Cette étape inclut une évaluation approfondie des menaces et des risques, qui constitue un fondement clé de l'analyse.

Fort de ces éléments, le responsable de la sécurité et son équipe peuvent élaborer une feuille de route, c'est-à-dire planifier les projets nécessaires pour atteindre les objectifs définis. Les sous-sections suivantes détailleront chacune des étapes clés de cette mise en œuvre.

4.5.1 Le choix d'un cadre de cybersécurité

Un **cadre de cybersécurité** est un ensemble structuré de lignes directrices, de normes et de bonnes pratiques visant à aider les organisations à **gérer les risques liés aux cyberattaques**. À l'instar des cadres existant dans d'autres domaines, comme la comptabilité, fondée sur des concepts tels que les actifs, les passifs ou les contrôles, les cadres de cybersécurité proposent une approche systématique pour sécuriser les actifs numériques.

Ils sont conçus pour **protéger les systèmes d'information** sans exiger une maîtrise complète de la complexité technique des environnements informatiques. Ces cadres permettent aux organisations de **réduire leur surface d'exposition aux vulnérabilités** exploitables par des acteurs malveillants. Ils offrent un dispositif structuré pour identifier, évaluer et traiter les risques, tout en instaurant des **protocoles et des pratiques adaptés à la protection des systèmes, des données et des infrastructures numériques**[134].

En général, un cadre de cybersécurité repose sur plusieurs composantes : des politiques de sécurité, des procédures internes, des outils technologiques, ainsi qu'une gouvernance organisationnelle claire. Il est conçu pour être **souple** et **évolutif**, ce qui permet aux entreprises, quel que soit leur secteur d'activité ou leur taille, d'adapter leur stratégie de cybersécurité à leurs besoins spécifiques[135]. Par ailleurs, de nombreuses organisations doivent se conformer à un cadre réglementaire ou normatif pour **répondre aux exigences de leur**

---

[134] NIST, *Framework for Improving Critical Infrastructure Cybersecurity*, Version 1.1, National Institute of Standards and Technology, Avril 2018. https://nvlpubs.nist.gov/nistpubs/CSWP/NIST.CSWP.04162018.pdf

[135] ANSSI, *Guide d'élaboration d'une stratégie de cybersécurité*, version 1.0, septembre 2021. https://cyber.gouv.fr/uploads/2021/09/guide-strategie-cyber-anssi-v1.0.pdf

secteur ou **réussir des audits de conformité**. Par exemple, les entreprises opérant dans le domaine des paiements électroniques sont tenues de respecter la norme **PCI DSS** (*Payment Card Industry Data Security Standard*), qui définit des exigences précises en matière de sécurité des environnements de paiement[136].

Les **cadres de cybersécurité** peuvent être utilisés de multiples façons, en fonction des **besoins spécifiques de chaque entreprise**. Ils constituent des outils adaptables qui soutiennent aussi bien la définition de la stratégie que la gestion opérationnelle de la cybersécurité. Ci-dessous, quelques exemples de cas d'utilisation des cadres de cybersécurité :

- **Élaboration d'une stratégie de sécurité de base** — un cadre aide les équipes de sécurité à construire une stratégie initiale de protection de l'infrastructure et des technologies de l'entreprise. Il permet d'identifier et de déployer une liste cohérente de **contrôles de sécurité prioritaires**, tout en servant d'outil d'évaluation de l'état actuel des systèmes. Ainsi, il aide à identifier les **actions à mettre en œuvre en priorité** pour renforcer la posture de sécurité ;
- **Développement et pilotage d'un programme de cybersécurité** — le cadre fournit une base structurée pour évaluer le niveau de maturité des dispositifs existants, puis pour établir un plan d'amélioration continue. Il facilite également la communication entre les équipes techniques et la direction, en traduisant les enjeux techniques en risques et décisions stratégiques compréhensibles par les parties prenantes non techniques ;
- **Gestion des risques de cybersécurité** — les cadres aident les entreprises à identifier, à analyser et à quantifier les risques auxquels elles sont exposées. Ils orientent le choix des mesures de sécurité les plus pertinentes en fonction du contexte, des priorités métiers et du niveau d'acceptabilité des risques.

---

136 PCI Security Standards Council, *PCI DSS v4.0—Requirements and Testing Procedures*, mars 2022. https://www.pcisecuritystandards.org/document_library

Pour répondre aux enjeux des cybermenaces, il est essentiel de disposer d'un **plan stratégique de cybersécurité solide**. Or, la conception de ce plan peut s'avérer complexe, notamment lorsque les équipes en charge de la sécurité manquent d'expérience. C'est dans ce contexte que les cadres viennent **structurer, guider et professionnaliser la démarche**.

Sauf lorsqu'un cadre est **imposé par une réglementation** ou **une norme sectorielle** (exemple PCI-DSS dans la finance, ou ISO/IEC 27001 pour les systèmes de management de la sécurité), les entreprises sont **libres de concevoir** ou **d'adopter le cadre le plus adapté à leur contexte**. Toutefois, les experts s'accordent à dire qu'il est inutile de chercher à réinventer la roue : **il est conseillé de s'appuyer sur des cadres existants et éprouvés**, puis de les adapter pour couvrir les besoins spécifiques qui ne seraient pas initialement pris en compte. Par conséquent, le choix d'un cadre de cybersécurité dépend en grande partie du domaine d'activité, des exigences réglementaires et du niveau de maturité de l'organisation. Ainsi, une entreprise opérant à l'international peut privilégier la norme **ISO/IEC 27001** pour sa reconnaissance universelle, tandis qu'une structure soumise à des exigences américaines s'orientera plutôt vers le **NIST CSF** ou le **NIST SP 800-53**. De même, les entreprises fournisseurs de services numériques peuvent recourir à la norme **SOC 2** pour répondre aux attentes de leurs clients en matière de contrôle interne et de protection des données. À noter que ces référentiels ne s'excluent pas mutuellement. Ils sont complémentaires et peuvent être combinés afin de renforcer la posture globale de cybersécurité, en tirant parti de la robustesse de chacun d'eux. Toutefois, certains ont des zones de couverture plus large que d'autres. Par exemple, dans une comparaison entre **ISO/IEC 27 001**, **NIST CSF** (*NIST Cybersecurity Framework*) et **SOC 2**, la norme **ISO/IEC 27001** apparaît comme le référentiel le plus global, couvrant l'ensemble des dimensions de la sécurité de l'information à travers une approche de gouvernance, de gestion des risques et de conformité. À l'intérieur de son périmètre, le **NIST CSF** se concentre sur les fonctions opérationnelles de cybersécurité (**identifier, protéger, détecter, répondre, rétablir**), offrant un cadre pratique et adaptable. Enfin, **SOC 2**, plus restreint, se focalise sur l'audit des contrôles de sécurité chez les fournisseurs de services, en particulier dans le cloud.

4.5.2 Intégrer les cadres légaux et réglementaires

Les entreprises opèrent dans des contextes juridiques et réglementaires spécifiques qui dépendent des régions où elles interviennent. Avec l'explosion des attaques informatiques et la nécessité de protéger les entreprises et le public, les gouvernements ressentent de plus en plus la nécessité d'agir avec la mise en place de nouvelles législations. Les **cyberlois**[137] protègent les entreprises contre les accès non autorisés à leurs systèmes informatiques, la fraude en ligne et la violation des droits d'auteurs. Elles aident également à poursuivre les personnes qui tentent de commettre ces crimes.

Les entreprises n'ont aucune obligation légale pour se conformer aux cadres de cybersécurité à moins que cela soit dans un cadre contractuel avec les clients (exigences de conformité à ISO/IEC 27001 entre un client et son fournisseur *Cloud*) ou que l'entreprise opère dans un domaine spécifique qui l'exige (PCI-DSS dans le domaine bancaire). Pour ce qui est des lois et règlements, la **conformité est généralement une obligation** du moment qu'ils couvrent les activités de l'entreprise. De ce fait, la prise en charge de ces exigences légales et réglementaires doit être une partie intégrante de toute stratégie.

Il est essentiel de collaborer avec le service juridique de l'entreprise afin d'identifier l'ensemble des lois et réglementations applicables à ses activités, dans le but de déterminer leurs implications en matière de cybersécurité. Dans de nombreux pays, il est désormais possible d'obtenir des informations directement auprès des autorités compétentes, telles que la **Commission de Protection des Données**

---

[137] Les cyberlois sont un ensemble de réglementations et de politiques juridiques pour régir l'usage des technologies numériques et des activités en ligne. Elles abordent la vie privée, la protection des données, la propriété intellectuelle et la cybercriminalité : https://unctad.org/topic/ecommerce-and-digital-economy/ecommerce-law-reform

personnelles (CDP)[138] au **Sénégal**, ou la **Commission nationale de l'informatique et des libertés (CNIL)** [139] en **France**. Les textes législatifs et réglementaires sont revus en détail dans le **chapitre 5**.

4.5.3 Évaluation des risques et identification des écarts

Les risques pesant sur les actifs numériques correspondent à des situations ou événements susceptibles d'engendrer des effets négatifs pour l'entreprise. Un risque résulte de l'interaction entre une menace et une vulnérabilité affectant un actif spécifique. Il est important de noter qu'un risque n'existe réellement que lorsque ces deux éléments, menace et vulnérabilité, sont présents simultanément. Les risques cyber constituent une composante essentielle des risques globaux de l'entreprise. Cette réalité est clairement mise en évidence par **ISACA**, qui les intègre pleinement dans la gouvernance et dans la gestion stratégique des risques organisationnels (ISACA, 2020).

L'**analyse** et la **gestion des risques** sont des éléments fondamentaux dans une stratégie de cybersécurité. Elles constituent deux étapes complémentaires, mais distinctes dans une approche de sécurité. L'analyse des risques consiste à identifier, évaluer et hiérarchiser les menaces, les vulnérabilités et leurs impacts potentiels sur les actifs de l'entreprise. Elle permet de comprendre la nature et le niveau des risques. En revanche, la gestion des risques englobe l'ensemble du processus décisionnel visant à les traiter : **acceptation**, **atténuation**, **transfert** ou **élimination**. Elle inclut également le suivi, la communication et la réévaluation continue dans le temps.

[138] Commission de Protection des données Personnelles Sénégal : https://www.cdp.sn
[139] Commission nationale de l'informatique et des libertés (CNIL), France : https://www.cnil.fr

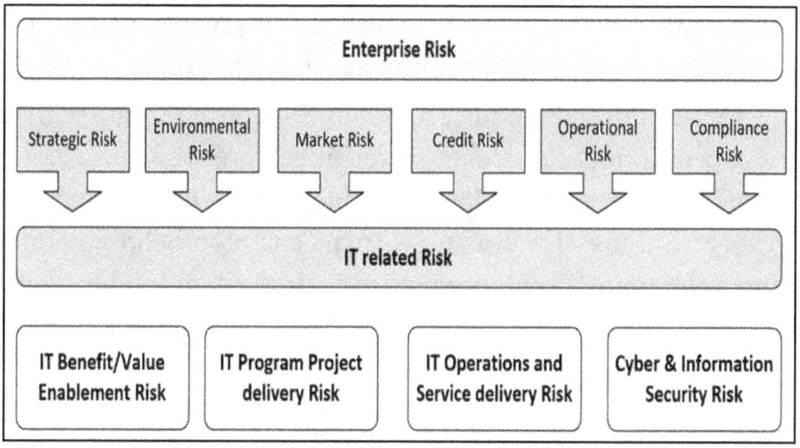

Figure 10 : Cyberrisque dans l'univers des risques de l'entreprise (ISACA, 2020)

Des normes ou cadres d'analyse des risques sont disponibles afin d'aider les professionnels à mener les évaluations de façon structurée. Parmi ces cadres, on peut citer :

- **ISO 31000** — Cadre générique offrant des lignes directrices pour gérer tout type de risque dans une organisation ;
- **ISO/IEC 27005**[140] — Spécialisé dans l'analyse des risques liés à la sécurité de l'information dans le cadre de l'application de la norme **ISO/IEC 27001** ;
- **NIST SP 800-30** — Fournit une approche structurée pour l'évaluation des risques dans les systèmes d'information ;
- **FAIR** — Cadre basé sur une approche quantitative pour mesurer les risques cybersécurité en valeur monétaire ;
- **OCTAVE** — méthodologie organisationnelle pour identifier les actifs critiques, les menaces et les vulnérabilités associées ;
- **MÉHARI**[141] — Approche française d'analyse de risques orientée sur l'impact métier et les besoins de sécurité ;

[140] ISO/IEC 27005:2022 — Sécurité de l'information, cybersécurité et protection de la vie privée — préconisations pour la gestion des risques liés à la sécurité de l'information : https://www.iso.org/fr/standard/80585.html

[141] Les fondamentaux de méhari : https://clusif.fr/services/management-des-risques/les-fondamentaux-de-mehari

- **EBIOS RM**[142] — Méthode française d'analyse des risques centrée sur les scénarios de menace et l'expression des besoins de sécurité.

Il est essentiel de choisir un cadre qui soit en adéquation avec les besoins spécifiques de l'entreprise ainsi qu'avec les exigences réglementaires ou sectorielles. Aucun cadre unique ne répond parfaitement à toutes les situations, mais une approche combinée de plusieurs référentiels peut permettre de mieux cibler les domaines prioritaires à renforcer. Une revue des différents cadres sera effectuée de façon approfondie au **chapitre 6**.

Par ailleurs, il convient de reconnaître que la menace cyber ne peut probablement pas être éradiquée de manière définitive. Elle doit être perçue comme un **risque structurel**, à intégrer dans **une démarche globale** de gestion en mode **amélioration continue**.

4.5.4 Analyse des autres composantes de l'entreprise

Les démarches décrites pour élaborer une stratégie de cybersécurité peuvent être simples à exécuter pour une entreprise en phase de démarrage. Toutefois, dans la majorité des cas, le responsable en charge de la sécurité opère dans une organisation déjà établie, avec une certaine expérience, voire un historique en matière de cybersécurité. Pour bien cerner son environnement, il devra rassembler différents éléments d'information qui lui permettront de dresser un état des lieux fidèle et représentatif de la réalité de l'entreprise.

Cette étape peut s'avérer complexe, notamment si l'entreprise a accumulé, au fil du temps des pratiques qui ne sont pas toujours en phase avec les recommandations actuelles du domaine. **L'analyse des politiques de sécurité déjà existantes**, si elles sont disponibles, peut offrir une première indication du niveau d'engagement de l'entreprise envers la sécurité de l'information. Il faudra alors examiner les domaines couverts, la clarté des contenus, les mécanismes de sanction en cas de non-respect, ainsi que la fréquence de révision de ces

---

[142] La méthode EBIOS Risk Manager — l'ANSSI : https://www.ssi.gouv.fr/entreprise/management-du-risque/la-methode-ebios-risk-manager

politiques. Par exemple, à une époque où les employés utilisent divers terminaux mobiles pour accéder aux données professionnelles en dehors du périmètre physique de l'entreprise, il est indispensable d'avoir une politique claire encadrant **l'usage des appareils mobiles**.

Le responsable pourra également s'assurer que **les politiques sont effectivement révisées conformément aux échéances prévues**. En parallèle, la présence de processus dédiés à la gestion des incidents, des vulnérabilités ou des changements techniques constitue un bon indicateur du degré de maturité de l'organisation en matière de cybersécurité. Face à la multiplication des vulnérabilités, il est crucial de disposer de mécanismes adaptés de suivi et de réponse.

Enfin, pour répondre aux exigences croissantes en matière de gouvernance et de traçabilité, la mise en œuvre d'un processus de gestion des changements est indispensable afin de garantir que toute modification de l'environnement est évaluée, validée et approuvée par les personnes habilitées. De même, un processus de gestion des incidents permet à l'entreprise de mieux se préparer à réagir efficacement en cas d'événement imprévu.

La section suivante est un cas d'une entreprise évoluant dans le secteur financier qui s'est lancée dans un projet de : « *Mise en œuvre d'un cadre de cybersécurité fondé sur la norme ISO/IEC 27001* ».

1. Contexte de l'entreprise

Cette étude présente le cas de la mise en place d'un Système de Management de la Sécurité de l'Information (SMSI) conforme à la norme ISO/IEC 27001:2022 au sein de « FinTechPlus », une entreprise de services financiers numériques opérant en Afrique de l'Ouest.

FinTechPlus fournit des services de paiement, de portefeuille électronique, de microcrédit et d'épargne via une plate-forme 100 % digitaux. Elle dessert plus d'un million de clients et coopère avec des banques partenaires ainsi qu'avec des fintechs. Elle est réglementée par la BCEAO et soumise à des normes internationales telles que PCI DSS et le RGPD à cause de ses nombreux clients vivants dans l'Union européenne.

2. Problématique

L'entreprise est confrontée à des cybermenaces multiples : ransomwares, hameçonnage ciblé, fuites de données, attaques sur les applications mobiles. Elle fait également face à des exigences de conformité renforcées.

La direction générale décide alors de structurer sa cybersécurité autour d'un SMSI certifiable ISO/IEC 27001.

3. Objectifs du projet

- Identifier et traiter les risques de sécurité de l'information.
- Renforcer la conformité aux exigences réglementaires et contractuelles.
- Instaurer une culture de la sécurité dans toute l'entreprise.
- Assurer la disponibilité et l'intégrité des services critiques.

4. Démarche d'implémentation du cadre ISO/IEC 27001

4.1 Contexte et leadership (Clauses 4 et 5)

La première étape consiste à définir le contexte interne et externe : actifs critiques (systèmes de paiement, base client, applis mobiles), exigences des parties prenantes, risques sectoriels. Un Responsable de la Sécurité des Systèmes d'Information (RSSI) est nommé. La direction valide la politique de sécurité alignée avec les objectifs.

4.2 Évaluation des pratiques et documentations existantes

Avant toute élaboration du SMSI, un audit initial a été mené pour évaluer les pratiques et documents existants. Les éléments suivants ont été analysés :

- **Politiques de sécurité existantes** : la politique en place était générique, peu diffusée, et non alignée avec les risques opérationnels.
- **Procédures internes** : des procédures de gestion des incidents et de création de comptes existaient, mais elles n'étaient pas systématiquement appliquées.
- **Documents réglementaires** : conformité partielle à PCI DSS et aux recommandations de la BCEAO.
- **Inventaire des actifs** : inexistant ou obsolète pour une partie des actifs IT.

Cette analyse a permis d'identifier des écarts à corriger, notamment le manque de formalisation, de cohérence documentaire et de traçabilité des actions de sécurité.

4.3 Analyse des risques (Clause 6 et ISO/IEC 27005)

L'analyse des risques est réalisée selon ISO/IEC 27005. Elle inclut l'identification des actifs, menaces, vulnérabilités, estimations de l'impact et de la probabilité.

Tableau 1 : Matrice d'analyse des risques

Actif critique	Menace	Vulnérabilité	Impact	Probabilité	Niveau risque	Traitement
Plate-forme de paiement	Ransomware	Réseau non segmenté	Élevé	Élevée	Critique	Segmentation + backup auto.
Données clients	Fuite d'information	Chiffrement inactif	Élevé	Moyenne	Élevé	Chiffrement AES-256 + DLP
Portail mobile	Exploit 0-day	Pas de test de sécurité	Moyen	Élevée	Élevé	Intégration DevSecOps

4.4 Déploiement des contrôles (Clause 8 & Annexe A)

Les mesures sont choisies selon les résultats de l'analyse de risques et la structure de l'annexe A de la norme :

- **Organisationnels** : Politique de sécurité, gestion documentaire, plan de continuité.
- **Techniques** : EDR, SIEM, segmentation réseau, DLP, MFA.
- **Humains** : Formations, campagnes de phishing simulé.
- **Physiques** : Accès contrôlés aux datacenters, surveillance vidéo.

4.5 Suivi et amélioration continue (Clauses 9 et 10)

Le SMSI est suivi grâce à des audits internes, des indicateurs, des revues de direction. Un comité cybermensuel analyse les incidents et les évolutions.

Tableau 2 : Indicateurs de performance cybersécurité (KPI)

Indicateur	Cible
Taux de correction des vulnérabilités critiques	> 90 % en < 10 jours
Taux d'utilisateurs formés	100 %
Taux de disponibilité des services	> 99,95 %
Nombre d'incidents critiques non détectés	0

5. Résultats obtenus

- 70 % de réduction des incidents critiques.
- Zéro non-conformité lors des audits.
- Meilleure maturité de gestion des risques.
- Augmentation de la confiance des clients et partenaires.

6. Facteurs clés de succès

- Implication active de la direction.
- Alignement des contrôles avec les risques réels.
- Automatisation des processus cyber.
- Formation et sensibilisation du personnel.

7. Leçons apprises

- ISO/IEC 27001 est adaptable aux contraintes locales.
- L'analyse des risques est un levier stratégique.
- DevSecOps améliore la réactivité face aux vulnérabilités.

Tableau 4 : Mise en œuvre d'un cadre de cybersécurité fondé sur ISO/IEC 27001

Cette étude de cas illustre comment une entreprise du secteur financier peut structurer et renforcer sa cybersécurité en s'appuyant sur le cadre **ISO/IEC 27001**. En combinant un leadership engagé, une analyse approfondie des risques, la mise en œuvre de mesures adaptées et un suivi rigoureux, l'entreprise a non seulement amélioré sa résilience et sa conformité, mais aussi renforcé durablement la confiance de ses partenaires et de ses clients.

4.6 Conception d'une stratégie en dehors d'un cadre

Il est tout à fait possible de définir une stratégie de cybersécurité sans s'appuyer directement sur un cadre normatif existant (comme **NIST** ou **ISO/IEC 27001**), en partant plutôt d'une analyse SWOT. Cette approche permet d'élaborer **une stratégie personnalisée** en identifiant les forces et faiblesses internes (par exemple, compétences du personnel ou infrastructures existantes) ainsi que les opportunités et menaces externes (comme les évolutions technologiques ou les cybermenaces émergentes). En analysant ces éléments de manière contextuelle, l'entreprise peut concevoir une **stratégie adaptée à ses besoins spécifiques**, à ses ressources et à son environnement opérationnel, tout en gardant une vision claire des priorités à adresser.

4.6.1 Analyse de la situation de l'entreprise

Lors de la définition des objectifs stratégiques, plusieurs outils peuvent être mobilisés, tels que la carte stratégique ou **Strategy Map**[143], l'analyse **SWOT**[144] ou encore l'approche **PEST**[145]. Dans cette section,

[143] Strategy Map est un outil visuel utilisé pour représenter les objectifs stratégiques d'une entreprise, leurs relations et la manière dont ils s'inscrivent dans la vision et la mission globales : https://balancedscorecard.org/bsc-basics/what-is-a-strategy-map

[144] L'analyse SWOT, créée par Albert Humphrey (son origine reste débattue) dans les années 1960, est un outil stratégique qui identifie **F**orces, **F**aiblesses, **O**pportunités et **M**enaces pour guider la prise de décision : https://www.ncbi.nlm.nih.gov/books/ NBK537302.

[145] PEST (**P**olitique, **E**conomique, **S**ocioculturel et **T**echnologique) est une méthode d'évaluation des facteurs macro-environnementaux externes susceptibles d'affecter une entreprise dans sa globalité ou un projet spécifique. Il a été créé dans les années 1960 par Francis Aguilar, professeur à Harvard : https://en.wikipedia.org/wiki/PEST_analysis.

l'accent sera mis sur l'utilisation de l'analyse *SWOT* afin d'illustrer la démarche de formulation des objectifs stratégiques en cybersécurité.

L'analyse *SWOT* est une méthode de planification stratégique utilisée par les entreprises pour évaluer leurs forces et leurs faiblesses internes, ainsi que leurs opportunités et leurs menaces externes. Elle permet de mettre en évidence les facteurs déterminants susceptibles d'influencer la réussite ou l'échec d'un projet, d'une initiative ou d'une stratégie globale d'entreprise, afin de faciliter la prise de décision quant à la poursuite ou non de celle-ci. Le *SWOT* comporte quatre éléments ou cases à compléter :

- **Les Forces (S)** — identifier ce que la cybersécurité, voire l'entreprise, fait de bien et dans quels domaines. Cela peut être un processus, une technologie ou l'organisation de l'équipe de sécurité. Un sondage interne peut être utilisé comme une source d'information pour identifier les forces de l'entreprise ;
- **Les Faiblesses (W)** — identifier ce que la cybersécurité, voir l'entreprise fait de moins bien et dans quels domaines. Un rapport d'audit pourrait être utilisé comme sources d'information pour identifier les faiblesses de l'entreprise ;
- **Les Opportunités (O)** — identifier les opportunités qui se présentent pour les services, statuts et posture de l'entreprise. Obtenir une certification ISO 27001 est un moyen pour démontrer aux clients que la sécurité de l'entreprise est prise au sérieux par les dirigeants ;
- **Les Menaces (T)** — identifier qui sont les adversaires de l'entreprise ou les activités externes qui pourraient l'impacter négativement. Par exemple, une nouvelle réglementation pourrait constituer une menace si les efforts pour se conformer sont conséquents.

Le *SWOT* est l'un des outils les plus utilisés pour développer des stratégies dans de nombreux domaines, et elle est aussi applicable en cybersécurité. En effet, il permet d'identifier les facteurs internes et externes qui ont un impact sur l'efficacité des mesures de sécurité pour permettre d'élaborer des stratégies et de prendre des décisions en connaissance de cause.

L'analyse vise à évaluer différents volets de la sécurité, notamment l'infrastructure, les ressources humaines, les politiques, les procédures en place ainsi que les menaces émergentes, dans le but d'obtenir une vision d'ensemble de la posture de sécurité actuelle et d'identifier les axes d'amélioration. L'analyse SWOT appliquée à la cybersécurité prend tout son sens à travers quatre dimensions principales :

- **Planification stratégique** — en examinant les forces et les faiblesses internes, ainsi que les opportunités et les menaces externes, l'analyse guide les professionnels de la sécurité dans l'élaboration de plans et d'initiatives stratégiques alignés sur les objectifs de l'entreprise ;
- **Atténuation des risques** — l'analyse permet aux équipes de sécurité d'identifier les faiblesses et les menaces ; ce qui leur permet de mettre en œuvre des stratégies d'atténuation des risques afin de minimiser les vulnérabilités en matière de sécurité ;
- **Amélioration des performances** — en évaluant les forces et les faiblesses, les professionnels de la sécurité peuvent se concentrer sur l'amélioration de leurs forces et sur la résolution des faiblesses, ce qui conduit à une amélioration continue des opérations ;
- **Optimisation des ressources** — l'analyse aide à allouer les ressources de manière efficace en identifiant les domaines dans lesquels elles peuvent être maximisées et ceux dans lesquels un renforcement peut être nécessaire.

Pour utiliser *SWOT* efficacement, il est essentiel de commencer par définir clairement l'objectif ou le périmètre de l'analyse, qui peut couvrir l'ensemble de l'entreprise, un département particulier, un projet spécifique ou encore un produit.

Un exemple d'analyse *SWOT* est proposée à la page suivante pour une entreprise de grande taille, opérant également dans le secteur financier.

Environnement interne à l'entreprise (facteurs contrôlables)		
Forces (Strengths)		**Faiblesses (Weaknesses)**
1. **Cadre de sécurité établi** — L'institution dispose d'un cadre de cybersécurité bien structuré et suit les meilleures pratiques telles qu'ISO 27001, PCI-DSS et NIST. 2. **Une équipe de cybersécurité expérimentée** — l'équipe est composée de professionnels titulaires de certifications telles que CISSP, CISM et CEH. 3. **Technologies de sécurité avancées** — déploiement de technologies de sécurité avancées, notamment de solution SIEM et de pare-feu de nouvelle génération. 4. **Forte conformité réglementaire** — l'institution se conforme aux réglementations financières et aux lois sur la protection des données telles que GDPR, SOX et PCI-DSS. 5. **Audits et évaluations de sécurité réguliers** — l'institution effectue des audits de sécurité internes et externes, des évaluations de la vulnérabilité et des tests d'intrusion.		1. **Systèmes existants** — dépendance à l'égard d'une technologie obsolète présentant des vulnérabilités non corrigées et non compatible avec les solutions modernes. 2. **Budget limité pour la cybersécurité** — les contraintes budgétaires limitent la capacité d'investir dans de nouvelles technologies et ressources. 3. **Formation incohérente en matière de sécurité** — la qualité et la fréquence de la formation des employés aux meilleures pratiques en matière de cybersécurité varient. 4. **Environnement informatique complexe** — une infrastructure diversifiée avec des systèmes et applications tierces rendant difficile une gestion globale de la sécurité. 5. **Lacunes dans le plan de réponse aux incidents** — le plan actuel de réponse aux incidents est obsolète et ne comporte pas de procédures complètes pour les menaces récentes.

Tableau 5 : Analyse SWOT – Environnement interne

Environnement externe à l'entreprise (facteurs incontrôlables)		
Opportunités (Opportunities)		**Menaces (Threats)**
1. **Technologies de sécurité émergentes** — potentiel d'adoption de nouvelles technologies (IA pour la détection des menaces, Blockchain pour la sécurité des transactions et l'architecture de confiance zéro). 2. **Sensibilisation accrue à la cybersécurité** — sensibilisation croissante des parties prenantes et des clients à l'importance de la cybersécurité. 3. **Partenariats avec des entreprises de cybersécurité** — possibilités de collaborer avec des entreprises de cybersécurité pour obtenir des renseignements sur les menaces avancées et des services gérés. 4. **Incitations réglementaires** — disponibilité d'incitations financières ou de subventions pour améliorer les mesures de cybersécurité. 5. **Développement de nouvelles solutions de sécurité** — la possibilité de développer ou d'intégrer des solutions de sécurité innovantes adaptées aux besoins du secteur financier.		1. **L'aggravation de la menace cyber** — augmentation de la sophistication et de la fréquence des cyberattaques telles que les ransomwares, le phishing et les APT (Advanced Persistent Threats). 2. **Changements réglementaires** — possibilité de réglementations nouvelles ou en évolution qui exigent des changements importants dans les pratiques actuelles. 3. **Pénurie de talents en matière de cybersécurité** — pénurie de professionnels qualifiés en cybersécurité sur le marché du travail. 4. **Risques liés aux fournisseurs tiers** — risques de sécurité découlant des relations avec des vendeurs et des prestataires de services tiers. 5. **Évolution des techniques de menace** — l'évolution constante des techniques d'attaque, qui nécessite des mises à jour constantes des stratégies de sécurité.

Tableau 6 : Analyse SWOT – Environnement externe

Projet	Objectif	Actions détaillées	Durée	Responsable
1. Optimisation du cadre de sécurité.	Mise à jour du cadre de cybersécurité.	• Analyse des écarts, • Mise à jour des politiques, • Re-certification de la conformité.	6 mois	RSSI
2. Montée en compétences des RH	Améliorer les compétences et les certifications de l'équipe.	• Identifier les lacunes • Organiser la formation, • Suivre les certifications.	3 mois	Responsable de la formation.
3. Mise à niveau des technologies de sécurité.	Mettre à niveau les technologies de sécurité.	• Évaluer les solutions, • Déployer les technologies • Tester et valider.	6 mois	Administrateur de la sécurité.
4. Examen de la conformité réglementaire.	Assurer la conformité réglementaire	• Examiner l'état de la conformité • Mettre à jour les mesures • Effectuer les audits.	En continu	Responsable de la conformité.
5. Audits de sécurité complets.	Renforcer les processus d'audit.	• Engager des auditeurs externes • Examiner les conclusions des audits et y donner suite.	4 mois	Auditeur interne.

Tableau 7 : Liste de projets portant sur les points forts

Projet	Objectif	Actions détaillées	Durée	Responsable
1. Modernisation des systèmes existants.	Modernisation des systèmes existants.	• Inventaire des systèmes, • Élaboration d'un plan, • Achat et mise en œuvre des mises à niveau.	12 mois	Responsable de l'infrastructure informatique.
2. Allocation budgétaire pour la cybersécurité.	Obtenir des fonds supplémentaires pour les mesures de cybersécurité.	• Examiner le budget • Préparer une proposition • La présenter à la commission des finances.	2 mois	Directeur financier.
3. Révision du programme de formation à la sécurité.	Améliorer la formation des employés en matière de sécurité.	• Élaborer un programme • Programmer les sessions • Suivre les résultats.	4 mois	Coordinateur de la formation.
4. Simplification de l'environnement informatique.	Simplifier et rationaliser l'environnement informatique.	• Cartographier l'environnement • Consolider les systèmes • Documenter les changements.	6 mois	Responsable des opérations informatiques.
5. Mise à jour du plan de réponse aux incidents.	Mettre à jour et tester le plan de réponse aux incidents.	• Réviser les procédures • Effectuer des exercices • Documenter les mises à jour.	3 mois	Responsable de la réponse aux incidents.

Tableau 8 : Liste de projets portant sur les points faiblesses

Projet	Objectif	Actions détaillées	Durée	Responsable
1. Mise en œuvre de la détection des menaces par l'IA.	Déployer des outils d'IA pour la détection des menaces.	• Recherche de solutions • Déploiement d'outils, • Intégration, formation, suivi.	6 mois	Responsable de la technologie de la sécurité.
2. Campagne de sensibilisation des parties prenantes à la cybersécurité.	Sensibiliser les parties prenantes.	• Élaborer du matériel • Lancer des campagnes • Organiser des événements.	3 mois	Responsable de la communication.
3. Développement de partenariats en matière de cybersécurité.	Former des partenariats pour le renseignement sur les menaces.	• Identifier les partenaires • Négocier les conditions • Élaborer des stratégies.	4 mois	Responsable des partenariats.
4. Explorer les incitations réglementaires.	Demander des financements et des incitations pour la cybersécurité.	• Rechercher des incitations • Soumettre des demandes • Gérer les rapports.	2 mois	Spécialiste des affaires réglementaires.
5. Développement de nouvelles solutions de sécurité.	Développer ou intégrer des solutions de sécurité innovantes.	• Rechercher des technologies • Développer ou trouver des solutions, • Mettre en œuvre.	8 mois	Responsable R&D.

Tableau 9 : Liste de projets portant sur les opportunités

Projet	Objectif	Actions détaillées	Durée	Responsable
1. Exercices de simulation de menaces avancées.	Se préparer aux cyberattaques avancées.	• Concevoir des scénarios • Mener des exercices • Examiner les résultats.	4 mois	Spécialiste de la simulation des menaces.
2. Ajustement de la conformité réglementaire.	S'adapter aux nouvelles réglementations.	• Suivre les mises à jour • Actualiser les politiques • Former le personnel.	En continu	Responsable de la conformité.
3. Stratégies d'acquisition et de rétention des talents.	Remédier à la pénurie de talents.	• Campagnes de recrutement, • Amélioration des avantages • Plans de rétention.	6 mois	Responsable RH.
4. Amélioration de la gestion des risques par des tiers.	Renforcer la gestion des risques liés aux fournisseurs.	• Réviser les politiques, • Mener des évaluations, • Établir des procédures.	5 mois	Gestionnaire du risque fournisseur.
5. Renseignements sur les menaces et adaptation.	Se tenir au courant de l'évolution des menaces.	• S'abonner aux flux • Analyser les renseignements • Mettre à jour les défenses.	En continu	Analyste en renseignements sur les menaces.

Tableau 10 : Liste de projets portant sur les menaces

4.6.2 Identification des objectifs stratégiques

À l'issue de l'étape d'analyse, plusieurs initiatives, telles que représentées par les quatre tableaux qui ont suivis, peuvent être envisagées, chacune visant à répondre à un aspect particulier des constats effectués. Cette méthode structurée permet de découper chaque projet en actions concrètes, d'en préciser les objectifs et de désigner les responsables, facilitant ainsi la gestion et la mise en œuvre des améliorations souhaitées.

Le responsable de la sécurité devra veiller à impliquer l'ensemble des parties prenantes issues des autres départements de l'entreprise pour assurer un alignement global.

Une fois les projets définis, les responsables identifiés et les délais estimés, **il convient d'organiser ces éléments dans une feuille de route**, afin de planifier leur exécution dans le temps de manière cohérente et coordonnée.

La cybersécurité, bien qu'indispensable, n'est pas une finalité en soi pour la plupart des entreprises : **elle sert avant tout à soutenir les métiers**[146] et à garantir la continuité des activités. Elle doit donc être **alignée sur les objectifs stratégiques de l'entreprise**. À l'image d'un véhicule dont les roues doivent être bien alignées pour avancer efficacement, une cybersécurité mal intégrée aux priorités de l'entreprise peut freiner la performance globale.

Le responsable de la sécurité doit **adopter une vision d'ensemble**, similaire à celle d'un chef d'entreprise, en conciliant exigences de protection et besoins opérationnels. **Des mesures trop restrictives peuvent nuire à l'expérience des utilisateurs**, limitant leur efficacité. Il est donc essentiel d'évaluer l'impact de chaque contrôle de sécurité sur les utilisateurs et la rentabilité, et de choisir des solutions

---

146 La cybersécurité est de plus en plus perçue comme un levier stratégique créateur de valeur, renforçant la confiance des clients, des partenaires et des investisseurs, et devenant ainsi un atout concurrentiel essentiel pour le développement de l'entreprise. Réf : *Global Cybersecurity Outlook 2024*, World Economic Forum https://www3.weforum.org/docs/WEF_Global_Cybersecurity_Outlook _2024.pdf

technologiques qui s'intègrent harmonieusement aux processus internes, plutôt que d'imposer à l'entreprise de s'adapter à la technologie.

4.6.3 Établissement de la feuille de route

L'analyse SWOT aboutit à **une liste de projets à réaliser** pour permettre l'atteinte des objectifs fixés. Considérant que tous les projets ne peuvent pas être lancés en même temps, pour diverses raisons (disponibilité des ressources financières, humaines et matérielles), **il convient de les organiser de sorte que leur exécution crée le moins d'impact possible sur les activités courantes de l'entreprise**. Il faut également noter qu'il peut y avoir des interdépendances entre les projets. En effet, certains devront être réalisés avant d'autres.

La feuille de route est l'outil principal qui va permettre la mise en place d'une planification à haut niveau de l'exécution des différents projets sur un intervalle de temps défini. Elle place les objectifs et les principaux livrables des différents projets (tâches, étapes) sur une ligne de temps, le tout regroupé dans une seule représentation visuelle.

Une liste de projet ne suffit pas à capturer ou à articuler la pensée stratégique qui sous-tend leur exécution d'une manière spécifique : c'est le rôle de la feuille de route. **Pour créer une feuille de route, il faut raconter une histoire cohérente** pour démontrer comment tous les résultats individuels se rejoindront pour aboutir à un résultat global qui répondra aux objectifs spécifiques.

La feuille de route sert également d'outil de communication. En effet, elle est aussi un document qui aide à articuler le pourquoi derrière l'objectif et le plan pour y parvenir.

Il est important de noter que **la planification d'une feuille de route diffère d'un plan de projet** ordinaire dans la mesure où il ne contient pas tous les détails. Il s'agit plutôt d'un outil stratégique de haut niveau qui donne une vue globale et temporelle de l'ensemble des projets.

4.6.4 Suivi et indicateurs d'exécution du programme

La mise en place d'indicateurs de performance ou **KPI (Key Performance Indicators)** est indispensable pour garantir le suivi, l'optimisation et la réussite des projets inscrits dans la feuille de route. Les *KPI* permettent de mesurer objectivement la progression de chaque initiative, d'évaluer si les actions réalisées atteignent les objectifs fixés, et d'identifier rapidement les écarts nécessitant des ajustements. Ils jouent un rôle crucial non seulement pour le **pilotage interne**, en aidant les responsables de projets à rester alignés sur les priorités stratégiques, mais aussi pour la **communication avec la direction et les parties prenantes**, en fournissant des données chiffrées sur l'efficacité des efforts engagés. Par exemple, un projet de mise à jour du cadre de cybersécurité peut être suivi à travers des indicateurs tels que le **taux de politiques mises à jour par rapport au plan initial** ou le **taux de conformité atteint après audit**. De manière plus concrète, les indicateurs clés suivants peuvent être retenus pour évaluer l'efficacité des projets précédemment mentionnés :

- **Optimisation du cadre de sécurité** — taux de politiques mises à jour, délai moyen de mise en conformité, score final obtenu à l'audit ;
- **Montée en compétences des RH** – nombre de certifications obtenues, taux de participation aux formations, amélioration du score moyen aux tests post-formation ;
- **Mise à niveau des technologies de sécurité** — nombre de solutions déployées dans les délais, taux de couverture des systèmes critiques par les nouvelles technologies, nombre d'incidents évités ou détectés grâce aux mises à jour ;
- **Examen de la conformité réglementaire** — taux de conformité par rapport aux normes cibles, nombre de non-conformités détectées et corrigées, fréquence des vérifications ;
- **Audits de sécurité** — nombre d'audits effectués, pourcentage de recommandations mises en œuvre, délai moyen de correction des écarts identifiés.

Pour les projets d'infrastructure et organisationnels, on pourrait suivre des *KPI* tels que le **taux d'avancement des mises à jour systèmes** pour la modernisation, le **montant des financements obtenus** pour l'allocation budgétaire, ou le **taux de participation et de réussite aux sessions** pour la révision du programme de formation.

Enfin, pour les initiatives liées aux opportunités et menaces, les *KPI* peuvent inclure le **temps de détection moyen des menaces grâce à l'IA**, le **nombre de partenariats actifs** pour le renseignement sur les menaces, le **taux de conformité aux nouvelles réglementations**, ou encore le **taux de mise en œuvre des contre-mesures issues des exercices de simulation**.

Les *KPI* transforment la feuille de route d'un programme de cybersécurité en un **outil vivant de pilotage et d'amélioration continue**, garantissant que les investissements et les efforts se traduisent en gains mesurables et durables pour la sécurité globale.

Catégorie	Projet	Exemples de KPI
Forces	Optimisation du cadre de sécurité	• Taux de politiques mises à jour selon le plan • Taux de conformité post-audit • Délai moyen de correction des écarts
	Montée en compétences des RH	• Nombre de certifications obtenues • Taux de participation aux formations • Amélioration du score moyen aux tests post-formation
	Mise à niveau des technologies de sécurité	• Taux de solutions déployées dans les délais • Taux de couverture des systèmes critiques • Nombre d'incidents détectés/évités grâce aux nouvelles solutions
	Examen de la conformité réglementaire	• Taux de conformité par rapport aux normes cibles • Nombre de non-conformités détectées et corrigées • Fréquence et régularité des audits
	Audits de sécurité complets	• Nombre d'audits réalisés • Taux de recommandations mises en œuvre • Délai moyen de correction des écarts
Faiblesses	Modernisation des systèmes existants	• Taux de systèmes modernisés selon le planning • Respect du budget alloué • Taux de disponibilité après mise à niveau
	Allocation budgétaire pour la cybersécurité	• Montant des financements obtenus • Taux du budget total dédié à la cybersécurité • Délai moyen d'approbation des fonds
	Révision du programme de formation à la sécurité	• Nombre de séances réalisées • Taux de participation • Amélioration des scores aux tests de sensibilisation
	Simplification de l'environnement informatique	• Réduction du nombre de systèmes/applications redondants • Taux de consolidation atteinte • Temps moyen de déploiement après simplification
	Mise à jour du plan de réponse aux incidents	• Taux de procédures révisées • Nombre d'exercices effectués • Temps moyen de réponse lors des tests

Tableau 11 : Exemples de KPI sur les forces et les faiblesses

Catégorie	Projet	Exemples de KPI
Opportunités	Mise en œuvre de la détection des menaces par l'IA	• Temps moyen de détection (MTTD) avant/après • Taux de menaces détectées par l'IA • Taux de faux positifs
	Campagne de sensibilisation des parties prenantes	• Nombre de participants aux événements • Taux de complétion des modules de sensibilisation • Évolution des scores de connaissance
	Développement de partenariats en cybersécurité	• Nombre de partenariats actifs • Fréquence d'échange d'informations sur les menaces • Nombre de projets collaboratifs initiés
	Explorer les incitations réglementaires	• Nombre d'incitations identifiées et demandées • Montant total des financements obtenus • Taux de réussite des demandes
	Développement de nouvelles solutions de sécurité	• Nombre de solutions développées ou intégrées • Taux de solutions déployées dans les délais • Taux de satisfaction des utilisateurs finaux
Menaces	Exercices de simulation de menaces avancées	• Nombre d'exercices réalisés • Taux de recommandations mises en œuvre post-exercice • Amélioration du temps de réponse (MTTR)
	Ajustement de la conformité réglementaire	• Taux de conformité après mises à jour • Nombre de politiques adaptées • Taux de personnel formé aux nouvelles exigences
	Stratégies d'acquisition et de rétention des talents	• Nombre de recrutements réussis • Taux de rétention du personnel clé • Satisfaction des employés
	Amélioration de la gestion des risques par des tiers	• Nombre d'évaluations réalisées • Taux de fournisseurs conformes • Délai moyen de correction des non-conformités
	Renseignements sur les menaces et adaptation	• Nombre de flux de renseignement actifs • Fréquence des mises à jour de défense • Temps moyen de réaction face à une menace émergente

Tableau 12 : Exemple de KPI sur les opportunités et les menaces

CHAPITRE 5

LES CADRES DE CONTRÔLE DE LA CYBERSÉCURITÉ

Ce chapitre passe en revue les cadres applicables en cybersécurité en insistant sur les raisons pour lesquelles les entreprises, surtout les professionnels du domaine, doivent s'en servir comme référence. Le chapitre met en relief les cadres les plus utilisés dans le monde et les conditions dans lesquelles ils doivent être exploités.

5.1 Aperçu des cadres de contrôles en cybersécurité

L'objectif principal d'un cadre de cybersécurité est de guider à limiter l'exposition aux cybermenaces en identifiant les domaines les plus vulnérables aux violations de données et autres activités malveillantes pouvant être menées par des cybercriminels. Son adoption s'inscrit ainsi dans une logique étroitement liée à la stratégie globale et aux programmes de gestion des risques de l'entreprise.

L'adoption d'un cadre de cybersécurité présente de nombreux avantages, parmi lesquels on peut citer :

- La réduction des failles de sécurité au sein de l'environnement informatique ;
- Une meilleure protection de la confidentialité des informations ;
- La diminution des risques, des impacts potentiels associés ;
- Un avantage concurrentiel grâce à l'adhésion à un standard reconnu ;
- Le renforcement de la confiance des partenaires, clients et parties prenantes ;
- Fournir une approche structurée pour satisfaire aux exigences réglementaires ;
- Une meilleure conformité aux standards internationaux ;

- Une détection proactive et systématique des vulnérabilités ;
- Une optimisation des coûts de gestion des infrastructures informatiques.

La cybersécurité repose sur une diversité de cadres développés pour répondre aux besoins particuliers de chaque secteur d'activité. Il appartient à chaque organisation de sélectionner le cadre le plus cohérent avec sa stratégie de gestion des risques. Toutefois, cette sélection doit s'appuyer sur des **fondations juridiques solides**.

Ainsi, les cadres applicables en cybersécurité peuvent être hiérarchisés selon plusieurs niveaux, allant des **obligations légales contraignantes** aux standards opérationnels internes. Cette hiérarchisation offre aux entreprises une meilleure lisibilité de leurs priorités en matière de conformité, de gouvernance et de déploiement des mesures de sécurité, tout en leur fournissant une base structurée pour adapter les bonnes pratiques à leur contexte spécifique. Le tableau ci-dessous donne un résumé des différents cadres applicables en cybersécurité.

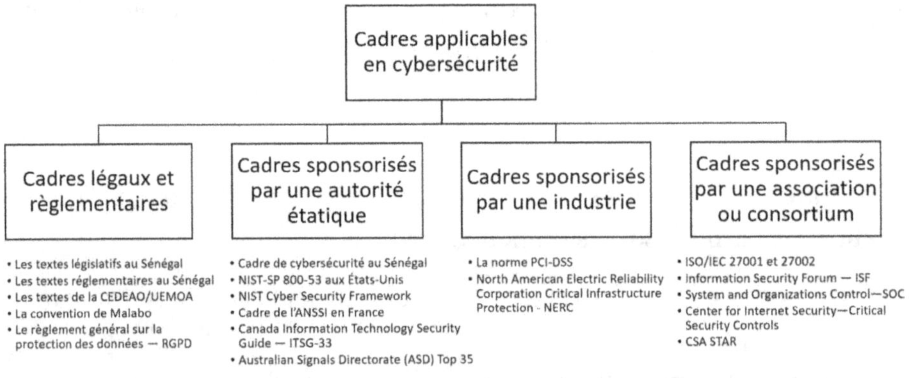

Figure 11 : Cadres applicables en cybersécurité

5.2 Les cadres légaux et réglementaires

Les entreprises opèrent dans des contextes juridiques et réglementaires spécifiques qui dépendent des régions où elles sont implantées. Avec l'explosion des attaques informatiques et la nécessité de protéger les entreprises et le public, les gouvernements ressentent de plus en plus la nécessité d'agir avec la mise en place de nouvelles législations.

Les **cyberlois**[147] aident à assurer cette protection contre les accès non autorisés aux systèmes informatiques, la fraude en ligne et la violation des droits d'auteur. Elles aident également à poursuivre les personnes qui tentent de commettre ces crimes.

Il est essentiel de collaborer étroitement avec le service juridique de votre entreprise afin d'identifier l'ensemble des lois et règlements applicables à ses activités, et d'en analyser les liens avec la cybersécurité. Dans de nombreux pays, il est désormais possible de s'informer auprès des autorités compétentes, tels que la **Commission de Protection des Données personnelles (CDP)** [148] au Sénégal ou la **Commission nationale de l'informatique et des libertés (CNIL)** [149] en France, qui fournissent des ressources et des orientations précieuses en matière de protection des données et de sécurité de l'information.

5.2.1 Les textes législatifs au Sénégal[150]

Ces textes législatifs sont des **lois votées par l'Assemblée nationale du Sénégal** et applicables dans le cadre purement sénégalais. Ils ne concernent pas les autres pays africains :

[147] Les cyberlois sont un ensemble de réglementations et de politiques juridiques conçues pour régir l'utilisation de l'Internet, des technologies numériques et des activités en ligne, en abordant des questions telles que la vie privée, la protection des données, la propriété intellectuelle et la cybercriminalité.

[148] Commission de Protection des données Personnelles Sénégal : https://www.cdp.sn

[149] Commission nationale de l'informatique et des libertés (CNIL) en France : https://www.cnil.fr

[150] Textes législatifs en cybersécurité au Sénégal : https://www.cdp.sn/textes-legislatifs

- Loi n° 2016-30 du 8 novembre 2016 modifiant la loi n° 65-61 du 21 juillet 1965 portant Code de procédure pénale ;
- Loi n° 2016-29 du 8 novembre 2016 modifiant la loi n° 65-60 du 21 juillet 1965 portant Code pénal ;
- Loi n° 2008-10 du 25 janvier 2008 portant loi d'orientation sur la Société de l'Information (LOSI) ;
- Loi n° 2008-12 du 25 janvier 2008 portant sur la Protection des données à caractère personnel ;
- Loi n° 2008-08 du 25 janvier 2008 sur les transactions électroniques ;
- Loi n° 2008-11 du 25 janvier 2008 portant sur la cybercriminalité ;
- Loi n° 2008-41 du 20 août 2008 portant sur la cryptologie ;
- Loi n° 2018-28 du 12 décembre 2018 portant Code des télécommunications.

5.2.2 Les textes réglementaires au Sénégal[151]

Comme indiqué avec les textes législatifs de la sous-section précédente, ces textes réglementaires sont aussi des exigences applicables dans un contexte seulement sénégalais :

- Décret n° 2008-721 du 30 juin 2008 portant application de la loi n° 2008-12 du 25 janvier 2008 sur la protection des données à caractère personnel ;
- Décret n° 2009-392 du 20 avril 2009 portant nomination des membres de la commission de protection des données à caractère personnel ;
- Décret n° 2011-929 du 29 juin 2011 portant nomination des membres de la commission de protection des données à caractère personnel ;
- Décret n° 2010-1209 du 13 septembre 2010 portant application de la loi n° 2008 - 41 du 20 août 2008 sur la cryptologie au Sénégal ;
- Décret n° 2008-720 du 30 juin 2008 relatif à la certification électronique pris pour l'application de la loi n° 2008-08 du 25 janvier 2008 sur les transactions électroniques ;

[151] Textes réglementaires en cybersécurité au Sénégal : https://www.cdp.sn/textes-reglementaires

- Décret n° 2008-719 du 30 juin 2008 relatif aux communications électroniques pris pour l'application de la loi n° 2008-08 du 25 janvier 2008 sur les transactions électroniques ;
- Décret n° 2008-718 du 30 juin 2008 relatif au commerce électronique pris pour l'application de la loi n° 2008-08 du 25 janvier 2008 sur les transactions électroniques ;
- Circulaire Désignation des points focaux de la Commission des Données personnelles (CDP) au sein des ministères dans le cadre du recensement des fichiers portant sur les données personnelles ;
- Circulaire Déclaration des fichiers, bases de données et systèmes d'information des ministères.

5.2.3 Les textes de la CEDEAO/UEMOA[152]

Ces textes sont applicables aux États membres de la **CEDEAO/UEMOA** dans le respect de la hiérarchisation qui a été établie entre les énoncés nationaux et ceux organisationnels :

- Acte additionnel A/SA 1/01/07 du 19 janvier 2007 relatif à l'harmonisation des politiques et du cadre réglementaire du secteur des technologies de l'information et de la communication (TIC) ;
- Règlement n° 15/2002/CM/UEMOA du 23 mai 2002 relatif aux systèmes de paiement dans les États membres de l'Union économique et monétaire Ouest Africaine (UEOMA) ;
- Acte additionnel A/SA.1/01/10 du 16 février 2010 relatif à la protection des données à caractère personnel ;
- Directive C/DIR/1/08111 portant lutte contre la cybercriminalité dans l'espace de la CEDEAO ;
- Acte additionnel A/SA.2/01/10 du 16 février 2010 sur les transactions électroniques.

5.2.4 La convention de Malabo

Malgré l'existence de plusieurs dispositifs légaux, les législateurs ont beaucoup de mal à adresser convenablement le problème de la

[152] Textes CEDEAO/UEMOA https://www.cdp.sn/textes-cedeao

cybercriminalité. Parmi les nombreuses raisons, on peut citer la complexité et la non-maîtrise par les États, de la technologie qui évolue très vite. Il y a également le fait que le crime est transfrontalier et la difficulté des services de police à travailler avec leurs collègues d'ailleurs donne la possibilité de commettre des cybercrimes dans d'autres pays voisins ou lointains en toute tranquillité.

Des réponses régionales sont mises en œuvre dans plusieurs zones économiques afin de contrer le phénomène des crimes et négligences dans le traitement des données sensibles qui peuvent se produire entre deux pays membres. Au niveau africain, la « **Convention de l'Union africaine (UA) sur la cybersécurité et la protection des données personnelles** », plus connue sous le nom de « **La Convention de Malabo** » [153] avait été adoptée le **27 juin 2014** pour relever les défis et répondre aux préoccupations liées à la cybersécurité et à la protection des données personnelles sur le continent. Cette convention est entrée en vigueur neuf ans après son adoption, c'est-à-dire le **8 juin 2023**, un mois après que la **Mauritanie, le 15e État, a ratifié le traité**[154].

L'écriture de cette convention est motivée par le besoin de répondre aux problèmes liés à la sécurité des données qui entravent le développement du commerce électronique en Afrique. Dans le préambule de la Convention, plusieurs lacunes sont dénombrées à savoir l'absence de réglementation, l'absence de règles juridiques protégeant les consommateurs, des carences au niveau de protection de la propriété intellectuelle et les données personnelles des individus, des déficiences au niveau des législations fiscales et douanières, etc.

La Convention de Malabo poursuit deux objectifs principaux, comme stipulé dans son article 8 :

- *Chaque État partie s'engage à mettre en place un cadre juridique ayant pour objet de renforcer les droits fondamentaux et les libertés*

---

[153] Convention de l'union africaine sur la cybersécurité et la protection des données à caractère personnel : https://dataprotection.africa/malabo-convention-set-to-enter-force

[154] Conformément à l'article 36 de la convention de Malabo, celle-ci n'entrera en vigueur que 30 jours après la date de réception par le président de la Commission de l'UA du quinzième instrument de ratification. La Mauritanie a été le 15e État à ratifier le traité le 9 mai 2023.

publiques, notamment la protection des données physiques et de réprimer toute infraction relative à toute atteinte à la vie privée sans préjudice du principe de la liberté de circulation des données à caractère personnel.

- *Ce dispositif garantit que tout traitement, sous quelque forme que ce soit, respecte les libertés et droits fondamentaux des personnes physiques tout en prenant en compte les prérogatives de l'État, les droits des collectivités locales et des buts pour lesquels les entreprises ont été créées.*

En somme, la Convention de Malabo vise à établir un cadre pour la protection des données et de la vie privée (**article 8**). Son entrée en vigueur signifie qu'elle est désormais contraignante pour tous les États parties (États membres ayant ratifié ou adhéré à la Convention). À cette fin, les **articles 11** et **12** exigent des États parties qu'ils mettent en place une autorité nationale de protection des données personnelles chargée de superviser la collecte, le traitement et le stockage.

5.2.5 Règlement général sur la protection des données — RGPD

Le règlement général sur la protection des données (RGPD)[155] est une convention de l'Union européenne (UE) qui a été mis en œuvre dans **toutes les lois locales** relatives à la protection de la vie privée dans l'ensemble des États membres. Il s'applique à toutes les entreprises qui collectent et stockent des informations personnelles sur les citoyens en Europe, y compris les entreprises situées sur d'autres continents[156].

Le RGPD est entré en vigueur le **25 mai 2018** en remplacement de l'ancien règlement européen sur la protection des données, la directive **95/36/CE** qui était en vigueur depuis le **14 juillet 1995**[157].

---

[155] Publication du RGPD par la Commission nationale de l'informatique et des libertés (CNIL) en France : https://www.cnil.fr/fr/reglement-europeen-protection-donnees

[156] L'article 3 du règlement clarifie le champ d'application territorial : https://www.cnil.fr/fr/reglement-europeen-protection-donnees/chapitre1#Article3

[157] Directive 95/36/CE de la Commission du 14 juillet 1995 modifiant la directive 91/414/CEE du Conseil concernant la mise sur le marché des produits phytopharmaceutiques (Texte

Composé de **11 chapitres** et de **99 articles**, le RGPD encadre l'ensemble du cycle de vie des données personnelles, depuis leur collecte jusqu'à leur suppression, en passant par leur traitement, leur stockage et leur utilisation. Il a profondément modifié la manière dont les entreprises abordent la gestion des données, en les obligeant à définir clairement la base légale sur laquelle repose chaque traitement, tout en plaçant la protection de la vie privée au cœur de leurs pratiques. Désormais, les organisations doivent faire preuve d'une rigueur accrue dans la manipulation des données à caractère personnel et maîtriser parfaitement les droits conférés aux personnes concernées, tels que définis par le règlement.

Bien qu'adopté par l'Union européenne en **2016**, le RGPD a une portée **extraterritoriale** qui peut concerner directement les entreprises établies en Afrique. Conformément à son **article 3**, toute organisation située hors de l'UE est tenue de respecter le RGPD si elle traite les données personnelles de **résidents européens**, notamment lorsqu'elle leur propose des biens ou des services ou lorsqu'elle surveille leur comportement en ligne. Ainsi, une **entreprise africaine** qui commercialise ses produits auprès de clients européens ou qui suit leur activité numérique est juridiquement soumise à ce règlement. Cela implique la mise en œuvre de mesures strictes de conformité : transparence dans le traitement des données, base légale claire, respect des droits des personnes concernées, sécurité renforcée, et notification rapide en cas de violation.

Toutefois, il est important de noter que certains pays africains, comme le Sénégal, disposaient déjà d'un cadre juridique en matière de protection des données avant l'entrée en vigueur du RGPD. En effet, la loi sénégalaise **n° 2008-12 du 25 janvier 2008** a posé très tôt les bases d'un encadrement légal des traitements de données à caractère personnel, accompagnée de la création de la **Commission de Protection des Données personnelles (CDP)**.

---

présentant de l'intérêt pour l'EEE) : https://op.europa.eu/fr/publication-detail/-/publication/d0502857-b9df-491a-949d-18184cf0180a/language-fr

Si le RGPD a influencé de nombreuses législations africaines, dans le cas du Sénégal, **il vient plutôt renforcer une dynamique juridique déjà existante**, tout en offrant un cadre de référence supplémentaire pour harmoniser les pratiques à l'échelle internationale.

5.3 Cadres sponsorisés par une autorité étatique

Les cadres de cybersécurité sponsorisés par les États fournissent des lignes directrices officielles pour la gestion des risques et la protection des systèmes d'information. Issus d'agences nationales, ces cadres sont souvent conçus pour les administrations publiques, mais sont largement adoptés par le secteur privé en raison de leur rigueur et de leur portée technique. Ils offrent des référentiels structurés pour définir des contrôles de sécurité adaptés aux menaces actuelles, tout en assurant la conformité avec les politiques nationales de cybersécurité.

5.3.1 Cadre de cybersécurité au Sénégal

Le cadre global de la cybersécurité au Sénégal s'appuie sur un ensemble cohérent de lois, de stratégies et d'organismes institutionnels visant à encadrer l'usage des technologies de l'information, à protéger les données personnelles et à lutter contre la cybercriminalité. Ce dispositif a été amorcé dès 2008, avec la promulgation de trois lois fondamentales : la **loi n° 2008-12** sur la protection des données à caractère personnel, la **loi n° 2008-11** sur la cybercriminalité, et la **loi n° 2008-08** sur les transactions électroniques.

La loi sur les données personnelles a instauré la **Commission de Protection des Données personnelles (CDP)**, une autorité indépendante chargée de veiller à la régulation et à la conformité des traitements de données. La loi sur la cybercriminalité, quant à elle, définit les infractions spécifiques liées à l'usage illicite des systèmes d'information et prévoit des sanctions pénales pour les **cyberdélits** tels que l'accès non autorisé aux systèmes informatiques, la falsification de données, ou la fraude électronique.

En complément de ce socle juridique, le Sénégal a adopté **en novembre 2017** une **Stratégie nationale de Cybersécurité (SNC 2022)** qui trace les grandes lignes de la politique publique en matière de cybersécurité. Cette stratégie vise à renforcer la protection des infrastructures critiques, à développer les capacités techniques et humaines, à promouvoir une culture de sécurité numérique au sein de la population, et à favoriser la coopération régionale et internationale.

Pour mettre en œuvre cette vision stratégique, le pays s'est doté d'organes spécialisés comme la **Direction générale du Chiffre et de la Sécurité des Systèmes d'Information (DCSSI)**[158], qui pilote la coordination nationale en cybersécurité. La DCSSI s'est elle-même dotée d'une Cellule de réaction aux incidents informatiques, **CERT-SN** (*Computer Emergency Response Team*) qui élabore des stratégies de traitement des cyberattaques et entretient les relations opérationnelles avec les partenaires nationaux et internationaux afin de rétablir rapidement le fonctionnement normal des systèmes critiques.

Toutefois, malgré cette base réglementaire et institutionnelle solide, le cadre sénégalais **ne prévoit pas à ce jour une norme nationale de cybersécurité contenant un référentiel de contrôles techniques détaillés**, comme c'est le cas du **NIST SP 800-53** aux États-Unis ou de la série **ISO/IEC 27000** à l'international. Cette absence constitue **une lacune importante** pour l'harmonisation des pratiques de sécurité et la mise en œuvre opérationnelle de contrôles précis au sein des organisations publiques et privées. Cela laisse aux entreprises le soin de se référer à des normes internationales, sans encadrement national prescriptif clairement défini.

5.3.2 NIST-SP 800-53 aux États-Unis

NIST[159] est l'acronyme de **National Institute of Standards and Technology**. L'une de ses publications les plus utilisées, le **SP 800-**

[158] Site institutionnel de la Direction générale du chiffre et de la Sécurité des Systèmes d'Information (DCSSI) : https://stcc-ssi.sn

[159] Une agence non réglementaire du ministère du Commerce des États-Unis. Le NIST a été fondé en 1901 et son siège se trouve à Gaithersburg, dans le Maryland. Sa mission est de

53[160] (*Special Publication 800-53—Security and Privacy Controls for Federal Information Systems and Organizations*) est le standard de référence aux États-Unis. Il fournit un catalogue de contrôles de sécurité et de lignes directrices permettant aux organismes fédéraux de mettre en œuvre et d'assurer la sécurité de tous les systèmes d'information de l'administration fédérale américaine, **à l'exception de ceux liés à la sécurité nationale**. **SP 800-53** fait partie d'une série de directives élaborées pour aider les agences fédérales à répondre aux exigences de la loi fédérale sur la modernisation de la sécurité de l'information, la **FISMA** (*Federal Information Security Modernization Act*)[161].

Même si le standard a été initialement développé pour les systèmes fédéraux, le secteur privé américain l'a largement adopté aujourd'hui parce qu'il constitue un guide solide de bonnes pratiques en matière de sécurité de l'information. Son utilisation est gratuite et l'organisme chargé de son maintien à jour est financé par le contribuable américain.

L'obligation de conformité aux standards du NIST s'applique seulement aux systèmes d'information des entreprises et des agences fédérales américaines. Les entreprises privées qui travaillent avec le gouvernement fédéral américain sont également tenues d'adhérer à certaines exigences de contrôles du **SP 800-53**. Ces exigences qui sont listées au cas par cas, c'est-à-dire en fonction du projet, sont consignées dans le cahier des charges soumis à l'entité qui souhaite travailler avec l'organisme gouvernemental.

La norme **SP 800-53** est présentement à la version 5 (*SP 800-53 Revision 5*) sortie depuis le 12 août 2022. Elle compte **1007 mesures de sécurité réparties entre 20 familles de contrôles**. La pertinence et le choix d'une catégorie de contrôles dépendent du niveau d'impact d'une violation des données sur le système qui les traite.

---

promouvoir et de maintenir les normes de mesure, le progrès technologique et l'innovation afin d'améliorer la compétitivité économique et le bien-être public aux États-Unis.

[160] Standard NIST SP 800-53: https://nvd.nist.gov/800-53

[161] Loi fédérale américaine sur la modernisation de la sécurité de l'information (FISMA) : https://www.cisa.gov/federal-information-security-modernization-act

Les organisations et agences gouvernementales américaines doivent mettre en œuvre les contrôles pertinents du cadre SP 800-53 dans le cadre du processus d'évaluation des risques qui leur est imposé. Elles pourront s'appuyer sur la norme **SP 800-37** (*Risk Management Framework for Information Systems and Organizations: A System Life Cycle Approach for Security and Privacy*)[162] qui est un cadre permettant l'évaluation et la gestion des risques. Les résultats issus de l'analyse des risques aident à déterminer le choix et la mise en œuvre des contrôles de sécurité pertinents dans chacune des 20 familles.

L'alignement à la norme SP 800-53 aide également les entreprises à améliorer leur conformité à d'autres exigences réglementaires telles que PCI DSS, ISO 27001, GDPR, HIPAA, FISMA, **FedRAMP**[163], et bien d'autres du fait du chevauchement entre les mesures de sécurité.

5.3.3 NIST Cyber Security Framework

Le cadre de cybersécurité **Cyber Security Framework (CSF)**, également développé par l'organisme NIST, est un standard qui a été publié pour la première fois en février 2014 aux États-Unis, en réponse au **décret présidentiel 13636** (*Presidential Executive Order 13,636—Improving Critical Infrastructure Cybersecurity*)[164]. Ce décret datant de février 2013 demandait que : « *Le ministre du Commerce charge le directeur de l'Institut national des normes et de la technologie (le "directeur") de diriger l'élaboration d'un cadre visant à réduire les risques informatiques pour les infrastructures critiques (le "cadre de cybersécurité"). Le cadre de cybersécurité comprend un ensemble de normes, de méthodologies, de procédures et de processus qui*

[162] Explications détaillées sur la mise en œuvre du NIST SP 800-37 qui définit le *Risk Management Framework* (RMF) : https://csrc.nist.gov/pubs/sp/800/37/r2/final

[163] Le FedRAMP (*Federal Risk and Authorization Management Program*) est un programme fédéral américain qui standardise l'évaluation, l'autorisation et la surveillance continue des services cloud afin d'assurer leur conformité aux exigences de sécurité des données gouvernementales. Il fournit un cadre commun d'audit et de certification pour garantir que les solutions cloud utilisées par les agences respectent des niveaux de sécurité uniformes, avant comme après leur mise en production : https://www.fedramp.gov.

[164] Décret présidentiel (Executive Order) pour « Améliorer la cybersécurité des infrastructures critiques » des États-Unis : https://obamawhitehouse.archives.gov/the-press-office/2013/02/12/executive-order-improving-critical-infrastructure-cybersecurity

harmonisent les approches politiques, commerciales et technologiques pour faire face aux cyberrisques ».

L'objectif du cadre, qui est une approche de gestion de la cybersécurité basée sur le risque, est d'aider à améliorer les opérations de sécurité et la gouvernance des organisations publiques et privées américaines. Il intègre les normes et les meilleures pratiques du secteur pour permettre aux entreprises de gérer leurs risques en matière de cybersécurité.

Le NIST-CSF comprend trois composantes qui sont listées ci-dessous :

- **Le noyau du cadre** (*Framework Core*) — Le noyau du cadre fournit un ensemble d'activités à compléter dans le but d'obtenir des résultats spécifiques en matière de protection. Il est composé de quatre types d'information qui sont les fonctions, les catégories, les sous-catégories, et les références informatives ;
- **Les niveaux de mise en œuvre du cadre** (*Framework Implementation Tiers*) — représentent les processus développés pour gérer les risques. Les niveaux vont de Partiel (niveau 1) à Adapté (niveau 4) et décrivent un degré croissant de rigueur et d'intégration des décisions relatives aux risques de cybersécurité dans les instances plus générales en matière de risques. En résumé, ils représentent **le niveau de maturité** de l'entreprise en manière de gestion des risques de cybersécurité ;
- **Les profils du cadre** (*Framework Profile*) — les exigences de sécurité qui s'appliquent à une institution financière ne sont pas forcément les mêmes que celles applicables à une agence gouvernementale. Les profils sont des sélections de séries de contrôles qui permettent à une entreprise de se conformer plus facilement aux exigences qui s'appliquent à son contexte commercial tout en tenant compte de leurs risques spécifiques, de leurs actifs et de leurs contraintes opérationnelles.

Considérant que le cadre de cybersécurité facilite la communication des risques entre les différentes parties prenantes, le profil peut être utilisé pour identifier les possibilités d'amélioration de la posture de sécurité en comparant l'actuel à une cible.

5.3.4 Cadre de l'ANSSI en France

Le cadre réglementaire de l'agence **ANSSI (Agence nationale de la sécurité des systèmes d'information)** en France repose sur un ensemble structuré de lois, de décrets et de directives européennes visant à encadrer la cybersécurité des acteurs publics et privés jugés sensibles. Il s'est d'abord construit autour de la **Loi de Programmation militaire (LPM) de 2013**, notamment son **article 22**, qui impose des obligations de sécurité aux **Opérateurs d'Importance vitale (OIV)**, c'est-à-dire des entités dont les systèmes d'information sont essentiels au fonctionnement de la nation (secteurs de l'énergie, des transports, de la santé, etc.).

Cette loi confère à l'ANSSI la responsabilité de désigner ces opérateurs et de superviser la mise en œuvre de mesures strictes, incluant des audits, des plans de sécurité, des dispositifs de détection d'incidents et une notification obligatoire des incidents de sécurité. Ce cadre a ensuite été renforcé par la transposition de la **directive européenne NIS** (*Network and Information Security*) via plusieurs textes réglementaires, dont l'**ordonnance n° 2018-1125** et le **décret n° 2018-384**, qui élargissent les obligations de cybersécurité aux **Opérateurs de Services essentiels (OSP)**.

Ces textes confirment le rôle d'autorité publique de cybersécurité de l'ANSSI, en charge de la désignation, de l'évaluation et de la coordination de la réponse à incident au niveau national. Par ailleurs, la France se prépare à intégrer dans son droit national la **directive NIS2**, adoptée en 2023 par l'Union européenne, qui renforce les exigences de cybersécurité (gouvernance, gestion des risques, continuité d'activité, obligation de signalement, sanctions accrues) et élargit le champ des entités concernées à de nouveaux secteurs comme les administrations publiques, les infrastructures numériques, les services postaux ou la gestion des déchets.

En complément, l'ANSSI publie des **référentiels et guides techniques** (ex. RGS[165] pour les administrations, PSSIE[166] pour les services de l'État ou encore le guide d'hygiène informatique) pour accompagner les organisations dans leur mise en conformité. Le cadre réglementaire de l'ANSSI forme une architecture cohérente et évolutive qui place la cybersécurité au cœur de la résilience nationale, tout en assurant une coordination étroite entre les exigences légales, les standards techniques et les enjeux stratégiques liés à la souveraineté numérique.

5.3.5 Canada Information Technology Security Guide - ITSG33

Au Canada, le **Centre de la Sécurité des Télécommunications (CST)** [167] a élaboré une série de publications déclinant les lignes directrices à l'intention des praticiens de la sécurité afin de les aider à gérer les risques liés à la sécurité des technologies de l'information (TI) pour les systèmes d'information du gouvernement du Canada (GC). L'objectif poursuivi dans ces publications est de fournir des conseils et une orientation pour aider les organisations gouvernementales et leurs partenaires à gérer les risques et à protéger les systèmes contre les atteintes à la confidentialité, à l'intégrité et à la disponibilité.

La série de publications nommée **ITSG–33** (*Information Technology Security Guide*) est l'équivalent de la norme SP 800-53 en vigueur aux États-Unis. Elle fournit un ensemble complet de contrôles de sécurité qui peuvent être utilisés pour soutenir une grande variété d'exigences opérationnelles. C'est le cadre de sécurité que les agences gouvernementales canadiennes ainsi que les organisations et entreprises qui travaillent avec elles doivent adopter.

---

[165] Le référentiel général de sécurité (RGS) est un cadre réglementaire français qui définit les règles techniques et organisationnelles visant à garantir la sécurité, l'authenticité, la confidentialité et l'intégrité des échanges électroniques entre les administrations, les entreprises et les citoyens : https://cyber.gouv.fr/le-referentiel-general-de-securite-rgs

[166] Le PSSIE (Plan de Sécurité des Systèmes d'Information d'Importance Vitale) est un document exigé des Opérateurs d'Importance vitale (OIV) en France, qui décrit les mesures de sécurité mises en place pour protéger leurs systèmes d'information essentiels contre les menaces, conformément aux exigences de l'ANSSI : https://cyber.gouv.fr/faq-systemes-dinformation-dimportance-vitale

[167] Site Web du Centre de la sécurité des télécommunications : https://www.cse-cst.gc.ca/fr

ITSG-33 est composée des sept publications,[168] dont le document « **Annexe 3A** » qui est le catalogue des contrôles de sécurité composés de **17 familles** réparties dans les **trois catégories** :

- **Les contrôles techniques** — ce sont les contrôles de sécurité qui sont mis en œuvre et exécutés par les systèmes d'information, principalement par le biais de mécanismes de sécurité contenus dans les composants matériels, logiciels et micrologiciels ;
- **Les contrôles opérationnels** — ce sont les contrôles de sécurité des systèmes d'information qui sont principalement mis en œuvre par des processus exécutés par des personnes ;
- **Les contrôles de gestion** — ce sont les contrôles de sécurité qui se concentrent sur les activités de gestion de la sécurité informatique et des risques liés à la sécurité informatique.

L'adoption du cadre ITSG-33 est une exigence pour les organisations qui ont des liens d'affaires avec les agences gouvernementales canadiennes. Dans une telle situation, l'agence gouvernementale concernée spécifiera à l'organisation privée, les contrôles de sécurité extrait du catalogue que cette dernière devra mettre en place avant qu'elle ne soit apte à traiter de l'information gouvernementale.

5.3.6 Australian Signals Directorate (ASD) Top 35

L'Australie a aussi publié sa propre norme de cybersécurité dans un document nommé « **Information Security Manual (ISM)** » [169] ou manuel de sécurité de l'information publiée par l'organisme « **The Australian Cyber Security Centre (ACSC)**[170] ».

---

[168] La gestion des risques liés à la sécurité des TI - Une méthode axée sur le cycle de vie (ITSG-33) : https://cyber.gc.ca/fr/orientation/la-gestion-des-risques-lies-la-securite-des-ti-une-methode-axee-sur-le-cycle-de-vie

[169] Manuel de la sécurité de l'information du gouvernement australien : https://www.cyber.gov.au/ism

[170] Le Centre australien de cybersécurité (ACSC) au sein de l'*Autralian Signals Directorate* (ASD) coordonne les efforts du gouvernement australien en matière de cybersécurité nationale : https://www.asd.gov.au/cyber-security

Le manuel a pour objectif de définir un cadre de cybersécurité qu'une organisation ou entreprise peut appliquer, en le jumelant avec le cadre de gestion des risques de son choix, pour protéger ses systèmes et ses données contre les cybermenaces en application de principes qui fournissent des orientations stratégiques sur la manière de procéder. L'ensemble des principes à respecter sont répartis en quatre grandes catégories qui sont :

- **Gouverner** — elle comporte cinq principes dont l'objectif poursuivi est d'aider à identifier et à gérer les risques de sécurité. C'est dans la catégorie « Gouverner » que l'entreprise définit la nécessité de choisir un responsable de la sécurité, de l'identification des systèmes et de la politique de gestion des risques de cybersécurité ;
- **Protéger** — elle compte 14 principes ou exigences avec comme objectif de mettre en œuvre les contrôles pour réduire les risques de sécurité identifiés dans la phase d'analyse précédente de gouvernance ;
- **Détecter** — cette catégorie comporte deux exigences opérationnelles dont le but est de détecter et de comprendre les événements de cybersécurité pour être né mesure d'identifier les incidents de cybersécurité ;
- **Répondre** — la catégorie « Répondre » tout comme celle de « Détecter » comporte des exigences opérationnelles au nombre de trois qui aident à apporter une réponse appropriée aux incidents de cybersécurité et s'en remettre.

Le manuel **ISM** répertorie plus de **600 contrôles de sécurité**. Considérant ce dernier trop détaillé pour constituer un référentiel, l'organisme **Autralian Signals Directorate (ASD)**[171] a décidé en 2010 de se focaliser sur une liste réduite de 35 contrôles de sécurité ou stratégies pour contrer des cyberintrusions ciblées d'où le nom **top 35**.

---

[171] Référence ASD : https://www.sophos.com/en-us/medialibrary/pdfs/other/australian-signals-directorate-top-35-reference-card.pdf

Les **35 stratégies** visant à atténuer les cyberintrusions ciblées sont classées par ordre d'efficacité en se basant sur une analyse des incidents de sécurité signalés et des vulnérabilités détectées par l'ASD lors des tests de sécurité des réseaux du gouvernement australien.

Afin d'aider les entreprises et organisations gouvernementales à hiérarchiser leurs efforts et à concentrer leurs ressources limitées là où elles sont le plus nécessaires, un niveau d'évaluation ou notation de la sécurité est attribué à chaque stratégie avec une note qui peut être essentielle, excellente, très bonne, bonne ou limitée.

5.4 Cadres de Cybersécurité sponsorisés par une industrie

Les entreprises ne sont généralement pas soumises à une obligation légale explicite de se conformer à un cadre de cybersécurité particulier. Toutefois, certains secteurs d'activité peuvent imposer l'adoption de cadres spécifiques en raison de la sensibilité des données traitées ou des exigences réglementaires propres au domaine. Ainsi, même en l'absence d'une contrainte légale, les obligations contractuelles, sectorielles ou commerciales peuvent rendre l'adoption de certains cadres indispensable pour exercer et rester compétitif dans un marché.

5.4.1 La norme PCI-DSS

PCI-DSS est une norme de sécurité de l'information conçue pour réduire la fraude par carte de paiement en renforçant les contrôles de sécurité autour des données des titulaires de cartes. Elle résulte d'une collaboration entre les principales marques de paiement (**American Express, Discover, JCB, Mastercard et Visa**). La norme[172] est gérée par le Conseil des normes de sécurité de l'industrie des cartes de paiement, **PCI-SSC** (*Payment Card Industry Security Standards Council*). Elle comprend **six objectifs** de contrôle accompagnés de

[172] Security Standard Council: information sur le standard PCI-DSS : https://www.pcisecuritystandards.org/

12 exigences, ainsi qu'une annexe précisant des exigences supplémentaires selon les types d'entités concernés.

Un projet de certification est entrepris, soit à cause d'une **obligation contractuelle** pour les entreprises évoluant dans le secteur financier (responsable du traitement des paiements par carte), soit pour **saisir l'opportunité de fournir un service** de gestion des systèmes et environnements des premiers nommés (cas des fournisseurs de service Internet et d'hébergement infonuagique).

Quelle que soit la raison, détenir la certification PCI-DSS est pour une entreprise une sorte d'engagement envers ses clients qu'elle se conforme à certaines règles éthiques et déontologiques et que tout sera mis en œuvre pour maintenir l'intégrité des données en sa possession dans la bataille mondiale en cours contre les cybercriminels.

Plusieurs entreprises dans la zone ouest-africaine se sont récemment lancées dans un processus de certification de leur environnement de gestion des paiements. D'autres comme **Orange Business Services Sénégal** [173] **(SONATEL, Sénégal)**, **PayDunya** [174] ou la **Banque Agricole**[175] sont déjà détentrices de la certification PCI-DSS.

Avant de lancer un projet de certification PCI-DSS, il est essentiel de bien comprendre son environnement. Un préaudit est recommandé afin d'évaluer le niveau de conformité son infrastructure par rapport aux exigences de la norme et de procéder aux corrections nécessaires.

Un audit PCI DSS comporte trois parties et le niveau de conformité attribué à l'entreprise prestataire de services de paiement joue un rôle dans la détermination des exigences auxquelles elle doit se soumettre. Dans la procédure de certification à PCI-DSS, il est essentiel de comprendre les trois documents suivants, le **questionnaire d'auto-**

---

[173] Certification PCI-DSS du Datacenter de la Sonatel : https://www.orangebusiness.sn/digitaliser/datacenter

[174] PayDunya, première Fintech certifiée PCI DSS Level 1 au Sénégal : https://www.techinafrica.fr/paydunya-premiere-fintech-certifiee-pci-dss-level-1-au-senegal

[175] Certification PCI-DSS de la Banque agricole en février 2018 : https://www.cncas.sn/index.php/mediatheque/actualites/certification-pci-dss

évaluation PCI DSS (SAQ), l'**attestation de conformité (AoC)** et le **rapport de conformité (RoC)** :

- **PCI Self-Assessment Questionnaire (SAQ)**—le questionnaire d'auto-évaluation est un outil dont l'entité se sert pour documenter ses pratiques de sécurité concernant les données des titulaires de cartes. Il existe plusieurs types de questionnaires différents (A, A-EP, B, C, C-VT, B-IP, etc.) qui s'appliquent de manière variable aux différentes entreprises selon la manière dont elles traitent, manipulent et stockent les données des cartes de paiement ;
- **PCI Attestation of Compliance (AoC)**—l'attestation de conformité est le document complété par un évaluateur de sécurité qualifié (QSA) qui déclare le statut de conformité PCI DSS d'une entreprise auditée. Une AoC est une preuve documentée qu'une entreprise candidate à la certification a respecté les meilleures pratiques de sécurité pour protéger les données des titulaires de cartes. C'est en quelque sorte par une représentation écrite que l'entreprise a complété le SAQ applicable à son environnement et a été vérifié par un QSA ;
- **PCI Report on Compliance (RoC)** — un rapport de conformité PCI (RoC) est le document émis par un QSA et qui détaille la posture de sécurité, l'environnement, les systèmes et la protection des données des titulaires de cartes d'une entreprise visitée. Il est élaboré à partir d'une évaluation approfondie effectuée par un QSA qui comprend un audit sur place et un examen des contrôles. Après qu'un auditeur ait testé les contrôles et obtenu la documentation des processus, un résumé des conclusions est élaboré et aboutit à un RdC final sous un format unique spécifié par *Security Standards Council.*

Étant donné que toutes les entreprises ne traitent pas le même volume de paiements par carte chaque année et que chacune présente un niveau de risque différent en matière de violations de données et d'incidents de sécurité, le PCI SSC a créé quatre niveaux de conformité qui sont déterminés par le type de commerçant.

- **PCI Merchant Level 1** — commerçants effectuant plus de 6 millions de transactions par an, tous canaux confondus, ou tout commerçant ayant subi une violation de données ;
- **PCI Merchant Level 2** — commerçants réalisant entre 1 et 6 millions de transactions par an, tous canaux confondus ;
- **PCI Merchant Level 3** — commerçants réalisant entre 20 000 et 1 million de transactions en ligne par an ;
- **PCI Merchant Level 4** — commerçants avec moins de 20 000 transactions en ligne par an ou tout commerçant traitant jusqu'à 1 million de transactions régulières par an.

5.4.2 North American Electric Reliability Corporation Critical Infrastructure Protection

Dans tous les pays du monde, les réseaux électriques sont généralement classés parmi les infrastructures critiques et leur compromission est une affaire d'État, car menaçant la sécurité des citoyens. C'est une des raisons pour lesquelles l'organisme **NERC** (*North American Electric Reliability Corporation*) [176] a été créé aux **États-Unis** dans les **années 1960** en réponse aux pannes qui se sont produites dans les centrales électriques dans le nord-est des États-Unis.

La norme **NERC-CIP** (*NERC Critical Infrastructure Protection*) est un ensemble de standards réglementaires développés pour sécuriser les systèmes d'information et les infrastructures critiques du secteur de l'électricité en Amérique du Nord. Elle a été conçue pour protéger les réseaux de production, de transmission et de distribution d'électricité contre les cybermenaces, en imposant aux opérateurs une série de contrôles de sécurité obligatoires. Ces exigences couvrent notamment l'identification et la classification des actifs critiques, la gestion des accès physiques et logiques, la sécurité des systèmes, la gestion des

---

[176] The North American Electric Reliability Corporation (NERC): https://www.nerc.com/AboutNERC/Pages/default.aspx

vulnérabilités, la réponse aux incidents, la formation du personnel, et la documentation des politiques de sécurité.

NERC CIP est légalement contraignante pour les entités du secteur électrique nord-américain, et son non-respect peut entraîner des sanctions financières importantes. Elle constitue aujourd'hui un **référentiel de cybersécurité sectoriel reconnu**[177], dont les principes sont progressivement étudiés ou adoptés par d'autres industries critiques à l'échelle internationale pour leur robustesse.

Les entreprises africaines, notamment celles opérant dans les secteurs stratégiques tels que l'énergie, les transports, les télécommunications ou la distribution d'eau, auraient tout intérêt à s'inspirer de la norme **CIP-NERC** pour renforcer la sécurité de leurs **infrastructures critiques** face à des menaces cyber de plus en plus complexes. Cela renforcerait significativement leur **résilience opérationnelle**, limiterait les risques de rupture de services essentiels, et augmenterait leur capacité à réagir efficacement en cas d'incident majeur.

Bien que cette norme ait été initialement conçue pour le secteur de l'électricité en Amérique du Nord, ses principes sont largement transposables à d'autres contextes, notamment en Afrique, où les systèmes industriels, avec l'absence de cadres réglementaires, deviennent progressivement interconnectés, automatisés et donc vulnérables aux cyberattaques.

Par ailleurs, en anticipant les futures obligations réglementaires qui s'inspirent de plus en plus de cadres internationaux comme le **RGPD**, **NIS2** ou **ISO 27001**, l'alignement sur les bonnes pratiques de NERC-CIP contribuerait à rehausser la crédibilité des entreprises africaines auprès de leurs partenaires techniques, investisseurs et bailleurs internationaux. Dans un environnement où les cyberattaques ciblant les infrastructures critiques se multiplient, s'approprier un cadre aussi structurant que CIP-NERC représente un levier stratégique pour

[177] Description des exigences de la norme NERC CIP : https://www.techtarget.com/searchsecurity/definition/North-American-Electric-Reliability-Corporation-Critical-Infrastructure-Protection-NERC-CIP

garantir la sécurité, la stabilité et la confiance dans les services essentiels sur le continent africain.

5.5 Cadres de cybersécurité sponsorisés par des associations ou consortiums

5.5.1 ISO/IEC 27001 et 27002

La famille de normes **ISO/IEC 27000** comprend plus d'une dizaine de standards, parmi lesquels **ISO/IEC 27 001** et **ISO/IEC 27002** occupent une place centrale. Les deux sont des normes complémentaires au cœur de la gestion de la sécurité de l'information, mais elles remplissent des rôles distincts au sein du cadre global de la famille ISO/IEC 27000.

ISO/IEC 27001 est la norme de référence pour établir, mettre en œuvre, maintenir et améliorer un **Système de Gestion de la Sécurité de l'Information (SGSI)**. Elle définit les exigences formelles qu'une organisation doit respecter pour gérer de manière systématique ses risques liés à la sécurité de l'information. L'objectif principal de cette norme est de garantir la confidentialité, l'intégrité et la disponibilité des informations critiques en adoptant une approche fondée sur l'analyse des risques et l'amélioration continue. Elle est également certifiable, ce qui signifie qu'une entreprise peut faire évaluer et valider son SGSI par un organisme tiers accrédité, afin de démontrer sa conformité aux meilleures pratiques internationales.

En parallèle, **ISO/IEC 27002** agit comme un guide de bonnes pratiques en matière de sécurité de l'information. Contrairement à ISO/IEC 27001, elle n'est pas certifiable, mais elle fournit un ensemble détaillé de contrôles de sécurité que les organisations peuvent choisir, adapter et mettre en œuvre en fonction de leurs besoins spécifiques. Elle approfondit les mesures évoquées en **annexe A** de la norme ISO/IEC 27001, en les décrivant plus précisément selon leur objectif, leur justification, et les moyens pratiques de mise en œuvre. En d'autres termes, si ISO/IEC 27001 répond à la question « **quoi faire** » pour établir un SGSI, ISO/IEC 27002 répond à la question « **comment le**

faire ». Les deux normes sont donc étroitement liées : la première pose le cadre de gouvernance et les exigences de conformité, tandis que la seconde fournit un référentiel opérationnel pour mettre en œuvre efficacement les contrôles de sécurité. Ensemble, elles permettent aux organisations de structurer une démarche de cybersécurité cohérente, robuste et adaptée à leurs enjeux métier.

En dehors des États-Unis, la norme ISO ISO/IEC 27001 reste de loin le cadre de cybersécurité le plus utilisé au monde. Il est publié conjointement par l'**Organisation internationale de normalisation (ISO)**[178] et la **Commission électrotechnique internationale (IEC)**[179].

Dans le cadre d'une démarche de certification, la norme **ISO/IEC 27001** invite la direction de l'entreprise à adopter une approche structurée reposant sur trois volets complémentaires.

Tout d'abord, l'organisation doit réaliser une **évaluation systématique des risques** liés à la sécurité de l'information. Cette étape implique d'identifier les menaces (par exemple, attaques par ransomware, pertes de données, erreurs humaines), d'analyser les vulnérabilités existantes (systèmes obsolètes, accès mal contrôlés, absence de sauvegardes) et d'évaluer les impacts possibles sur les activités. Cette analyse de risque va justifier le périmètre couvert par la norme à travers le document de **déclaration d'applicabilité**[180].

La norme exige la mise en place d'un **processus de gestion continue**. Cela signifie que les contrôles et politiques doivent être régulièrement révisés via des audits internes, des tests d'intrusion et des mises à jour pour s'assurer qu'ils restent efficaces face à l'évolution des menaces et des besoins de l'entreprise.

Pour obtenir la certification, l'entreprise doit rencontrer les exigences établies dans les sections suivantes et fournir les preuves à l'appui :

---

[178] Organisation internationale de normalisation : https://www.iso.org

[179] Commission électrotechnique internationale : https://iec.ch/homepage

[180] La déclaration d'applicabilité (*SoA – Statement of Applicability*) de la norme ISO 27001 est un document qui liste les contrôles de sécurité de la norme, précise lesquels sont retenus ou exclus, et justifie ces choix afin de démontrer la conformité et le périmètre réel du SMSI.

1. Le champ d'application du SGSI (conformément à la **clause 4.3**) ;
2. Politique de sécurité de l'information (**clause 5.2**) ;
3. Processus d'évaluation des risques liés à l'information (**clause 6.1.2**) ;
4. Processus de traitement des risques liés à l'information (**clause 6.1.3**) ;
5. Objectifs de sécurité de l'information (**clause 6.2**) ;
6. Preuve de la compétence des personnes travaillant dans le domaine de la sécurité de l'information (**clause 7.2**) ;
7. Autres documents relatifs au SGSI jugés nécessaires par l'entreprise (**clause 7.5.1b**) ;
8. Documents de planification et de contrôle opérationnels (**clause 8.1**) ;
9. Les résultats des évaluations des risques (**clause 8.2**) ;
10. Les décisions concernant le traitement des risques (**clause 8.3**) ;
11. Les preuves de la surveillance et de la mesure de la sécurité de l'information (**clause 9.1**) ;
12. Le programme d'audit interne du SGSI et les résultats des vérifications qui ont été effectuées (**clause 9.2**) ;
13. Les preuves de l'examen du SGSI par la direction générale (**clause 9.3**) ;
14. Les preuves des non-conformités identifiées et des actions correctives qui en découlent (**clause 10.2**) ;
15. Divers autres documents tels que mentionné dans l'annexe A.

La norme ISO/IEC 27001 est aujourd'hui largement utilisée comme **levier marketing**, en particulier par les entreprises opérant dans des secteurs sensibles tels que la banque et les télécommunications, où l'hébergement et la protection de grandes quantités de données clients sont cruciaux. Obtenir la certification ISO 27001 permet à une organisation de démontrer à ses clients et partenaires qu'elle adhère aux meilleures pratiques internationales en matière de gestion de la sécurité de l'information. À une époque marquée par la recrudescence des violations de données, **cette certification représente un gage de**

confiance, offrant l'assurance que des mesures rigoureuses ont été mises en place pour protéger les informations sensibles.

Toutefois, il est important de nuancer cette perception : **la certification ne garantit pas une sécurité absolue**. Disposer d'une infrastructure conforme à la norme ISO 27001 ne signifie pas que le système est totalement exempt de failles ou de vulnérabilités. Il s'agit plutôt d'un cadre de gestion structuré visant à réduire les risques, sans pour autant éliminer toutes les menaces. De ce fait, la certification constitue une étape importante, mais elle ne remplace pas une vigilance continue et une amélioration permanente des dispositifs de sécurité.

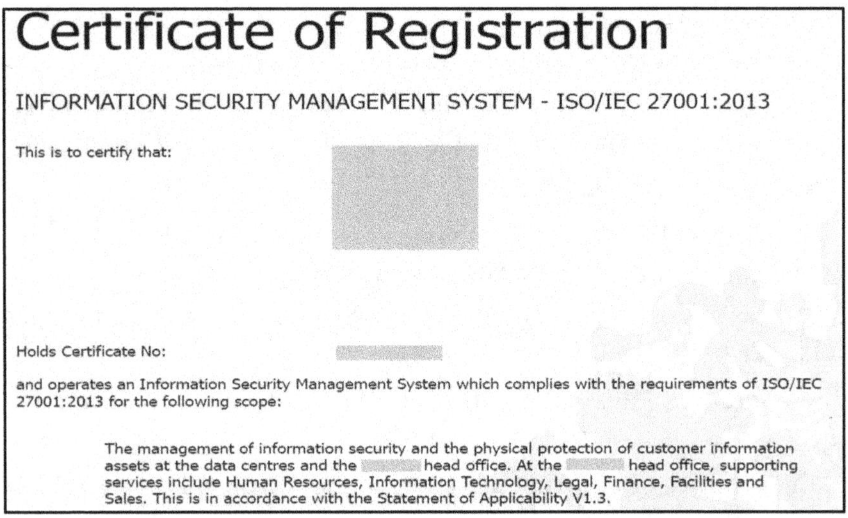
Certificate of Registration

INFORMATION SECURITY MANAGEMENT SYSTEM - ISO/IEC 27001:2013

This is to certify that: [redacted]

Holds Certificate No: [redacted]

and operates an Information Security Management System which complies with the requirements of ISO/IEC 27001:2013 for the following scope:

The management of information security and the physical protection of customer information assets at the data centres and the [redacted] head office. At the [redacted] head office, supporting services include Human Resources, Information Technology, Legal, Finance, Facilities and Sales. This is in accordance with the Statement of Applicability V1.3.

Figure 12 : Exemple de certification ISO 27001

En mars 2022, la norme **ISO 27002:2022** a été publiée, remplaçant ainsi l'ancienne version datant de 2017. Au mois **d'octobre 2022**, c'était autour d'**ISO 27001** ou la version 2022 a aussi remplacé celle de 2013 avec une réduction du nombre de mesures de sécurité qui est passé de **114** à **93**. Cette réduction n'implique pas de suppression, mais plutôt une série de fusion de plusieurs mesures.

5.5.2 Information Security Forum — ISF

ISF est une organisation indépendante à but non lucratif qui rassemble et partage l'expertise de nombreuses entreprises du monde entier en matière de cybersécurité. Fondé en 1989 à Londres en Angleterre, il compte comme membres plusieurs organisations parmi les 500 plus grandes entreprises au monde (Fortune 500).

ISF produit un document appelé **Standard of Good Practice (SOGP)**[181] ou « **Norme de Bonnes Pratiques** ». Ce document, mis à jour annuellement, est un cadre de risque et de contrôle pour la gestion de la cybersécurité. Le standard fournit une liste de contrôles qui couvrent les sujets actuels et émergents en matière de cybersécurité. La version 2020 du standard est organisée en **17 catégories touchant 34 domaines et qui comportent en tout 131 exigences** de contrôles.

Information Risk Assessment Methodology 2 (IRAM2)[182] est une méthodologie d'évaluation des risques sous-jacente au SOGP qui permet aux entreprises souhaitant adopter les recommandations de ce dernier de mieux comprendre et gérer leurs risques en matière d'information. **IRAM** comporte trois phases : l'évaluation de l'impact sur les entreprises, l'évaluation des menaces et de la vulnérabilité et la sélection des contrôles.

Le site Internet de l'ISF regorge d'autres informations utiles à l'usage de ses membres. Parmi ces outils, on peut citer l'**ISF Maturity Model Accelerator Tool**[183] qui permet à une entreprise de mesurer sa maturité dans 21 disciplines de la cybersécurité conformément à la norme de bonnes pratiques de l'ISF.

---

[181] Best practice version 2020 ISF: https://www.securityforum.org/solutions-and-insights/standard-of-good-practice-for-information-security-2020

[182] Méthodologie d'évaluation des risques avec IRAM2 : https://www.securityforum.org/tool/information-risk-assessment-methodology-iram2

[183] Outil de mesure du niveau de maturité de la cybersécurité : https://www.securityforum.org/solutions-and-insights/the-isf-maturity-model-accelerator-tool

Pour l'ISF, le cycle de gestion des risques liés à l'information d'une entreprise suit la logique de la roue de **Deming**[184] avec les quatre phases itératives suivantes :

1. **Définir** — avec le soutien du top management et en alignement avec les orientations stratégiques globales et les objectifs de sécurité de l'entreprise, il est essentiel de mettre en place une politique de gouvernance solide en matière de sécurité de l'information. Cette démarche inclut la définition claire de l'appétence au risque ainsi que l'élaboration de politiques adaptées aux enjeux spécifiques de l'organisation. Pour atteindre cet objectif, le responsable de la sécurité de l'information (RSSI) et son équipe peuvent s'appuyer sur le SOGP, qui constitue une ressource précieuse en matière de bonnes pratiques et de recommandations concrètes ;

2. **Mettre en œuvre** — l'évaluation des risques à l'aide de la méthode **IRAM2**, combinée à l'identification et à l'application de contrôles adaptés ainsi qu'à la mise en œuvre de politiques de sécurité ciblées, permet d'aligner efficacement la gestion des risques sur l'appétence au risque défini par l'entreprise.

3. **Évaluer** — les contrôles déployés doivent faire l'objet d'une évaluation régulière afin de vérifier leur conformité aux politiques internes et leur capacité à répondre aux exigences réglementaires, tout en maintenant les risques à un niveau acceptable. Pour mener ces évaluations et orienter l'amélioration continue, des outils stratégiques comme **Benchmark** peuvent être utilisés. Il s'agit d'un questionnaire structuré, dont les résultats varient en fonction des réponses fournies et permettent d'identifier les écarts.

4. **Améliorer** — une fois les faiblesses et les lacunes détectées à l'aide de l'outil Benchmark, l'équipe en charge de la sécurité peut s'appuyer sur le référentiel SOGP afin d'identifier, sélectionner et mettre en œuvre des contrôles complémentaires, dans le but de renforcer la posture globale de sécurité de l'organisation.

---

[184] Roue de Deming : https://www.piloter.org/qualite/roue-de-deming-PDCA.htm

5.5.3 System and Organizations Control—SOC

Au Canada, aux États-Unis et dans certains pays européens, une entreprise prestataire de services pour d'autres sociétés peut voir ses activités influer directement sur les rapports financiers de ses clients. Aux États-Unis, **la loi Sarbanes-Oxley de 2002** [185] impose aux entreprises cotées en bourse de mettre en place et de maintenir un système efficace de contrôle interne sur l'information financière. Cette exigence réglementaire a renforcé l'attention portée sur les risques liés à l'audit et aux contrôles financiers, incitant les entreprises à sélectionner avec prudence leurs fournisseurs. En effet, tout prestataire susceptible d'avoir un impact négatif sur leur conformité peut compromettre leur propre obligation réglementaire. Dans ce contexte, les auditeurs des clients peuvent exiger des garanties démontrant que les services fournis sont encadrés par des contrôles internes rigoureux, bien conçus et correctement mis en œuvre, voire opérationnels dans la durée. Pour apporter ce niveau d'assurance, il est courant de recourir à un audit de type **SOC (System and Organization Controls)**. C'est pourquoi de nombreuses entreprises exigent de leurs fournisseurs des rapports d'attestation conformes aux normes **SSAE 18 (Statement on Standards for Attestation Engagements no. 18)** [186] et **AT 101 (Attestation Section 101)** [187], qui évaluent l'efficacité des contrôles internes liés aux systèmes et aux processus organisationnels.

Les rapports SOC ont pour objectif de renforcer la confiance dans les services fournis par les entreprises qui exploitent des systèmes d'information pour le compte de tiers. Ils permettent de démontrer, au moyen d'une attestation délivrée par un expert-comptable indépendant,

---

[185] La loi Sarbanes-Oxley (SOX) renforce la fiabilité des informations financières des entreprises cotées en bourse en imposant des contrôles internes stricts, des audits transparents et une responsabilité accrue des dirigeants afin de prévenir les fraudes comptables. Les exigences de reporting sont indiquées sur le lien suivant : https://us.aicpa.org/advocacy/issues/section404bofsox.

[186] Explication du standard SSAE 18 de la firme Deloitte Luxembourg : https://www2.deloitte.com/content/dam/Deloitte/lu/Documents/risk/lu_en_isae3402-ssae16_04072014.pdf

[187] Description de la norme SOC 2 — AT 101 : https://socreports.com/white-papers/soc-2/at-101-and-soc-2

que les processus et les contrôles mis en place par le prestataire sont fiables et conformes aux exigences attendues. Ces rapports sont particulièrement pertinents pour les fournisseurs de services informatiques critiques, tels que les hébergeurs Cloud (**Amazon Web Services**[188], **Google Cloud**[189], **Microsoft Azure**[190]) ou les prestataires de services de paie externalisés, qui figurent parmi les premiers concernés par les exigences de conformité SOC.

Les rapports SOC sont encadrés par l'organisme **AICPA** (*American Institute of Certified Public Accountants*) [191] et se déclinent principalement en quatre types : **SOC 1**, **SOC 2**, **SOC 3**, et **SOC for Cybersecurity**, chacun répondant à des objectifs spécifiques et comportant plusieurs variantes.

SOC 1, dont le nom officiel est **SSAE 18** (*Statement on Standards for Attestation Engagements No. 18*), qui a remplacé le SSAE 16 en mai 2017, porte sur les contrôles liés aux rapports financiers des clients. **SOC 2**, basé sur la norme **AT Section 101**, évalue les contrôles en lien avec la sécurité, la disponibilité, l'intégrité des traitements, la confidentialité et la protection des données personnelles. Chaque type de rapport permet ainsi aux entreprises clientes de mieux évaluer les risques liés à l'externalisation de certains services critiques.

Les rapports SOC 1 portent sur « *les contrôles internes d'une entreprise en matière de rapports financiers, de l'application de contrôles et des limites* ». Par sa définition même, telle que prescrite par la norme SSAE 18, « *le rapport SOC 1 est l'audit des contrôles comptables et financiers d'un fournisseur tiers. Il s'agit d'une mesure de la qualité de la tenue de ses livres de comptes* ». Il y a deux variantes de rapports SOC 1 : **SOC 1 Type I** et **SOC 1 Type II**. Le rapport de **Type I** évalue la conception et la mise en œuvre des contrôles à un instant précis, c'est-à-dire à une date donnée. En revanche, le rapport de **Type II** est plus

---

[188] Certification SOC de Amazon : https://aws.amazon.com/fr/compliance/soc-faqs

[189] Reporting SOC Google Cloud: https://cloud.google.com/security/compliance/soc-2?hl=fr

[190] Conformité SOC de Microsoft Azure : https://learn.microsoft.com/en-us/azure/compliance/offerings/offering-soc-2

[191] Site Internet de l'AICPA : https://www.aicpa.org/about/landing/about

approfondi, car il examine non seulement la conception des contrôles, mais aussi leur efficacité opérationnelle sur une période déterminée, généralement de **six à douze mois**. En raison de cette évaluation sur la durée, les types II sont considérés comme plus fiables et représentatifs du niveau réel de contrôle exercé par l'organisation.

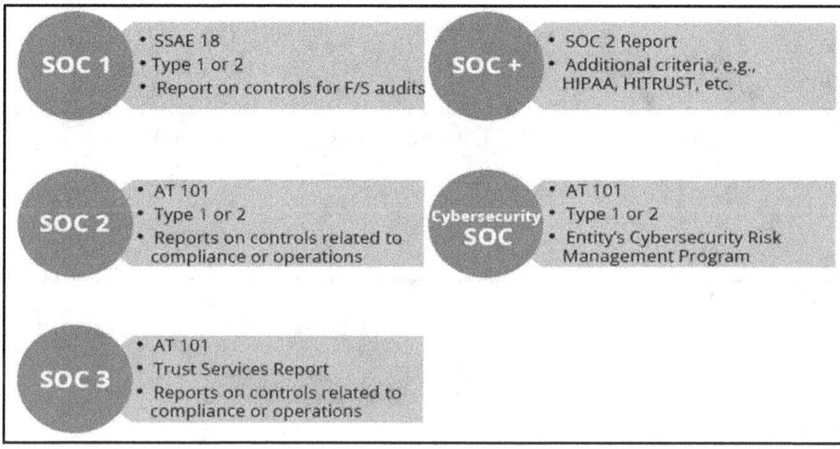

Figure 13 : Les différents standards associés aux rapports SOC

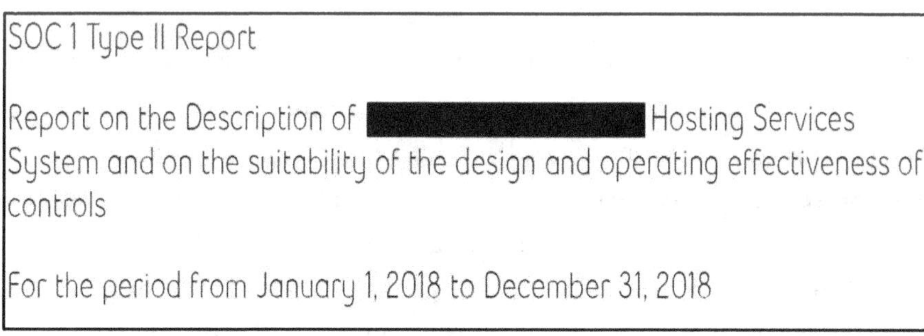
SOC 1 Type II Report

Report on the Description of [redacted] Hosting Services System and on the suitability of the design and operating effectiveness of controls

For the period from January 1, 2018 to December 31, 2018

Figure 14 : Page de garde d'un rapport SOC 1 Type II

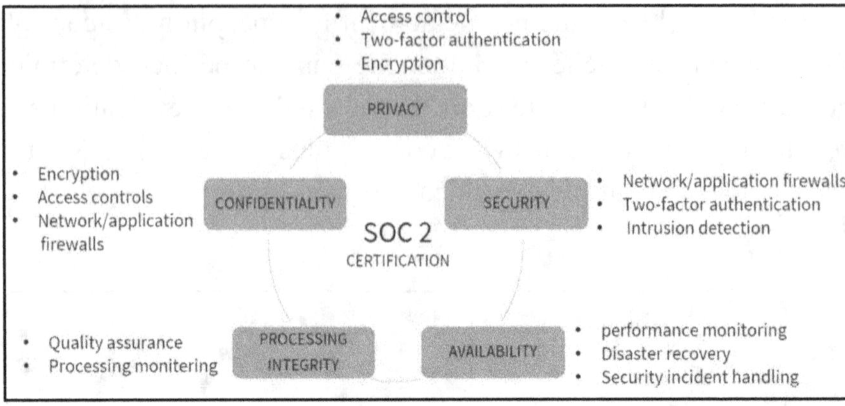

Figure 15 : SOC 2 Trusted Service Criterias (TSC)

SOC 2 Type II Report

Report on the Description of [redacted] Services Relevant to Security and Availability

For the period from January 1, 2018 to December 31, 2018

Figure 16 : Page de garde d'un rapport SOC 2 Type II

Le rapport **SOC 2** est un audit indépendant qui fournit une assurance sur l'efficacité des contrôles et des processus d'une entreprise de services en matière de **sécurité**, de **disponibilité**, d'**intégrité du traitement**, de **confidentialité** et de **protection de la vie privée**. Il est largement utilisé par les prestataires de services numériques, notamment les fournisseurs de solutions cloud, SaaS ou IT, pour démontrer à leurs clients et partenaires leur engagement en matière de sécurité, de conformité et de gestion responsable des données.

Établi selon les critères des **services fiduciaires** (*Trusted Services Criteria*) définis par l'organisme **AICPA** (*American Institute of Certified Public Accountants*), le rapport SOC 2 évalue les contrôles internes en lien avec les systèmes d'information et la gestion des données. Il est produit par un **cabinet d'audit tiers indépendant**, qui analyse la conception et, selon le type de rapport, l'efficacité opérationnelle des contrôles mis en place.

Les entreprises partagent fréquemment leurs rapports SOC 2 avec leurs clients ou partenaires dans le cadre d'évaluations de sécurité, de *due diligence* ou de procédures de conformité. Cela permet de renforcer la confiance, de simplifier l'évaluation des risques liés aux fournisseurs et de démontrer la conformité aux normes du secteur. Le SOC 2 est particulièrement pertinent lorsqu'une organisation souhaite mesurer et encadrer la qualité des services informatiques fournis par un tiers, notamment en ce qui concerne la protection des données sensibles. Comme pour le SOC 1, le SOC 2 se décline en deux versions :

1. **SOC 2 Type I** évalue la conception des contrôles à un instant donné ;
2. **SOC 2 Type II**, plus détaillé, mesure l'efficacité des mesures sur une période prolongée, généralement de plusieurs mois. Il est souvent privilégié pour son niveau d'assurance plus élevé.

Le rapport **SOC 3** ne constitue pas une version améliorée ou étendue du **SOC 2**, bien qu'il partage certains fondements avec ce dernier. Il s'agit en réalité d'un **résumé public** du **rapport SOC 2 Type II**, conçu pour un usage plus large et accessible. Contrairement aux rapports SOC 2, qu'ils soient de type I ou II, le SOC 3 ne contient **ni détails techniques** ni descriptions détaillées des contrôles et des tests effectués. Il vise à offrir une **vue d'ensemble simplifiée** et compréhensible par un public non technique, tout en attestant qu'un organisme a bien satisfait aux critères de sécurité et de conformité définis dans le cadre d'un audit SOC 2 Type II. Ce format est particulièrement adapté à une communication externe. Il peut être librement diffusé, publié sur le site Web de l'organisation, ou partagé avec les clients et partenaires sans restriction de confidentialité.

En somme, la principale différence entre un **rapport SOC 2** et un **rapport SOC 3** réside dans leur **niveau de détail** et leur **public cible** : le SOC 2 est destiné à un public professionnel ou technique avec des exigences spécifiques en matière de conformité, tandis que le SOC 3 s'adresse à un public plus large, cherchant une preuve de conformité sans accéder à des informations sensibles.

Face à la multiplication des cyberattaques très médiatisées, l'organisme **AICPA** a mis en place le cadre **SOC for Cybersecurity Reporting Framework**[192]. Il permet aux entreprises de communiquer de manière transparente sur leurs efforts en matière de gestion des risques cyber et d'informer leurs parties prenantes sur les systèmes, processus et contrôles déployés pour détecter, prévenir et réagir face aux incidents de sécurité. Un rapport **SOC for Cybersecurity** offre une assurance objective attestant que les dispositifs appropriés sont en place pour gérer efficacement les risques liés aux cyberattaques. Il permet aux parties prenantes de prendre des décisions basées sur une évaluation indépendante et rigoureuse.

L'AICPA a identifié trois types distincts de rapports **SOC for Cybersecurity** afin de répondre aux besoins variés des organisations :

1. **Entité** — ce rapport assure une visibilité sur les éléments clés du programme global de gestion des risques cyber de l'organisation ;

2. **Fournisseur de services** — en plus des informations relatives à l'entité, il fournit des détails spécifiques destinés à répondre aux exigences des gestionnaires de risques chez les clients-utilisateurs des services ;

3. **Chaîne d'approvisionnement** — au-delà des informations sur l'entité, il propose des données suffisamment détaillées pour aider les utilisateurs à gérer les risques liés à leur chaîne d'approvisionnement.

Ces rapports sont modulables selon les besoins propres à chaque organisation et à ses parties prenantes. Ils apportent des éclairages précieux sur les politiques, pratiques et stratégies de gestion des risques cyber, éléments essentiels pour instaurer et renforcer la confiance des clients, partenaires, investisseurs et autorités de régulation.

---

[192] Description du cadre SOC for Cybersecurity : https://www.aicpa.org/topic/audit-assurance/audit-and-assurance-greater-than-soc-for-cybersecurity

Le rapport SOC for Cybersecurity n'est pas une certification, mais bien une évaluation indépendante du programme de gestion des risques cyber de l'entreprise, ainsi que de sa conformité aux normes et bonnes pratiques reconnues dans l'industrie. En ce sens, c'est un outil stratégique pour démontrer la maturité et la rigueur de la posture de cybersécurité d'une organisation.

5.5.4 Center for Internet Security—Critical Security Controls

Le **Center for Internet Security—Critical Security Controls (CIS-CSC)** [193] ne constitue pas une norme contraignante comme celles précédemment évoquées. Il s'agit plutôt d'une liste éprouvée de meilleures pratiques visant à réduire efficacement les risques de sécurité des systèmes d'information en entreprise. Aujourd'hui connue sous le nom de « **SANS Top 20 Critical Security Controls** » avec une **liste de 20 contrôles**, cette référence s'est depuis affinée pour compter aujourd'hui **18 contrôles classés par ordre de priorité**, reflétant les menaces les plus actives et pertinentes du moment.

Selon l'organisation **Center for Internet Security (CIS)** [194], responsable de l'élaboration et de l'actualisation, ces contrôles sont le fruit d'une collaboration entre experts issus de l'ensemble de l'écosystème IT : entreprises, gouvernements, chercheurs en cybersécurité, fournisseurs d'outils, auditeurs, et couvrant divers secteurs tels que l'énergie, la défense, la finance, les transports, l'enseignement, le conseil et les technologies de l'information (Center for Internet Security, 2021).

La version la plus récente, la **v8**, publiée en mai 2021, organise désormais les contrôles selon les activités à sécuriser et les styles d'attaque. Cette nouvelle mouture a réduit le nombre de contrôles de 20 à 18 pour mieux s'adapter aux environnements modernes, notamment cloud, hybrides et centrés sur les activités métiers. Ces 18 contrôles sont

---

[193] Liste de contrôles CSC (Critical Security Controls) : https://www.cisecurity.org/controls/cis-controls-list

[194] Le CIS (Center for Internet Security) : https://www.cisecurity.org

eux-mêmes subdivisés en 153 sous-contrôles, dont la mise en œuvre est guidée par les **Groupes de Mise en Œuvre (Implementation Groups—IG)**. Ces groupes hiérarchisent et priorisent l'application des mesures de sécurité critiques selon la taille, les ressources et le profil de risque des entreprises :

1. **IG1** constitue le niveau de base, représentant le minimum indispensable en matière de cyberhygiène. Ce groupe rassemble 56 mesures essentielles permettant de se protéger contre les attaques courantes. Il est particulièrement adapté aux petites et moyennes entreprises disposant de ressources limitées et cherchant à assurer une sécurité adéquate.

2. **IG2** s'adresse aux organisations plus complexes, souvent composées de plusieurs départements aux profils de risque divers. S'appuyant sur IG1, il ajoute 74 mesures supplémentaires destinées à renforcer la sécurité dans des environnements opérationnels plus sophistiqués. La mise en œuvre d'IG2 nécessite une expertise technique avancée.

3. **IG3** complète IG1 et IG2 en ajoutant 23 mesures additionnelles. Il cible les grandes entreprises matures, manipulant des données hautement sensibles, souvent soumises à des exigences réglementaires strictes. Ces organisations disposent d'équipes spécialisées en cybersécurité, capables de gérer des risques complexes via des activités comme les tests d'intrusion ou la gestion approfondie des vulnérabilités.

Pour illustrer, le **contrôle 12 — Gestion de l'infrastructure réseau** comprend **huit sous-contrôles** (*Safeguards*). Parmi eux, un seul fait partie du groupe IG1, six autres s'ajoutent dans IG2 pour former un total de sept, et enfin, IG3 complète ce dispositif avec un dernier sous-contrôle, portant le total à huit mesures pour ce contrôle précis.

5.5.5 CSA STAR

Le **Cloud Security Alliance Security, Trust & Assurance Registry Program (CSA STAR)**[195] est un cadre de cybersécurité destiné à faciliter l'évaluation rigoureuse des fournisseurs de services cloud par leurs clients. Conçu par la **Cloud Security Alliance (CSA)**, organisme de référence en sécurité du *Cloud*, ce programme promeut l'adoption de contrôles robustes et homogènes dans les environnements infonuagiques.

Le cadre CSA STAR s'appuie sur trois niveaux d'évaluation distincts :

1. **Niveau 1 — auto-évaluation** : Les fournisseurs documentent leurs contrôles de sécurité via un questionnaire structuré basé sur le référentiel **CSA Cloud Controls Matrix (CCM)**. Cette étape permet aux évaluateurs de valider la mise en œuvre des contrôles selon une approche déclarative ;
2. **Niveau 2 — audit tiers** : Ce niveau requiert un audit indépendant réalisé par un organisme accrédité. Les audits SOC 2, menés selon les critères AT 101 de l'**AICPA**, sont utilisés comme méthode d'évaluation. Ils combinent les principes de services de confiance (*Trust Services Criteria*) avec la matrice CCM, assurant une évaluation complète des contrôles techniques et organisationnels du fournisseur cloud ;
3. **Niveau 3 — Surveillance continue** : Ce niveau vise à automatiser la collecte et la publication des indicateurs de sécurité. Les fournisseurs cloud intègrent des flux de données conformes aux spécifications CSA, permettant un suivi en temps réel de l'efficacité des contrôles et une transparence accrue pour les clients.

Ce dispositif modulaire propose un cadre standardisé et structuré permettant d'évaluer et de certifier la sécurité des services cloud. Il favorise ainsi une gestion proactive des risques tout en assurant une conformité renforcée aux exigences réglementaires et contractuelles,

[195] Information sur les contrôles des solutions Cloud par *Cloud Security Alliance* : https://cloudsecurityalliance.org

offrant aux organisations une base fiable pour sécuriser leurs environnements numériques.

5.6 Correspondance entre cadres de cybersécurité

Les entreprises doivent aujourd'hui répondre aux attentes de parties prenantes variées (collaborateurs, clients, partenaires ou régulateurs) qui expriment des exigences de plus en plus spécifiques en matière de cybersécurité. Ces attentes diffèrent souvent selon les contextes géographiques, sectoriels ou réglementaires. Par exemple, une entreprise opérant principalement en Europe ou en Afrique peut choisir de s'appuyer sur la norme internationale **ISO/IEC 27001** pour structurer sa politique de sécurité de l'information. Ce cadre est largement reconnu et offre une approche systématique pour identifier, évaluer et traiter les risques de cybersécurité liés aux systèmes d'information.

Cependant, si cette même entreprise étend ses activités en Amérique du Nord, notamment aux États-Unis ou au Canada, elle pourra être confrontée à des exigences différentes. Des clients dans les secteurs technologiques, financiers ou de la santé peuvent exiger un alignement sur des référentiels tels que **SOC 2 (axé sur la confidentialité, la disponibilité et l'intégrité des données)**, ou le **NIST SP 800-53 (utilisé notamment dans les marchés publics et les industries réglementées)**. Par exemple, un fournisseur SaaS européen souhaitant intégrer une *marketplace* nord-américaine ou travailler avec une entité fédérale devra démontrer une conformité à ces standards locaux.

Toutefois, adopter un nouveau cadre ne signifie pas repartir de zéro. Il est possible de valoriser les efforts déjà réalisés et de s'appuyer sur les pratiques existantes pour construire des ponts entre les référentiels. Des outils d'aide à la transition existent, notamment la **Cloud Controls**

Matrix (CCM)[196] développée par la **CSA** (*Cloud Security Alliance*)[197]. Cette matrice établit des correspondances entre les exigences de nombreux standards internationaux, tels que **ISO 27001/27002, SOC 1/2, PCI DSS, NIST, COBIT, FedRAMP** ou encore **CIS Controls**. Par exemple, un contrôle relatif à la gestion des accès ou à la journalisation des événements peut être formulé différemment selon les cadres, mais il répond souvent au même objectif de sécurité : garantir la traçabilité des actions et limiter les risques d'accès non autorisés.

Ainsi, s'aligner sur un cadre de cybersécurité ne se limite pas à une démarche de conformité réglementaire. C'est une approche structurante qui permet d'intégrer des principes, des contrôles et des bonnes pratiques dans les processus opérationnels, afin de renforcer la posture globale de sécurité. Elle favorise une gestion cohérente et continue des risques, améliore la maturité des pratiques internes, et envoie un signal fort d'engagement aux partenaires, aux clients et aux autorités.

À terme, cette harmonisation entre les référentiels permet aussi une plus grande agilité pour l'entreprise, qui peut évoluer sur différents marchés tout en maintenant un socle de cybersécurité solide et cohérent.

---

[196] Matrice de la sécurité du Cloud : https://cloudsecurityalliance.org/research/working-groups/cloud-controls-matrix

[197] La Cloud Security Alliance (CSA) est une organisation à but non lucratif qui rassemble experts, entreprises et institutions pour promouvoir les bonnes pratiques de sécurité dans le cloud et développer des cadres de référence, comme la Cloud Controls Matrix (CCM), afin de sécuriser les environnements cloud de manière standardisée et fiable.

CHAPITRE 6

ÉVALUATION ET GESTION DES RISQUES DE SÉCURITÉ

Le chapitre 6 examine en détail les principaux cadres de gestion des risques en cybersécurité. Il expose une méthodologie rigoureuse permettant aux entreprises d'identifier, d'évaluer et de gérer efficacement les risques auxquels elles peuvent être confrontées dans un environnement numérique en constante évolution.

6.1 Importance de l'évaluation des risques

Les risques sont omniprésents dans tous les secteurs d'activité, et les professionnels de la cybersécurité sont bien conscients que les systèmes d'information constituent une cible privilégiée. Cependant, cette réalité n'est pas toujours perçue de manière équivalente par l'ensemble des parties prenantes de l'entreprise, notamment par les dirigeants, qui peuvent sous-estimer les implications stratégiques des enjeux cyber.

L'évaluation des risques constitue un processus dynamique et itératif, visant à identifier, caractériser et hiérarchiser les menaces pesant sur les actifs informationnels. Elle repose sur l'analyse croisée de deux variables clés : **la probabilité d'occurrence** d'un incident et **l'impact potentiel** sur la continuité des opérations ou la conformité réglementaire. Cette démarche permet de détecter les scénarios de risque critiques et de définir les priorités de traitement.

La gestion des risques de sécurité est une composante essentielle de la gouvernance des systèmes d'information. Elle vise à mettre en œuvre des mesures préventives, correctives ou compensatoires afin de réduire les niveaux de risque à un seuil acceptable pour l'organisation. Cette gestion ne se limite pas à la sphère technique : elle s'inscrit dans une approche globale de maîtrise des risques, incluant les dimensions financières, opérationnelles, juridiques et environnementales. Son absence expose l'entreprise à des vulnérabilités majeures, susceptibles de compromettre sa résilience et sa capacité à faire face à des événements imprévus.

Pour qu'un dispositif de gestion des risques soit pleinement opérationnel, il est indispensable d'établir un référentiel commun, un langage partagé. Cela garantit une compréhension alignée entre les équipes techniques, les fonctions métiers et les instances de gouvernance.

Le processus d'analyse et de gestion des risques, qui sera détaillé dans les sections suivantes, comprend les étapes ci-dessous :

1. **Identification des risques** — recensement des menaces, des vulnérabilités et des scénarios possibles d'attaque ;
2. **Analyse des risques** — évaluation de la vraisemblance et des impacts potentiels ;
3. **Évaluation et hiérarchisation** — classification des risques selon leur criticité ;
4. **Traitement des risques** — définition et mise en œuvre de mesures de mitigation, de transfert, d'acceptation ou d'élimination ;
5. **Communication et documentation** — partage de l'information sur les risques et les mesures prises avec les parties prenantes concernées.

Avant d'entamer le processus itératif d'analyse et de gestion des risques, deux prérequis essentiels doivent être établis. Le premier consiste à **délimiter précisément le périmètre d'analyse** et à définir le **seuil de tolérance au risque** propre à l'entreprise. Par exemple, une banque pourra inclure ses systèmes de paiement en ligne, ses bases de données clients et ses applications de trading dans ce périmètre, tout en fixant un seuil très bas pour les interruptions de service ou les pertes de données. Le second implique la **classification des actifs informationnels**, qui vise à identifier clairement les ressources critiques, leur attribuer une valeur métier et orienter les efforts de protection. Cette classification peut reposer sur des catégories telles que *confidentiel*, *sensible* ou *public*. Par exemple, les informations financières internes ou les secrets industriels seront classés comme critiques, nécessitant des mesures de sécurité renforcées telles que le chiffrement ou un contrôle d'accès strict.

6.1.1 Portée et seuil de tolérance aux risques

La **définition de la portée** constitue une étape clé dans la mise en place d'un cadre efficace de gestion des risques. Elle permet de délimiter précisément les objectifs, les actifs concernés, les processus métier impliqués, ainsi que les rôles et responsabilités des parties prenantes. Définir la portée revient à tracer les frontières du périmètre d'analyse : couvre-t-on l'ensemble de l'entreprise ou une entité spécifique, telle qu'une direction métier, un département technique, une filiale, ou un site géographique (national ou international) ?

Cette démarche est essentielle pour assurer la cohérence du processus de gestion des risques et aligner les efforts avec les priorités stratégiques de l'entreprise. C'est à la **direction** qu'il revient de fixer cette portée, en tenant compte des enjeux sectoriels, du contexte réglementaire, de la maturité organisationnelle, ainsi que des menaces spécifiques à son environnement opérationnel.

En parallèle, la direction doit également définir le **seuil de tolérance au risque**[198]. Ce seuil représente le niveau de risque que l'entreprise est prête à accepter sans que cela **affecte de manière critique ses opérations, sa réputation ou sa conformité**. À l'image de la tolérance à la douleur chez un individu, qui varie d'une personne à l'autre, la tolérance au risque varie d'une entreprise à l'autre. Certaines organisations peuvent absorber un haut niveau d'incertitude ou de volatilité, tandis que d'autres nécessitent une posture de sécurité beaucoup plus rigide.

---

[198] Le glossaire du NIST définit la tolérance au risque comme la disposition à accepter un risque après traitement, et rappelle que cette tolérance peut être influencée par des impératifs réglementaires : https://csrc.nist.gov/glossary/term/risk_tolerance

La tolérance au risque n'est pas **une notion statique**, mais un paramètre dynamique qui se transforme au gré des évolutions organisationnelles, stratégiques, réglementaires et opérationnelles. Elle se nourrit notamment des leçons tirées des incidents antérieurs, de la maturité du dispositif de gestion des risques et de la capacité d'adaptation de l'entreprise. Sa formalisation explicite revêt une importance majeure. Elle permet non seulement de structurer et de justifier les décisions relatives au traitement des risques, qu'il s'agisse de leur **acceptation**, de leur **atténuation**, de leur **transfert** ou de leur **élimination**, mais aussi d'offrir un cadre de gouvernance clair. Ce cadre favorise une meilleure allocation des ressources, une priorisation cohérente des actions et une rationalisation des investissements en cybersécurité.

6.1.2 Politique de classification des actifs informationnels

La mise en place d'une politique de classification des actifs est essentielle pour mieux appréhender les exigences de sécurité liées au traitement des différentes catégories d'informations identifiées. Cette politique définit les niveaux de sensibilité des informations utilisées au sein de l'entreprise et établit le processus d'attribution des actifs à un niveau de sécurité spécifique.

De cette politique découle un processus de classification[199] qui permet à d'évaluer l'ensemble des données que détient l'entreprise, quel que soit leur format, et de déterminer le niveau de protection adéquat à leur appliquer. Ce processus consiste à **catégoriser et à étiqueter** les informations selon leur sensibilité, leur valeur et les exigences de sécurité associées. Il permet ainsi à l'entreprise de mieux gérer ses données et d'assurer que des mesures de sécurité appropriées sont appliquées à chaque type d'information.

[199] La publication spéciale *NIST SP 800-60 Vol. 1 Rev. 1*, intitulée « *Guide for Mapping Types of Information and Information Systems to Security Categories* », est un document publié par le National Institute of Standards and Technology (NIST) aux États-Unis. Cette publication fournit des conseils sur la catégorisation des informations et des systèmes d'information en fonction de leurs exigences de sécurité.

La classification repose principalement sur le principe de confidentialité, c'est-à-dire en fonction des droits d'accès aux informations. Dans le secteur privé, le système de classification le plus courant comprend quatre niveaux :

1. **Confidentiel** — l'accès à l'information est réservé aux cadres supérieurs ;
2. **Restreint** — l'information est accessible à la majorité des employés ;
3. **Interne** — l'information peut être consultée par l'ensemble du personnel ;
4. **Public** — l'information est librement accessible, sans aucune restriction.

Ce système diffère de celui utilisé par les organismes gouvernementaux ou les forces armées, où les niveaux de classification sont établis en fonction des dommages potentiels qu'une divulgation non autorisée pourrait causer à la sécurité nationale. Par exemple, le gouvernement canadien utilise le système suivant[200] :

1. **Top secret**—une divulgation non autorisée d'une information pourrait causer un préjudice exceptionnellement grave à l'intérêt national ;
2. **Secret** — une divulgation non autorisée pourrait entraîner un préjudice grave ;
3. **Confidentiel** — une divulgation non autorisée pourrait nuire à l'intérêt national ;
4. **Non classifié** — l'information ne présente pas de risque et peut être rendue publique.

Il faut noter que le niveau « **Non classifié** » ne fait pas officiellement partie du système de classification. Il désigne les informations ne nécessitant aucune mesure de protection particulière.

La mise en œuvre d'un système de classification vise plusieurs objectifs :

---

[200] Niveaux de classification en vigueur dans les organismes gouvernementaux au Canada : https://www.tpsgc-pwgsc.gc.ca/esc-src/protection-safeguarding/niveaux-levels-eng.html

1. **Protection des données** — adapter les mesures de sécurité au degré de sensibilité des informations pour prévenir les accès non autorisés et les fuites de données ;
2. **Contrôle des accès** — limiter l'accès aux données selon leur niveau de classification, afin que seules les personnes autorisées puissent y accéder ou les manipuler ;
3. **Gestion des risques** — identifier et atténuer les risques liés aux différents types d'informations, en conformité avec les réglementations telles que les données personnelles ;
4. **Encadrement des procédures de traitement** — définir des règles spécifiques pour le stockage, le partage, la manipulation et la destruction des données selon leur niveau de classification ;
5. **Réponse aux incidents** — permettre une hiérarchisation efficace des actions en cas d'incident de sécurité, en fonction de la criticité des données concernées ;
6. **Conformité réglementaire** — assurer le respect des obligations légales et réglementaires propres à certains secteurs ou juridictions.

Dans une entreprise, les responsables métier ont généralement la charge de la classification des informations et des systèmes critiques pour leur activité. Toutefois, il incombe au **responsable de la sécurité de les accompagner dans cette tâche** en s'assurant qu'un système de classification est en place, que les critères sont bien compris et correctement appliqués.

Lorsqu'elle est rigoureusement appliquée, la politique de classification permet à l'entreprise de concentrer ses ressources sur la protection de ses actifs les plus sensibles, assurant une meilleure résilience.

6.2 Évaluation et gestion des risques

6.2.1 Vulnérabilités, menaces et risques

Dans un contexte de cybersécurité, la gestion des risques consiste à évaluer les menaces qui pèsent sur les actifs numériques de son entreprise (réseaux, systèmes, données, utilisateurs) et à mettre en œuvre des mesures adaptées pour réduire leur probabilité d'exploitation ou leur impact. Elle peut reposer sur une norme telle que **ISO/IEC 27005**, qui complète le cadre général de l'**ISO 31000** en l'adaptant aux spécificités des systèmes d'information.

L'objectif est double : d'une part, **assurer la continuité des opérations** en cas d'incident, et d'autre part, **garantir la confidentialité, l'intégrité et la disponibilité des données**, piliers de la sécurité de l'information. Elle permet également de démontrer la conformité aux réglementations en vigueur, ou encore les normes sectorielles.

Le risque de cybersécurité fait référence à la possibilité d'événements ou de **conséquences néfastes** découlant des menaces et des vulnérabilités de l'environnement numérique d'une entreprise. Il englobe la possibilité de cyberattaques, de violations de données, d'accès non autorisés et d'autres activités malveillantes susceptibles de compromettre la confidentialité, l'intégrité et la disponibilité des actifs, systèmes et données numériques.

Un **risque** se construit à partir de plusieurs composantes étroitement liées. Tout d'abord, il existe une **vulnérabilité**, c'est-à-dire une faiblesse interne d'un système, d'un processus ou d'une organisation, qui crée une ouverture potentielle. Cette fragilité peut être ciblée ou mise en évidence par une **menace**, qu'elle provienne d'acteurs malveillants, de défaillances techniques, d'erreurs humaines ou encore de facteurs environnementaux.

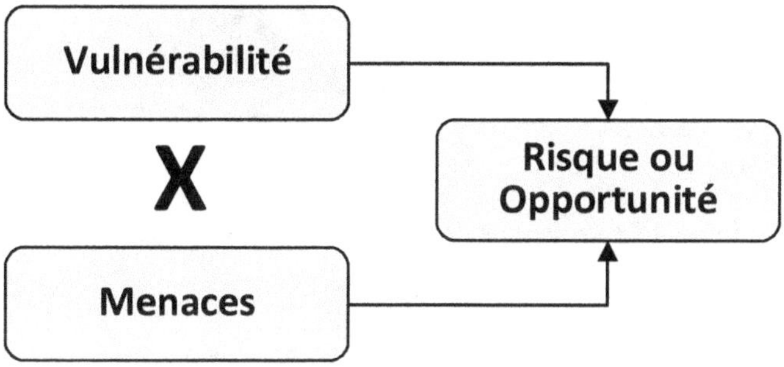

Figure 17 : Vulnérabilité, menaces, risque et opportunité

Le risque prend forme lorsqu'on évalue la **probabilité** que cette menace exploite effectivement la vulnérabilité, ainsi que l'**impact** que cela pourrait générer en matière de pertes financières, d'atteinte à la réputation, de rupture d'activité ou de dommages humains.

Toutefois, il faut retenir que tout risque ne doit pas être perçu uniquement comme une menace pour l'entreprise. Bien géré, il peut devenir une **opportunité**, en stimulant l'innovation, en renforçant la résilience ou en permettant de se différencier de la concurrence.

6.2.2 Processus générique d'analyse et de gestion des risques

La gestion des risques est un processus itératif[201] qui vise à identifier, évaluer, hiérarchiser et atténuer les menaces pouvant affecter les objectifs et les activités d'une entreprise. Elle permet de limiter les impacts négatifs potentiels en adoptant une approche structurée et proactive, favorisant des décisions éclairées qui équilibrent les opportunités et les risques.

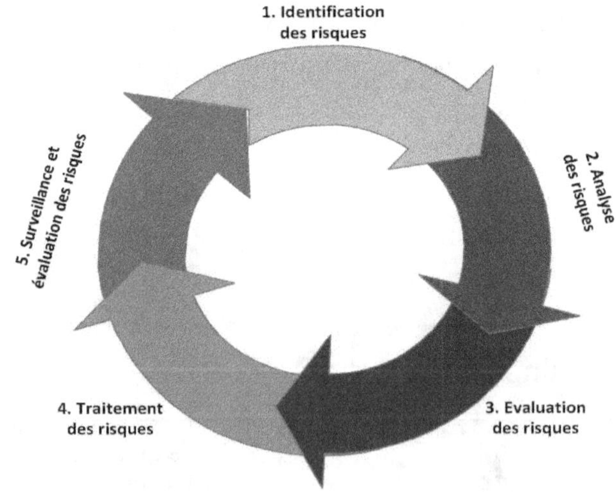

Figure 18 : Processus d'analyse et de gestion des risques

---

[201] Processus d'évaluation des risques sur le site de UNDP :
https://info.undp.org/sites/ERM/SitePages/Step%202%20-%20Risk%20Assessment.aspx

Une gestion efficace des risques repose sur plusieurs étapes clés :

1. **Identification des risques** — cette étape consiste à recenser et documenter les risques susceptibles d'impacter les projets, les processus ou les opérations de l'entreprise. Ces risques peuvent avoir des origines internes (par exemple : défaillances techniques, erreurs humaines, manque de ressources) ou externes (comme des évolutions réglementaires, des crises économiques ou des catastrophes naturelles) ;
2. **Analyse des risques** — une fois les risques identifiés, il faut analyser leurs caractéristiques : leurs causes possibles, leurs conséquences potentielles, et les scénarios dans lesquels ils pourraient survenir. Cette analyse approfondie aide à mieux comprendre les enjeux liés à chaque risque et à orienter les décisions à prendre ;
3. **Évaluation des risques** — les risques sont ensuite évalués selon des critères préétablis, tels que la tolérance au risque de l'entreprise, les exigences légales ou les impacts financiers attendus. Cette phase permet de classer les risques par ordre de priorité, en fonction de leur probabilité d'occurrence et de leur gravité.
4. **Traitement des risques** — Il s'agit ici de définir et de mettre en œuvre les mesures appropriées pour gérer les risques. Plusieurs stratégies peuvent être adoptées :
    - *Éviter* le risque en supprimant la source ;
    - *Réduire* sa probabilité ou son impact en appliquant des contrôles ;
    - *Transférer* le risque à une tierce partie, par exemple via une assurance ;
    - *Accepter* le risque lorsqu'il est jugé tolérable ou difficile à éliminer.
5. **Surveillance, réévaluation et communication** — une fois les mesures mises en place, il est essentiel de suivre leur efficacité, de détecter l'apparition de nouveaux risques et d'adapter les réponses

si nécessaire. Ce processus de suivi doit être régulier et intégré à la gestion globale de l'entreprise. Par ailleurs, les parties prenantes (direction, employés, investisseurs, autorités réglementaires, etc.) doivent être tenues informées de l'exposition aux risques et des actions entreprises pour les maîtriser.

Insurance Coverage Requirements

Throughout the term of this Agreement, Supplier shall procure and maintain the following minimum insurance coverage:

1. ...
2. Privacy & Security (Cyber) Liability with a $5,000,000/ $5,000,000 Limit per occurrence and in the aggregate to include third party coverage.

Figure 19 : Exemple de transfert de risque avec clause d'une police d'assurance

6.2.3 Gestion des risques dans un programme de cybersécurité

Dans une stratégie de cybersécurité, le processus de gestion des risques suit une logique similaire à celle de la gestion des risques traditionnels, mais avec des exigences techniques et opérationnelles spécifiques.

Il y a d'abord l'identification des actifs, qui est une étape fondamentale permettant de délimiter le périmètre d'analyse. Ensuite, on passe à l'étape d'**identification des menaces** et des **scénarios d'attaque**. Cela implique une veille continue sur les vulnérabilités connues (CVE), l'analyse des tendances d'attaques (*phishing, ransomware, APT*) et l'exploitation des flux de renseignements sur les menaces (*Threat Intelligence*). Par exemple, l'apparition d'une vulnérabilité critique sur un logiciel utilisé dans l'entreprise peut constituer un risque immédiat.

Chaque actif est ensuite associé à des menaces telles que les malwares, les attaques par déni de service distribué (DDoS), les failles *Zero-day* ou les erreurs humaines. Par exemple, dans une entreprise de télécommunications, un **risque prioritaire** peut être la compromission d'un **système de gestion des abonnés**. L'analyse qualitative du risque portera sur l'impact potentiel (perte de confiance client, sanctions réglementaires, interruption de service), tandis qu'une analyse quantitative cherchera à estimer le coût moyen d'une interruption ou d'une fuite de données.

L'identification des vulnérabilités exploitables (ports ouverts, absence de correctifs, mauvaise configuration des pares-feux, droits excessifs, etc.) permet de compléter cette analyse et de dresser une cartographie des risques cyber. Des outils comme le **NIST Cybersecurity Framework**, **MITRE ATT&CK** ou **FAIR (Factor Analysis of Information Risk)** peuvent être utilisés pour structurer cette démarche.

SYSTEME			
Evènement	Probabilité d'occurrence	Impact	Niveau de risque
1. Perte de confidentialité			
2. Perte d'intégrité			
3. Perte de disponibilité			
		Risque global:	

Tableau 13 : Identification des risques de confidentialité, d'intégrité et de disponibilité des systèmes

Ensuite vient **l'évaluation de la gravité du risque**, qui repose sur deux facteurs : la **probabilité d'occurrence**, influencée par l'exposition de l'actif et **l'impact**, qui dépend de la valeur de l'actif et de l'effet potentiel sur les activités. Une fuite de données personnelles peut entraîner des conséquences juridiques et financières importantes, mais également nuire à la réputation de l'entreprise.

Les mesures de traitement des risques cyber s'intègrent dans une stratégie de défense en profondeur. Elles incluent :

- **Des mesures techniques préventives**, telles que la segmentation réseau, le chiffrement, les mises à jour régulières, la gestion des accès et des privilèges ;

- **Des mesures détectives**, comme les systèmes de détection d'intrusion (IDS/IPS), l'analyse temps réel des logs centralisés (SIEM), ou l'analyse comportementale ;
- **Des mesures correctives et réactives**, incluant les plans de réponse aux incidents, les sauvegardes régulières, et les procédures de continuité des activités et de reprise après un sinistre.

Par exemple, face au risque de ransomware, une entreprise peut réduire l'exposition en bloquant les macros-Office, améliorer la détection via une solution EDR, et mettre en place des sauvegardes chiffrées et déconnectées pour faciliter la récupération.

Enfin, le suivi des risques s'effectue à travers des tableaux de bord de cybersécurité, des audits réguliers, des tests d'intrusion, ou encore des exercices de simulation d'attaques ou tests d'intrusion. La communication des risques vers la direction générale et les comités de gouvernance permet d'assurer une compréhension claire des enjeux et une priorisation des investissements.

6.2.4 Risque résiduel, surveillance et communications

À la suite de l'application d'une ou de plusieurs des stratégies listées dans la section précédente, certains risques appelés **« risques résiduels »** demeurent toujours dans l'environnement de l'entreprise, car tout ne peut pas être éliminé. Autrement dit, le risque résiduel est le risque qui peut affecter votre entreprise même après avoir pris toutes les mesures de sécurité appropriées.

Si le risque résiduel est toujours supérieur à un niveau de risque acceptable, des contrôles et des processus nouveaux ou modifiés peuvent être nécessaires pour ramener le risque à un niveau jugé tolérable. **Si le coût de ces contrôles est trop élevé**, l'entreprise peut alors choisir d'accepter le risque, même si le risque résiduel reste élevé.

Dans un environnement numérique, le système de gestion des risques surveille tout le processus de traitement des risques de l'entreprise. La visibilité des risques et les techniques d'établissement de rapports assurent que les résultats de ces processus de gestion sont clairement documentés et suivis dans le temps de sorte que si un facteur change, il est immédiatement visible par tous.

Le **registre des risques** est l'outil de base que la plupart des entreprises utilisent pour maintenir une **visibilité permanente des risques**. C'est un document centralisé qui permet de suivre les informations sur la nature et le statut de chaque risque auquel l'entreprise est confrontée. On doit y retrouver une description de chaque entrée, le résultat des évaluations, y compris la probabilité et l'impact de chaque risque. Il est aussi recommandé d'y inclure les mesures de traitement prises ainsi que leur statut de mise en œuvre. La forme du registre dépend de la taille et des moyens dont dispose votre entreprise. La méthode la plus simple et la plus répandue est de le mettre sous la forme d'un fichier Excel. Toutefois, il existe des outils numériques sur le marché dont **IBM OpenPages**[202], **SAP GRC**[203] et **RSA IRM**[204].

6.2.5 Enjeux et bénéfices pour l'entreprise

L'intégration de l'analyse et de la gestion des risques dans une stratégie de cybersécurité permet à l'organisation de rationaliser ses efforts de protection, d'allouer ses ressources là où elles sont le plus nécessaires, et d'adopter une posture résiliente face aux menaces évolutives.

Les avantages sont multiples : réduction du nombre et de la gravité des incidents, amélioration de la réactivité, alignement de la sécurité avec les objectifs métiers, et conformité avec les exigences réglementaires. De plus, en instaurant une culture de gestion du risque, on favorise la responsabilisation de tous les acteurs, du comité de direction aux utilisateurs finaux. Le cas de **Maersk**[205] est cas d'école. En effet, l'entreprise de transport maritime a été victime, en 2017 d'une attaque via le ransomware *NotPetya*. L'absence de segmentation réseau et de

---

[202] Plateforme Watson de IBM: https://www.ibm.com/cloud/openpages-with-watson

[203] SAP GRC: https://blog.sap-press.com/an-introduction-to-sap-grc-access-control

[204] Outil GRC RSA Archer: https://www.rsa.com/en-us/products/integrated-risk-management

[205] Maersk 2017 Risk Management: https://investor.maersk.com/static-files/7ae0aa80-2337-48e9-952e-40e4a1139e16

sauvegardes isolées a amplifié les conséquences, estimées à plus de **300 millions de dollars** de pertes. Cet incident a conduit l'entreprise à réviser entièrement sa stratégie de cybersécurité autour d'une gestion rigoureuse des risques et d'une meilleure gouvernance des actifs.

6.3 Planification de la continuité des activités et retour après un sinistre

La **continuité des activités** est essentielle à la survie de toute entreprise. Une interruption peut entraîner des pertes financières, une hausse des coûts et une baisse de la rentabilité. Pour y faire face, la **planification de la continuité des activités (PCA)** vise à prévenir les interruptions majeures et à assurer la reprise rapide des opérations. Cette démarche, qui relève de la gestion des risques, contribue à garantir la **disponibilité des ressources** critiques, un des objectifs fondamentaux de la sécurité de l'information.

Un PCA est un document stratégique et opérationnel qui définit l'ensemble des mesures à mettre en place pour garantir le maintien ou la reprise rapide des fonctions critiques d'une organisation en cas d'incident majeur, qu'il soit d'origine naturelle, technologique ou humaine. Il vise à anticiper les perturbations susceptibles d'interrompre les opérations essentielles, afin de limiter les impacts sur la production, les finances, la réputation ou la conformité réglementaire. L'objectif principal du PCA est d'assurer la **résilience** de l'entreprise en assurant la **disponibilité continue** des services vitaux, la **protection des données sensibles**, et la **réduction du temps d'arrêt**. Il permet également de préserver la confiance des clients, des partenaires et des autorités en démontrant la capacité de l'organisation à réagir efficacement face aux crises.

ISO 22301 est la norme qui définit les exigences d'un Système de Management de la Continuité d'Activité (SMCA). Elle aide à identifier les activités critiques, à évaluer les impacts potentiels d'interruptions majeures et à mettre en place des plans, des procédures et des capacités pour assurer la continuité des opérations en cas de crise, qu'il s'agisse d'incidents techniques, de cyberattaques, d'événements naturels ou d'erreurs humaines.

Élaborer un tel plan peut être complexe en raison de la diversité des scénarios et des mesures à prévoir. C'est pourquoi certaines entreprises font appel à des experts externes. Quelle que soit l'équipe chargée du projet, elle doit d'abord **définir clairement la portée** du plan, en identifiant les activités et systèmes à couvrir.

La mise en place d'un plan de continuité des activités repose sur une démarche structurée, progressive et adaptée aux spécificités de l'organisation. Elle commence par l'identification des activités critiques, c'est-à-dire celles dont l'interruption entraînerait des conséquences graves sur le fonctionnement global de l'entreprise. Cette étape s'accompagne d'une **analyse d'impact sur les activités (BIA)** afin de déterminer les délais de reprise acceptables (RTO) et les pertes de données tolérables (RPO). Ensuite, une **analyse des risques** permet d'identifier les menaces susceptibles de perturber ces activités, qu'elles soient d'origine interne (panne matérielle, erreur humaine) ou externe (catastrophe naturelle, cyberattaque). Sur la base de ces analyses, des **stratégies de continuité** sont définies, incluant par exemple la mise en place de systèmes redondants, de sauvegardes régulières ou de sites de secours. Ces dispositifs sont ensuite formalisés dans un plan documenté, détaillant les procédures à suivre en cas d'incident. La dernière phase consiste à **tester le plan**, à former les équipes concernées et à assurer une mise à jour régulière pour tenir compte des évolutions organisationnelles, techniques ou réglementaires.

6.3.1 Analyse Business Impact Assessment

L'**analyse des impacts sur l'entreprise** (**Business Impact Assessment** ou BIA) est une étape clé dans la planification de la continuité des activités. Elle permet d'évaluer les conséquences potentielles d'une interruption sur les fonctions critiques de l'entreprise, en identifiant les **processus métiers essentiels** et les systèmes informatiques qui les soutiennent.

L'évaluation peut être **qualitative** ou **quantitative**. La première utilise des termes descriptifs (ex. : très probable, probable, peu probable) pour estimer les risques et leurs impacts, tandis que la seconde repose sur des données chiffrées (ex. : probabilité exprimée en pourcentage, impact en valeur monétaire).

Une fois les processus critiques identifiés, les planificateurs analysent les risques susceptibles de les affecter, qu'il s'agisse de cyberattaques, de pannes, d'incendies ou d'autres sinistres.

Le BIA cherche à répondre à des questions fondamentales :

- Quels sont les processus vitaux pour l'entreprise ?
- Quels systèmes informatiques les soutiennent ?
- Quelles menaces peuvent provoquer leur interruption ?
- Quels seraient les impacts sur les plans financier, juridique, humain ou réputationnel ?
- Quel est le **délai de reprise acceptable** pour limiter les pertes ?

Cette analyse débouche sur une liste de **risques prioritaires** classés en fonction de leur gravité. Ces résultats permettent ensuite de définir les **mesures d'atténuation** les plus adaptées, tout en respectant les contraintes budgétaires de l'entreprise.

La figure ci-dessous est un exemple d'une liste de plusieurs événements identifiés comme pouvant affecter le centre de données d'une banque lors d'une analyse des impacts. Pour chaque événement, il faut déterminer les effets sur l'entreprise sur le plan légal, sur le plan de la vie humaine ainsi que les répercussions sur la réputation de l'entreprise.

Prenant l'exemple d'une Banque, le tableau résume les résultats d'une analyse **Business Impact Assessment (BIA)** illustrant les processus critiques, les impacts associés en cas d'interruption, ainsi que les objectifs de rétablissement.

Processus Critique	Système ou Ressource Associée	Impact en cas d'interruption	RTO	RPO	Commentaires
Traitement des transactions interbancaires	Plate-forme de paiement (SWIFT, RTGS, etc.)[206]	Impossibilité de régler les transactions ; impact sur la trésorerie et la confiance des partenaires bancaires	1 h	15 min	Processus vital pour les opérations financières quotidiennes ; supervision 24/7 requise.
Accès aux comptes en ligne (e-banking)	Serveurs Web, bases de données clients, pare-feu	Les clients ne peuvent consulter leur solde ou effectuer des virements ; impact réputationnel majeur	2 h	15 min	Système exposé à Internet, doit être fortement sécurisé et redondé.
Distributeurs automatiques de billets (DAB)	Réseau ATM, logiciels embarqués, base client	Indisponibilité de retrait, insatisfaction client, risque de panique en cas de crise	4 h	30 min	Critique dans les zones rurales ou en cas de crise ; dépendance forte au réseau.
Traitement de la paie	ERP RH, base de données salariés, interface comptable	Retard de paiement des salaires, litiges syndicaux, atteinte à l'image de l'établissement	24 h	12 h	Processus sensible, mais généralement planifiable et avec marge de manœuvre.
Gestion des prêts et crédits	Logiciel de gestion de crédit, données clients	Blocage nouveaux prêts, retard dans le suivi des remboursements, perte d'opportunités commerciales	24 h	4 h	Moins critique à court terme, mais important sur le plan commercial.

[206] **SWIFT** (*Society for Worldwide Interbank Financial Telecommunication*) est un réseau de messagerie sécurisé qui permet aux institutions financières du monde entier d'échanger des informations et d'exécuter des transactions bancaires de manière rapide et fiable. Le **RTGS** (*Real-Time Gross Settlement*) est un système de paiement électronique qui permet le règlement définitif et en temps réel des transactions interbancaires de gros montants.

Processus Critique	Système ou Ressource Associée	Impact en cas d'interruption	RTO	RPO	Commentaires
Système de messagerie interne	Exchange, Outlook, annuaire LDAP	Difficulté à coordonner les équipes, surtout en situation de crise	8 h	1 h	Essentiel pour la gestion de crise et la communication entre agences.
Système de conformité réglementaire	Logiciels AML (anti-blanchiment)[207], outils de reporting	Risque de non-conformité, amendes, blocage d'opérations suspectes	4 h	1 h	Obligations réglementaires strictes ; priorité élevée.

Tableau 14 : Exemple de Résultat du BIA — secteur bancaire

207 Un logiciel AML est une solution technologique qui aide les institutions financières à détecter, surveiller et signaler les transactions suspectes afin de se conformer aux réglementations de lutte contre le blanchiment d'argent et le financement du terrorisme.

La synthèse du *Business Impact Assessment* (BIA) pour cette banque met en évidence les **processus essentiels** à maintenir ou à rétablir en priorité en cas d'incident.

- **Processus vitaux (RTO ≤ 2h)** : traitement interbancaire, e-banking, conformité
- **Processus critiques (RTO ≤ 4–8 h)** : DAB, messagerie, sécurité
- **Processus importants, mais non urgents (RTO ≤ 24h)** : paie, gestion des crédits.

Les activités les plus critiques, telles que le traitement des transactions interbancaires, les services de banque en ligne (*e-banking*) et la conformité réglementaire, nécessitent un rétablissement rapide, avec des **objectifs de reprise** (RTO) [208] inférieurs à deux heures et une **perte de données tolérable** (RPO) [209] très faible. Les distributeurs automatiques (DAB) et les systèmes de communication interne doivent être rétablis dans un délai de quelques heures pour maintenir la continuité du service client et la coordination des équipes, notamment en situation de crise.

D'autres fonctions, comme le traitement de la paie ou la gestion des prêts, sont importantes, mais peuvent tolérer un délai de rétablissement plus long (jusqu'à 24 heures), car leur interruption a des effets différés. Cette classification permet à la banque de hiérarchiser ses ressources, d'identifier les besoins en haute disponibilité et en plans de reprise, et d'optimiser les investissements pour assurer sa résilience.

L'analyse révèle également que la banque s'appuie sur des systèmes très interconnectés, où une panne de base de données ou de réseau peut entraîner un effet domino affectant plusieurs services essentiels. Cette analyse met en évidence la nécessité d'assurer une haute disponibilité (HA) pour des plates-formes critiques telles que les systèmes de

---

[208] Le Recovery Time Objective (RTO) est la durée maximale d'indisponibilité acceptable d'un service ou d'un système après un incident, au-delà de laquelle l'impact sur l'organisation devient critique.

[209] Le Recovery Point Objective (RPO) correspond à la perte de données maximale acceptable, exprimée en durée. Il indique jusqu'à quel point dans le passé les données doivent être restaurées pour permettre une reprise satisfaisante des activités.

paiement et l'*e-banking*, tandis que d'autres fonctions comme les ressources humaines ou la gestion des crédits nécessitent des solutions spécifiques de reprise après sinistre (DRP). Les résultats du BIA servent ainsi à définir clairement les priorités dans le Plan de Continuité des Activités, à orienter les choix d'investissements techniques tels que les clusters, le cloud ou les sauvegardes, et à organiser efficacement l'ordre de restauration des services en cas de crise.

6.3.2 Analyse des risques

L'analyse des risques constitue une étape essentielle dans l'élaboration d'un Plan de Continuité des Activités (PCA), car elle permet d'identifier les menaces spécifiques susceptibles d'interrompre les fonctions critiques. Cette démarche vise à évaluer la **probabilité d'occurrence** de ces menaces, leur **impact potentiel** sur les opérations, ainsi que les **mesures de protection** déjà en place. L'objectif est de fournir une base rationnelle pour prioriser les risques, orienter les décisions techniques et dimensionner les stratégies de continuité en fonction des réalités du terrain.

Dans le secteur **bancaire**, l'analyse des risques joue un rôle tout aussi crucial pour garantir la continuité des opérations face aux menaces. Après avoir identifié, via le *Business Impact Assessment* (BIA), les processus essentiels tels que le **traitement des transactions financières**, **l'accès aux services en ligne (e-banking)**, ou encore la **conformité réglementaire**, l'analyse de risque permet de mettre en évidence les dangers spécifiques qui pèsent sur ces systèmes. Par exemple, une cyberattaque ciblant la plate-forme de paiement peut entraîner des perturbations majeures et des pertes financières importantes, tandis qu'une défaillance du système d'authentification des clients expose la banque à des risques de fraude et à une perte de confiance.

Cette analyse détaille la probabilité et l'impact de chaque menace, qu'il s'agisse d'intrusions, de pannes matérielles, de défaillances réseau ou de non-conformités réglementaires. Elle permet ensuite de **prioriser les risques** selon **leur criticité** et de proposer des mesures adaptées, comme la mise en place de **sauvegardes fréquentes**, l'implémentation de **solutions de haute disponibilité**, ou le renforcement des dispositifs de sécurité informatique. En structurant ces informations, l'analyse de risque offre à la banque une vision claire des vulnérabilités à adresser, favorisant ainsi une **allocation optimale des ressources** pour protéger les activités critiques. Cette démarche assure non seulement la continuité des services, mais contribue aussi à renforcer la résilience globale de la banque face aux incidents susceptibles de **menacer son fonctionnement et sa réputation**.

Voici un exemple de résultats d'analyse des risques pour une banque, effectuée après le *Business Impact Assessment* (BIA). Cette analyse permet d'identifier les menaces majeures pesant sur les processus critiques, d'évaluer leur probabilité et leur impact, puis de prioriser les mesures à mettre en place.

Processus/Système	Menace identifiée	Probabilité	Impact	Niveau de risque	Mesures existantes	Actions recommandées
Traitement des transactions (SWIFT)	Cyberattaque/intrusion	Moyenne	Très élevé	Critique	Firewall, chiffrement, monitoring 24/7	Renforcer la détection, formation sécurité
Accès e-banking	Vol de données/phishing	Élevée	Élevé	Élevé	Authentification forte (2 FA), audits réguliers	Mise en place de MFA renforcé, sensibilisation
Distributeurs automatiques (DAB)	Panne matérielle/coupure réseau	Moyenne	Élevé	Élevé	Maintenance préventive, redondance réseau	Développer plan de secours sur site secondaire
Système de facturation	Corruption base de données	Faible	Moyen	Modéré	Sauvegardes régulières, réplications	Automatiser vérifications d'intégrité
Système de conformité (AML)	Non-conformité réglementaire	Faible	Très élevé	Élevé	Contrôles internes, rapports de conformité	Renforcer audits, automatiser contrôles
Messagerie interne	Coupure électrique/indisponibilité	Moyenne	Moyen	Modéré	Onduleurs, sauvegardes	Prévoir infrastructure redondante

Tableau 15 : Exemple de Résultat d'Analyse des Risques — Banque

Les résultats de l'analyse des risques mettent en lumière les principales menaces pesant sur les systèmes et processus critiques de la banque, ainsi que leur probabilité et leur impact potentiel. On constate que les risques les plus élevés concernent les cyberattaques sur le traitement des transactions et les accès au service *e-banking*, où une compromission pourrait entraîner des **conséquences financières et réputationnelles majeures**. D'autres risques importants incluent les **pannes matérielles** sur les distributeurs automatiques et les risques de **non-conformité réglementaire**, qui peuvent aussi engendrer des perturbations significatives.

Ces résultats permettent de **cibler les priorités** en matière de sécurité et de continuité, en renforçant les mesures existantes telles que la redondance des infrastructures, les sauvegardes régulières, les contrôles de conformité et la formation du personnel, afin de réduire efficacement l'exposition globale de la banque aux incidents.

6.3.3 Définition de la stratégie de continuité

La stratégie de continuité, élaborée à partir des résultats du *Business Impact Assessment* (BIA) et de l'analyse des risques, consiste à définir un ensemble de mesures et d'actions visant à assurer la résilience et la reprise rapide des activités critiques de l'entreprise. Pour une banque, cela implique notamment de garantir la disponibilité des systèmes essentiels tels que les plates-formes de paiement, les services d'*e-banking*, et les outils de conformité, identifiés comme prioritaires.

La stratégie prend en compte les vulnérabilités mises en lumière par l'analyse des risques, comme les cyberattaques, les pannes matérielles ou les interruptions réseau, en adoptant des solutions techniques adaptées : **haute disponibilité**, **redondance des infrastructures**, **sauvegardes régulières**, **plans de reprise après sinistre (DRP)**, et **renforcement des contrôles de sécurité**.

La stratégie intègre également des **procédures organisationnelles**, comme la formation des équipes, la mise en place de cellules de crise et des protocoles de communication, pour assurer une réaction coordonnée face aux incidents. Cette approche globale vise à minimiser les interruptions, réduire les impacts financiers et réputationnels, et garantir la continuité du service aux clients, tout en respectant les contraintes réglementaires spécifiques au secteur bancaire.

6.3.4 Planification de la reprise après un sinistre

Le plan de reprise après sinistre, ou **Disaster Recovery Plan** (DRP), est un volet essentiel du plan de continuité des activités. Il vise à restaurer rapidement les systèmes informatiques et les infrastructures technologiques d'une organisation après un incident majeur. L'objectif du DRP est de minimiser le temps d'indisponibilité des services numériques et de réduire les pertes de données, afin de garantir la continuité des opérations et la confiance des parties prenantes.

Contrairement au PCA, qui couvre l'ensemble des processus métiers, le DRP se concentre sur les ressources T.I. critiques. Il repose sur plusieurs composantes essentielles, chacune jouant un rôle déterminant dans la reprise efficace des systèmes informatiques après un sinistre.

La première composante du DRP est **l'inventaire des actifs informatiques**, qui recense tous les équipements, logiciels, bases de données et services cloud essentiels au fonctionnement de l'entreprise. Cet inventaire permet de connaître précisément ce qui doit être restauré en cas d'incident.

Ensuite, **la hiérarchisation des systèmes critiques** est établie sur la base du *Business Impact Assessment* (BIA) : les applications et services sont classés selon leur niveau de criticité, ce qui détermine les priorités de reprise (RTO/RPO).

La troisième composante concerne **les procédures techniques de restauration**, qui détaillent étape par étape comment remettre en fonctionnement chaque système : récupération à partir des sauvegardes, redéploiement de serveurs virtuels, synchronisation de données, basculement vers un site de secours, etc. Ces procédures doivent être claires, automatisables si possible, et régulièrement testées. **La définition des rôles et responsabilités** constitue une autre composante clé du DRP : une équipe de reprise après sinistre est désignée, avec des responsabilités précises (technique, coordination, communication) pour éviter toute confusion pendant la crise. Enfin, **les mécanismes de test, de validation et de mise à jour** du plan sont indispensables pour garantir sa fiabilité dans le temps. Des tests réguliers (exercices de simulation, tests de basculement, restaurations à blanc) permettent de vérifier l'efficacité des mesures prévues et d'identifier les axes d'amélioration.

Une équipe DRP dédiée est désignée, avec des rôles clairs en cas d'activation du plan, incluant la coordination technique, la sécurité des données et la communication interne et externe. Le DRP est testé régulièrement par des exercices de basculement, puis révisé à chaque évolution technologique, changement réglementaire ou retour d'expérience, afin de garantir en permanence la résilience des services bancaires essentiels.

6.3.5 Tester le plan de reprise après sinistre — DRP

Comme tout mécanisme de sécurité, un **plan de reprise après sinistre (DRP)** doit être régulièrement testé pour s'assurer de son efficacité opérationnelle. Ces tests permettent de vérifier que les procédures prévues permettent de respecter les objectifs de reprise définis, à la fois en termes de délai (RTO) et de perte de données acceptable (RPO). Ils sont essentiels pour garantir que les technologies et les processus de reprise fonctionneront en situation réelle, mais aussi pour identifier les ajustements nécessaires liés à des évolutions techniques ou organisationnelles. Il existe plusieurs types de tests, chacun offrant un niveau de complexité et de réalisme différent :

- Le **test en lecture** est le plus simple. Les membres de l'équipe relisent le plan et fournissent des commentaires pour la mise à jour ;

- Le **test de passage**, plus formel, consiste à réunir les parties prenantes autour d'une table afin de passer en revue collectivement le plan de reprise ;
- Le **test de simulation**, quant à lui, engage les équipes à discuter des actions qu'elles prendraient face à un scénario fictif proposé par les planificateurs ;
- Ensuite, le **test parallèle** active techniquement un site de secours, sans transférer les activités réelles, afin de valider le bon fonctionnement de l'infrastructure de secours en parallèle du système principal qui reste actif.
- Enfin, le **test d'interruption complète** est le plus réaliste et le plus exigeant. Les opérations sont entièrement transférées sur le site de secours, simulant une vraie situation de sinistre. Ce test permet de révéler les faiblesses du dispositif avec le plus de précision, mais **il est aussi le plus intrusif** pour les activités normales de l'entreprise.

Le choix du type de test et la fréquence d'exécution dépendent des enjeux métier et des ressources disponibles. Néanmoins, il est fortement recommandé d'organiser **au moins un test d'interruption complète par an**, pour garantir que le DRP reste pertinent et opérationnel.

6.4 Cadres de gestion des risques

La gestion des risques est un domaine complexe, car elle implique souvent des prises de décision subjectives influencées par la perception individuelle et le contexte spécifique. Chaque personne peut évaluer un risque différemment, ce qui rend essentielle l'adoption d'une méthodologie commune pour garantir une approche cohérente.

Heureusement, les entreprises n'ont pas besoin de concevoir leur propre processus de gestion des risques à partir de zéro. Il existe en effet plusieurs cadres de référence reconnus, offrant des méthodes éprouvées, documentées et largement utilisées dans divers secteurs d'activité. Ces cadres permettent d'harmoniser les pratiques d'analyse, d'évaluation et de traitement des risques.

6.4.1 La norme ISO/IEC 27005:2018

La norme **ISO/IEC 27005:2018 — Technologies de l'information — Techniques de sécurité — Gestion des risques pour la sécurité de l'information**[210] constitue un cadre de référence essentiel pour la gestion des risques liés à la sécurité de l'information. Elle fait partie intégrante de la série ISO 27000 et a été conçue pour accompagner la mise en œuvre du Système de Management de la Sécurité de l'Information (SMSI) tel que défini par la norme ISO/IEC 27001. Contrairement à cette dernière qui fixe les exigences à respecter, ISO 27005 fournit des lignes directrices pratiques et méthodologiques pour identifier, analyser, évaluer, traiter et surveiller les risques de manière structurée. La norme repose sur une approche itérative articulée en plusieurs étapes clés :

- **L'établissement du contexte** permet d'identifier les enjeux internes et externes de l'entreprise, de définir le périmètre et les critères d'évaluation des risques ;
- **L'identification des risques** consiste à recenser les actifs informationnels, les menaces, les vulnérabilités existantes et les événements redoutés ;
- **L'analyse des risques** vise à comprendre les scénarios d'attaque possibles en reliant menaces, vulnérabilités et impacts sur les actifs critiques ;
- **L'évaluation des risques** permet d'estimer leur probabilité d'occurrence et leur gravité, en s'appuyant sur une méthode qualitative, quantitative ou mixte, afin de les hiérarchiser ;
- **L'appréciation des risques** consiste à comparer les résultats de l'évaluation aux critères de tolérance définis par l'entreprise pour décider lesquels nécessitent un traitement ;
- **Le traitement des risques** offre alors plusieurs options : éviter, réduire, transférer ou accepter le risque, en fonction des priorités et des ressources disponibles ;

[210] Documentation sur la norme ISO27001 : https://www.iso27001security.com/html/27005.html

- Et en dernier, **l'acceptation des risques** engage la direction à valider officiellement les risques résiduels et à assumer leur niveau, assurant ainsi une gouvernance claire et une amélioration continue du processus.

La norme insiste également sur l'importance de la communication entre les parties prenantes et sur la nécessité d'une surveillance continue pour adapter la gestion aux évolutions du contexte ou des technologies.

L'un des avantages majeurs de la norme ISO/IEC 27005 est sa **flexibilité**. Elle ne prescrit pas une méthode unique, mais propose un cadre que **chaque entité peut adapter** selon ses besoins, en cohérence avec d'autres méthodes comme EBIOS-RM ou OCTAVE. Par exemple, une banque souhaitant évaluer le risque d'indisponibilité de son portail *e-banking* peut utiliser cette norme pour structurer son analyse : identifier une attaque DDoS comme menace, reconnaître l'absence de filtrage applicatif comme vulnérabilité, évaluer l'impact en termes de perte de service et de réputation, puis choisir de mettre en œuvre une solution de protection spécifique comme mesure de réduction.

ISO/IEC 27005 est une ressource précieuse pour les entreprises qui cherchent à mettre en œuvre une approche structurée et efficace de la gestion des risques liés à la sécurité de l'information. Elle aide à comprendre son environnement de risque, à prendre des décisions éclairées et à prendre les mesures appropriées pour protéger ses actifs.

6.4.2 La norme NIST SP 800-37

La publication spéciale **NIST SP 800-37**[211], intitulée « **Guide for Applying the Risk Management Framework (RMF) to Federal Information Systems** », est un document de référence élaboré par le **National Institute of Standards and Technology (NIST)** aux États-Unis. Elle propose une approche méthodique pour la **gestion des**

[211] Risk Management Framework for Information Systems and Organizations: A System Life Cycle Approach for Security and Privacy: https://csrc.nist.gov/publications/detail/sp/800-37/rev-2/final

risques de sécurité de l'information appliquée aux systèmes d'information tout au long de leur cycle de vie.

Bien qu'initialement conçue pour les agences fédérales américaines, cette méthodologie est aujourd'hui largement adoptée par de nombreuses entreprises du secteur privé, notamment dans les secteurs sensibles comme la finance, la santé ou les infrastructures critiques.

La démarche du NIST SP 800-37 repose sur un **cadre en plusieurs étapes**. Tout d'abord, le système d'information est **catégorisé** en fonction de la sensibilité des données qu'il traite, stocke ou transmet. Cette classification permet d'évaluer son niveau de criticité.

Vient ensuite la **sélection des contrôles de sécurité** adaptés, tirés du catalogue de la norme NIST SP 800-53, en fonction de cette catégorisation. Ces contrôles sont ensuite **mis en œuvre** de manière opérationnelle dans les composants du système, puis **évalués** pour vérifier leur efficacité et leur conformité aux objectifs de sécurité.

Une fois l'évaluation terminée, l'organisation passe à la phase **d'autorisation** : les décideurs doivent approuver officiellement le déploiement du système en environnement de production (**ATO - Authorization to operate**)[212], sur la base des résultats obtenus. Enfin, le processus prévoit une **surveillance continue** des risques, des vulnérabilités et des menaces, afin d'adapter les contrôles en fonction de l'évolution du contexte technique et organisationnel.

NIST 800-37 identifie huit fonctions essentielles du cycle de vie de la sécurité de l'information :

1. **Préparation** — définition du contexte, des objectifs et des ressources nécessaires à la gestion des risques ;
2. **Catégorisation** — analyse de l'importance du système et des données pour définir le niveau d'exposition au risque ;

[212] Authorization to Operate—ATO (Autorisation d'exercer) : l'une des trois décisions possibles concernant un fournisseur service, prise par un agent habilité désigné après toutes les activités d'évaluation, indiquant que le fournisseur du service est autorisé à fournir des services spécifiques : https://csrc.nist.gov/glossary/term/ato

3. **Sélection** — choix des contrôles de sécurité adaptés à la criticité du système ;
4. **Mise en œuvre** — déploiement technique et organisationnel des mesures de protection ;
5. **Évaluation** — vérification de l'efficacité des contrôles appliqués ;
6. **Autorisation** — validation officielle du système avant sa mise en exploitation ;
7. **Surveillance** — suivi en continu des incidents, changements, et performances des mesures de sécurité ;
8. **Réponse** — traitement rapide des failles, incidents ou écarts identifiés.

Le **NIST SP 800-37 fournit une base rigoureuse et complète pour la gestion des risques**, en mettant l'accent sur la maîtrise des menaces à chaque étape du cycle de vie des systèmes. Cette approche favorise l'adaptation dynamique aux évolutions des technologies et des contextes métiers, tout en assurant un haut niveau de protection des actifs informationnels critiques.

6.4.3 Le cadre Mehari

La méthode **MÉHARI** (Méthode Harmonisée d'Analyse des Risques) est un outil d'analyse et de gestion des risques liés à la sécurité de l'information, développée initialement par le **CLUSIF** (Club de la Sécurité de l'Information française)[213]. Elle repose sur une approche **structurée, quantitative et progressive**, permettant d'évaluer les risques en tenant compte à la fois des menaces, des vulnérabilités, des impacts potentiels, et de l'efficacité des mesures de sécurité en place.

MÉHARI se distingue par son orientation métier : elle part des enjeux stratégiques de l'organisation et identifie les **événements redoutés** susceptibles d'affecter ses missions critiques (ex. : perte de données

[213] Le CLUSIF (Club de la Sécurité de l'Information française) est une association professionnelle indépendante qui réunit des experts, entreprises et institutions afin de favoriser les échanges, le partage d'expériences et la diffusion de bonnes pratiques en matière de cybersécurité et de gestion des risques numériques en France. http://www.clusif.fr

sensibles, indisponibilité de services essentiels, atteinte à la réputation ou à l'intégrité des données). Elle propose une cartographie des actifs informationnels, une analyse des scénarios de menace, une modélisation du niveau de gravité des risques, et une évaluation de la maturité des mesures de protection.

MEHARI intègre également un référentiel d'objectifs de sécurité et de bonnes pratiques, ce qui facilite la **priorisation des actions correctives**. Elle peut être utilisée aussi bien pour **initier une démarche de sécurité** que pour alimenter un **Système de Management de la Sécurité de l'Information (SMSI)** conforme à ISO/IEC 27001 ou au NIST Cybersecurity Framework. Cette compatibilité permet aux organisations de tirer parti des capacités d'évaluation des risques propres à MÉHARI, tout en respectant les exigences de ces normes reconnues. Son approche rigoureuse et adaptable en fait une méthode particulièrement utile pour les grandes entreprises et les institutions qui souhaitent aligner la sécurité de l'information avec leurs objectifs stratégiques tout en conservant une traçabilité et une justification des décisions prises.

MEHARI existe en **quatre déclinaisons** adaptées à différents contextes[214] :

- **MÉHARI Standard** s'adresse aux entreprises monosites disposant d'un système d'information centralisé et d'une architecture de taille moyenne ;
- **MEHARI Expert** est conçu pour les grandes structures multisites avec des systèmes complexes, en apportant une couverture plus étendue des risques ;
- **MÉHARI Pro** cible les **PME**, en proposant une version allégée avec une base de connaissances adaptée, tout en conservant les fondamentaux de la méthode complète ;
- **MÉHARI Manager** permet de réaliser une analyse de risque focalisée sur une activité spécifique ou un domaine métier particulier.

---

[214] Les différentes versions de la méthode MÉHARI : https://clusif.fr/services/management-des-risques/les-versions-de-mehari

Pour accompagner sa mise en œuvre, MEHARI propose une **documentation riche** et des **outils pratiques**, comme des modèles d'évaluation, des catalogues de menaces et de vulnérabilités et des supports de reporting. Une **base de connaissances** structurée facilite la qualification et la quantification des risques selon des critères objectifs.

Bien que de nombreux supports soient accessibles en ligne [215], l'utilisation complète de la méthode peut nécessiter une adhésion au **CLUSIF** (qui développe et maintient la méthode) ou une licence d'accès aux ressources. Grâce à cette structuration, MÉHARI reste un outil puissant, évolutif et adaptable pour toute organisation souhaitant professionnaliser sa gestion des risques.

6.4.4 Le cadre EBIOS Risk Manager

La méthode **EBIOS Risk Manager (Expression des besoins et Identification des Objectifs de Sécurité)** est un cadre méthodologique développé par l'agence **ANSSI**[216] avec le support du club EBIOS[217], pour accompagner les organisations dans l'analyse et la gestion des risques liés à la sécurité de l'information. Elle repose sur une approche structurée et itérative, visant à identifier les actifs critiques d'une entité, évaluer les menaces auxquelles ces actifs sont exposés, analyser les scénarios d'attaques crédibles, puis définir et hiérarchiser les mesures de sécurité appropriées.

La méthode **EBIOS** met l'accent sur l'alignement entre la sécurité et les enjeux métier. Elle permet de relier directement les objectifs de sécurité aux objectifs stratégiques de l'entreprise, garantissant que les efforts de protection soutiennent la continuité et la performance de l'activité. La démarche de la méthode EBIOS s'articule autour de **cinq**

---

[215] Site de référence Mehari : http://meharipedia.x10host.com/wp/mehari-standard

[216] Description complète de la méthodologie EBIOS par l'ANSSI : https://cyber.gouv.fr/la-methode-ebios-risk-manager

[217] Le Club EBIOS est une communauté de professionnels et d'experts en cybersécurité et gestion des risques, qui se réunit pour partager des retours d'expérience, promouvoir la méthode EBIOS Risk Manager et contribuer à son évolution à travers des travaux collaboratifs et des échanges de bonnes pratiques.

ateliers[218] **clés** qui constituent autant d'étapes logiques et progressives dans l'analyse des risques.

- **Atelier 1 : Cadrage et socle de sécurité** — tout commence avec le cadrage. L'entité définit le périmètre de l'étude, identifie les parties prenantes et met en évidence les **valeurs métiers essentielles** qu'il faut protéger : données sensibles, processus critiques, ou encore systèmes supports. Cet atelier permet également de dresser un état des lieux du socle de sécurité déjà existant, qu'il soit imposé par la réglementation, les contrats ou les pratiques internes de l'entreprise comme une politique de sécurité des systèmes d'information (PSSI) ;
- **Atelier 2 : Sources de risque et événements redoutés** — une fois le périmètre bien défini, on identifie les acteurs susceptibles de menacer l'organisation, qu'ils soient externes comme des cybercriminels ou internes comme des employés négligents. On imagine ensuite les événements qui seraient les plus redoutables pour le métier : perte de disponibilité, fuite de données, manipulation frauduleuse, etc. Ces événements sont associés à leurs impacts potentiels sur l'activité ;
- **Atelier 3 : Scénarios stratégiques** — dans cette étape, l'équipe d'analyse cherche à comprendre les intentions des sources de risque et la manière dont elles pourraient atteindre leurs objectifs. On construit des scénarios plausibles qui montrent le cheminement d'une attaque réussie, en les classant selon leur gravité et leur vraisemblance. Cela donne une vision claire des menaces prioritaires auxquelles l'organisation doit se préparer ;
- **Atelier 4 : Scénarios opérationnels** — une fois cette vision stratégique établie, on descend dans le concret. Les scénarios sont détaillés d'un point de vue technique et pratique : par exemple, une intrusion par hameçonnage, une exploitation de vulnérabilité dans un

[218] Un atelier EBIOS est une étape structurée de la méthode EBIOS qui réunit les parties prenantes pour analyser un aspect spécifique de la gestion des risques, allant de l'identification du contexte et des menaces jusqu'à la définition des mesures de sécurité. Chaque atelier produit des livrables concrets servant à construire une vision claire et partagée du niveau de risque et des actions à entreprendre.

serveur ou une compromission via un fournisseur externe. On examine les vulnérabilités qui rendent ces attaques possibles et l'on évalue l'efficacité des mesures de sécurité déjà mises en place. Cela permet de mesurer les risques résiduels et d'identifier les points faibles.

- **Atelier 5 : Mesures de sécurité et traitement du risque** — enfin, le dernier atelier est consacré aux actions concrètes. Sur la base de tout ce qui a été analysé auparavant, l'organisation définit les mesures complémentaires à mettre en œuvre, qu'il s'agisse de renforcer la prévention, d'améliorer la détection ou de mieux préparer la réaction face à un incident. Ces mesures sont hiérarchisées et intégrées dans un plan de traitement des risques, validé par la direction et servant de feuille de route à moyen et long terme.

EBIOS se distingue par sa capacité à **produire des livrables exploitables** tels que des **scénarios d'attaque** documentés, des **cartographies de risques**, des **tableaux de bord** de cybersécurité et des plans d'action priorisés. Elle est particulièrement adaptée aux organisations des secteurs réglementés (comme les **OIV**, **les opérateurs télécoms**, les établissements financiers), mais peut aussi être utilisée dans des PME ou des projets ponctuels. Elle complète les normes existantes (ISO 27001, NIST) en favorisant une compréhension commune des enjeux de cybersécurité, en facilitant les décisions stratégiques (investissements, traitement des risques, conformité) et en renforçant la résilience ainsi que la gouvernance de la sécurité des systèmes d'information.

CHAPITRE 7

CHARTE, POLITIQUES, STANDARDS, PROCÉDURES ET GUIDES DE CYBERSÉCURITÉ

Ce chapitre examine les différents documents mis en place pour organiser et encadrer les activités de cybersécurité. Il en précise la définition, les objectifs, ainsi que les responsabilités liées à leur mise à jour et à leur gestion.

7.1 Le système documentaire de la sécurité informatique

Les solutions technologiques les plus avancées demeurent insuffisantes sans l'appui de règles claires encadrant l'utilisation des ressources informationnelles.

Une politique de sécurité de l'information bien définie est indispensable pour protéger efficacement les actifs numériques de l'entreprise contre diverses formes de menaces. Elle constitue un cadre de référence global qui regroupe **charte**, **politiques**, **standards**, **directives**, **procédures** et **guides**. Ces documents balisent les pratiques et soutiennent la mise en œuvre de stratégies cohérentes pour sécuriser les données.

Les politiques et pratiques de sécurité jouent un rôle essentiel dans la définition et la communication des attentes organisationnelles. Elles précisent les comportements attendus des collaborateurs et permettent à l'ensemble des parties prenantes (employés, dirigeants, partenaires, fournisseurs, actionnaires, clients, etc.) de comprendre la valeur des mesures de sécurité mises en place ainsi que les responsabilités associées, selon les orientations stratégiques de la direction.

Ces documents écrits jouent un **rôle essentiel dans la gouvernance** de la sécurité de l'information. Ils traduisent **l'appétence au risque** de l'organisation ainsi que la **posture adoptée par la direction** face aux enjeux de cybersécurité. Ils précisent également les comportements attendus des employés, en définissant des règles claires pour l'utilisation, la protection et le partage des informations sensibles. Au-delà de ces aspects comportementaux, ces documents servent de cadre de référence pour la mise en œuvre des contrôles nécessaires afin de protéger l'entreprise contre les menaces, qu'elles soient internes ou externes. Ils permettent aussi de répondre aux obligations juridiques et éthiques auxquelles l'organisation est soumise, tout en assignant clairement les responsabilités liées au respect des exigences de sécurité.

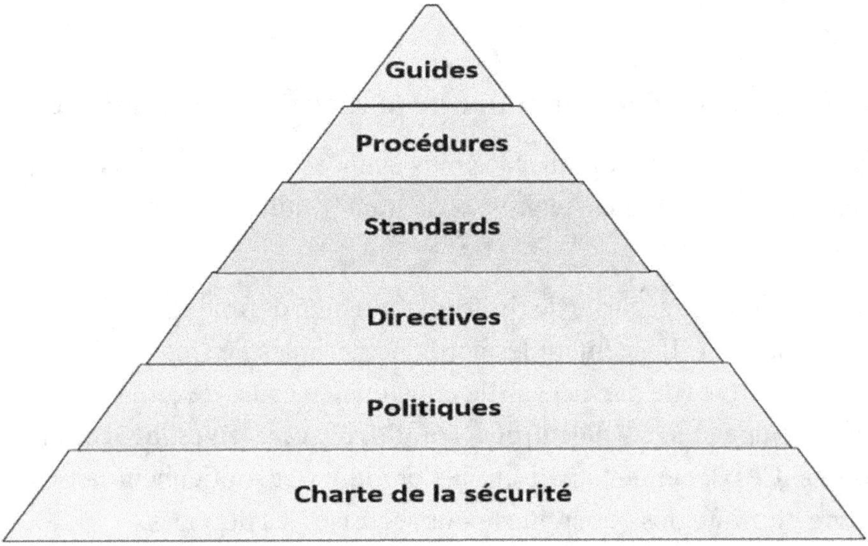

Figure 20 : Hiérarchisation entre charte, politique, standard, procédure et guide

L'absence de ces politiques et pratiques de sécurité expose l'entreprise à un large éventail de risques, notamment :

- **Atteinte à la réputation** — une faille de sécurité peut nuire à l'image de marque et entraîner une perte de confiance des clients actuels ou potentiels, au profit de la concurrence ;

- **Perte de revenus** — des attaques de type déni de service ou des interruptions d'alimentation peuvent paralyser les services, entraînant une baisse de la productivité, des pertes financières et une insatisfaction client ;
- **Conséquences juridiques** — une violation de données peut donner lieu à des sanctions, des poursuites judiciaires ou à des indemnisations, d'autant plus que de nombreux pays disposent désormais de lois strictes sur la protection des données personnelles ;
- **Perte de propriété intellectuelle** — au-delà des données clients, une violation peut compromettre des actifs sensibles tels que des brevets ou des plans, mettant en péril l'avantage concurrentiel de l'entreprise.

Ces documents sont organisés dans une architecture documentaire qui s'appuie sur une hiérarchie clairement structurée, dont la charte de sécurité constitue la fondation et la pierre angulaire. Cette dernière établit les principes directeurs sur lesquels repose l'ensemble du dispositif de protection de l'information.

Niveau	Élément documentaire
1 — Stratégique	Charte informatique, PSSI, Politiques thématiques
2 — Tactique	Directives, standards internes
3 — Opérationnel	Procédures, guides pratiques et modes opératoires

Tableau 16 : Hiérarchie documentaire en cybersécurité

La hiérarchie documentaire en cybersécurité s'articule autour de trois niveaux complémentaires : stratégique, tactique et opérationnel. Chacun répond à un objectif précis et s'adresse à un public bien défini dans l'entreprise :

- Le **niveau stratégique** regroupe les documents fondateurs tels que la charte informatique et la politique de sécurité de l'information

(PSSI), qui traduisent les orientations et les engagements de la direction en matière de cybersécurité ;

- Le **niveau tactique** comprend les politiques thématiques (gestion des accès, sécurité réseau, etc.) et les standards, qui déclinent les exigences de sécurité de manière plus détaillée et technique ;
- Le **niveau opérationnel** couvre les procédures, guides et modes opératoires destinés aux équipes techniques et utilisateurs pour appliquer concrètement les mesures de sécurité au quotidien.

Cette structuration de la documentation permet d'assurer une cohérence entre la stratégie globale de cybersécurité de l'entreprise et les actions de terrain, tout en facilitant la compréhension, l'adhésion et le contrôle des pratiques de sécurité.

7.2 Système documentaire stratégique

7.2.1 La charte de la sécurité de l'information

La charte de la sécurité est un **élément essentiel du programme de cybersécurité**. C'est un document dont le contenu est approuvé par la direction de l'entreprise et qui indique la manière et le contexte dont le programme de sécurité devra fonctionner. Il formalise les engagements de l'entreprise ainsi que les règles fondamentales auxquelles tous les collaborateurs doivent adhérer pour garantir la protection des données et des systèmes d'information. La charte vise avant tout à sensibiliser l'ensemble du personnel aux enjeux de la sécurité, en posant un cadre clair et accessible des bonnes pratiques à adopter au quotidien.

La charte rappelle également les principes essentiels de confidentialité, d'intégrité et de disponibilité des informations, tout en définissant les responsabilités individuelles et collectives dans la préservation des actifs informationnels. De ce fait, elle précise **les comportements interdits** et **les sanctions encourues** en cas de non-respect, ce qui renforce son caractère contraignant. Par sa simplicité et sa portée générale, la charte joue un rôle pédagogique majeur en instaurant une culture de la sécurité partagée, indispensable pour prévenir les risques liés aux erreurs humaines, aux usages non conformes ou aux actes malveillants. En ce sens, **elle constitue la base sur laquelle s'appuient les politiques, procédures et autres documents plus techniques** relatifs à la cybersécurité, assurant ainsi une cohérence globale dans la gouvernance de la sécurité de l'information au sein de l'organisation.

Il n'existe pas de modèle unique pour rédiger une charte[219] de la sécurité de l'information. Chaque organisation peut adapter le format et le contenu selon ses besoins. Cependant, certains éléments essentiels doivent impérativement y figurer, notamment ceux permettant de clarifier les responsabilités des utilisateurs en matière de sécurité de l'information[220].

7.2.2 Politique de Sécurité du Système d'Information — PSSI

L'élaboration de la politique de sécurité de l'information constitue un livrable essentiel de la phase de définition de la stratégie de cybersécurité. Il s'agit d'un document de référence, ou d'un ensemble de déclarations, qui visent à **encadrer les comportements des employés** en matière de protection des données, des systèmes et des actifs informationnels de l'entreprise. Cette politique traduit le niveau d'acceptation des risques par l'organisation tout en précisant les rôles, les responsabilités et les justifications des pratiques attendues.

La politique de sécurité a pour objectif de préserver la **confidentialité**, la **disponibilité**, l'**intégrité** et la **valeur** des actifs de l'entreprise. Elle permet également de se prémunir contre un large éventail de menaces, telles que l'accès non autorisé, le vol, la fraude, le vandalisme, les sinistres (incendies, catastrophes naturelles), les défaillances techniques, les erreurs humaines, les cyberattaques, les actes malveillants, les activités criminelles, ainsi que les opérations de renseignement étranger ou les actes de terrorisme.

---

[219] Exemple de charte de la sécurité de l'Université Columbia aux États-Unis : https://www.tc.columbia.edu/policylibrary/policies/information-security-charter-1227365

[220] Exemple de charte de la sécurité de l'Université Augusta aux États-Unis : https://www.augusta.edu/services/legal/policyinfo/policy/cybersecurity-charter-policy.pdf

Validée par la direction, la politique de sécurité est **un document écrit qui doit rester suffisamment général** pour conserver sa pertinence dans le temps. Il convient d'éviter les formulations trop techniques ou trop spécifiques qui nécessiteraient des mises à jour fréquentes, au rythme des changements technologiques. Par exemple, au lieu d'indiquer : « *Toutes les données au repos doivent être chiffrées avec l'algorithme AES* », il est conseillé d'écrire : « *Toutes les données au repos doivent être chiffrées* ». Le détail des solutions ou des technologies à utiliser sera alors précisé dans des documents complémentaires, tels que les **standards**, qui sont plus souples et peuvent être révisés en fonction des évolutions technologiques.

La rédaction d'une politique de sécurité doit s'appuyer sur un ensemble de **principes directeurs** (clarté, accessibilité, cohérence, applicabilité) afin de garantir sa bonne compréhension, son acceptation par les parties prenantes et son efficacité dans la pratique. Les éléments suivants sont à prendre en compte :

- **Compréhension du rôle de la politique de sécurité dans l'entreprise** — la politique de sécurité joue un rôle fondamental dans la protection des actifs de l'entreprise, y compris ses informations sensibles et sa propriété intellectuelle. Elle définit les comportements attendus, précise les responsabilités des employés et soutient directement la mission et les objectifs de l'entreprise. Pour être efficaces, ces politiques doivent être alignées sur la réalité de l'entreprise et compréhensibles par tous ;
- **Applicabilité de la politique de sécurité** — une politique n'a de valeur que si elle est applicable et appliquée. Elle doit être équitable, réaliste et respectée par tous, de la direction jusqu'aux nouveaux employés. **L'exemplarité des dirigeants est cruciale** : sans leur engagement, l'adhésion du personnel sera compromise. Pour renforcer l'applicabilité, il est recommandé de faire signer une attestation de lecture à chaque employé, tout en précisant clairement les conséquences en cas de non-respect ;

- **Traitement des exceptions à la politique** — des exceptions dans l'application de la politique peuvent parfois être nécessaires pour des raisons justifiées. Dans ce cas, un processus formel d'approbation doit être défini afin que la direction puisse évaluer les risques associés et mettre en place des mesures compensatoires ;
- **Simplicité et clarté de la politique de sécurité** — une bonne politique doit également être concise, structurée par sujet (ex. : contrôle d'accès, usage acceptable), et rédigée dans un langage simple et accessible. L'objectif est de faciliter la compréhension et l'adhésion de l'ensemble du personnel, sans recourir à un jargon technique ou juridique inutile ;
- **Maintien à jour de la politique de sécurité** — la politique doit être régulièrement mise à jour pour rester pertinente face à l'évolution des menaces, des technologies et des processus internes. Une revue annuelle est un minimum, avec diffusion des modifications à tous les employés. La documentation doit être facilement accessible en interne, tout en étant protégée contre les accès non autorisés.

7.2.3 Les politiques de sécurité thématiques

La PSSI peut à elle seule regrouper les principes essentiels de la sécurité de l'information, en définissant les grandes orientations, les responsabilités et les objectifs de protection des actifs numériques de l'entreprise. Elle constitue ainsi une base de référence solide pour structurer l'ensemble de la démarche de cybersécurité de l'entreprise.

Toutefois, selon la complexité du système d'information, les exigences réglementaires ou les besoins opérationnels, il devient nécessaire de fragmenter la PSSI en créant des **politiques thématiques complémentaires** [221] . Celles-ci permettent de détailler les règles applicables à des domaines spécifiques (comme la gestion des accès, le

---

[221] Le site SANS *Cyber Security Policies and Standard* propose une bibliothèque de modèles de politiques de cybersécurité développés en partenariat avec la *Cybersecurity Risk Foundation* (CRF), pour aider les organisations à définir, documenter et déployer rapidement des politiques clés en matière de sécurité de l'information : https://www.sans.org/information-security-policy

chiffrement, l'usage des ressources ou la sécurité du télétravail), afin d'en faciliter l'application, la compréhension et la mise à jour.

Les politiques thématiques facilitent également la mise en œuvre concrète des mesures de sécurité, leur mise à jour ciblée en fonction des évolutions technologiques ou réglementaires, ainsi que la compréhension et l'adhésion des équipes concernées. Elles permettent ainsi d'assurer une application cohérente et opérationnelle de la stratégie de sécurité définie dans la PSSI générale. Ainsi, la combinaison d'une PSSI globale et des politiques thématiques assure une couverture à la fois stratégique et opérationnelle des enjeux de sécurité. Ces différentes politiques de sécurité sectorielles peuvent être classées selon deux catégories : politiques de sécurité de **type administratif** et politiques de sécurité de **type technique**.

Les politiques de sécurité technique définissent en détail les configurations, paramètres et bonnes pratiques technologiques nécessaires pour assurer une utilisation sécurisée et fiable des systèmes d'information. Elles précisent comment les dispositifs, logiciels et infrastructures doivent être déployés et maintenus pour protéger les actifs numériques. Les politiques de sécurité administrative, quant à elles, encadrent le comportement de tous les utilisateurs, en indiquant les règles à respecter et les bonnes pratiques à adopter vis-à-vis des systèmes informatiques. Elles visent à garantir la conformité, à prévenir les incidents liés aux erreurs humaines et à renforcer la culture de sécurité au sein de l'entreprise.

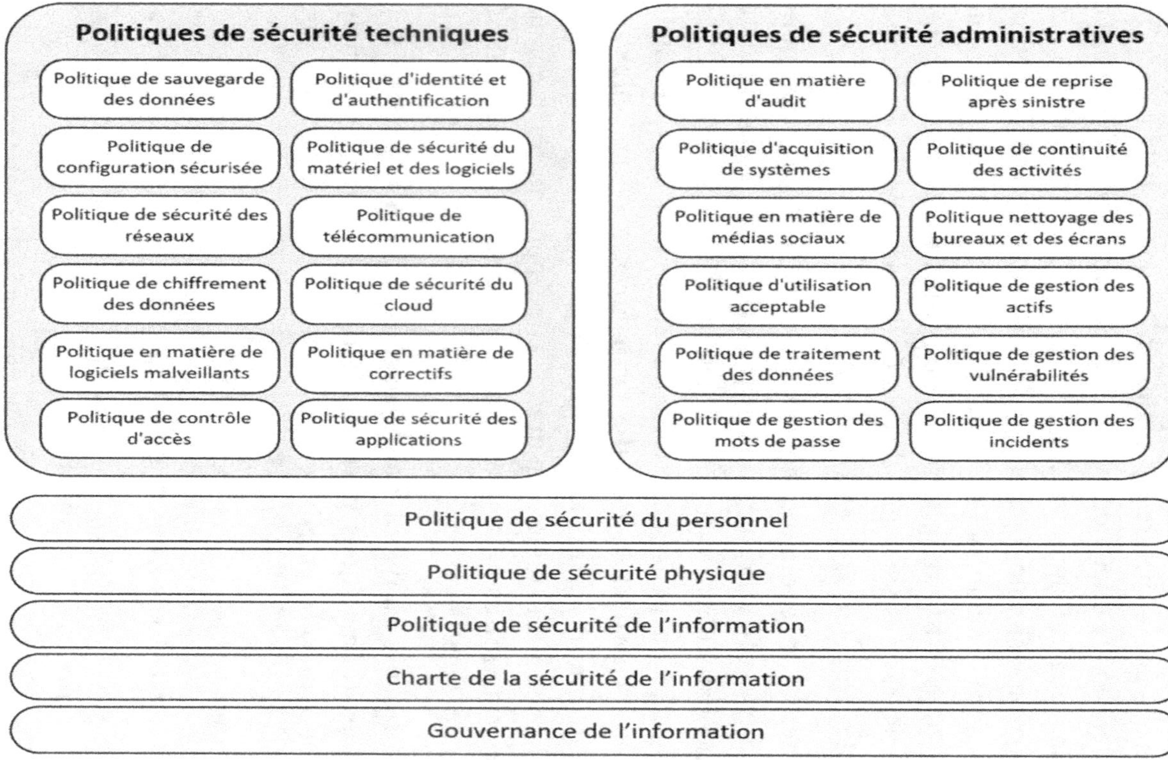

Figure 21 : Les différents types de politiques de sécurité

Le choix entre rester uniquement avec une **PSSI globale** ou adopter des **politiques thématiques** dépend du **niveau de maturité** de l'entreprise, de sa **taille**, de la **complexité de son système d'information** et de ses **ressources disponibles**. Opter pour une **PSSI unique et globale** peut convenir à une structure de petite taille ou en début de démarche cybersécurité. Ce document centralise les principes de sécurité et définit un cadre général applicable à l'ensemble des activités. C'est une approche plus simple à gérer, qui réduit les efforts de rédaction et de maintenance documentaire. Toutefois, cette option présente des limites : une PSSI trop généraliste ne permet pas toujours de traiter en détail les besoins spécifiques de chaque domaine, ce qui peut rendre son application difficile sur le terrain.

À l'inverse, le choix de **compléter la PSSI par des politiques thématiques** offre une meilleure granularité. Chaque politique traite un domaine particulier, avec des règles précises, adaptées aux équipes concernées. Cela permet une **mise en œuvre plus opérationnelle**, une **meilleure compréhension des exigences**, et une **plus grande flexibilité pour les mises à jour**, notamment face aux évolutions technologiques ou réglementaires. Cette approche est recommandée pour les entreprises plus matures ou exposées à des enjeux de sécurité plus complexes.

La PSSI seule convient pour poser les fondations, tandis que **les politiques thématiques permettent d'en décliner les principes de manière concrète et ciblée**, en renforçant l'efficacité du dispositif global de sécurité.

7.3 Système documentaire tactique

7.3.1 Les directives de sécurité

Une **directive de sécurité** est un document de niveau tactique qui vient **compléter et opérationnaliser une politique thématique de sécurité**, en fournissant des consignes précises, concrètes et contextualisées sur la manière d'appliquer les règles de sécurité dans des situations spécifiques. Contrairement à la politique thématique, qui définit **le cadre général, les objectifs de sécurité et les obligations à un niveau normatif**, la directive se concentre sur **le « comment faire »**, avec un niveau de détail adapté aux besoins des utilisateurs métiers, des chefs de projet, des techniciens ou des administrateurs.

Par exemple, une **politique de sécurité des accès** peut exiger que tout utilisateur ait un identifiant unique, que les droits d'accès soient limités selon le principe du moindre privilège, et que toute demande d'accès soit validée par un responsable hiérarchique. En complément, une **directive sur la gestion des comptes utilisateurs** pourra préciser les étapes à suivre pour créer un compte, les justificatifs à fournir, le format d'identifiant à utiliser, la procédure de suppression des comptes inactifs, ou encore les règles de suivi des comptes à privilèges.

La directive est ainsi un **outil d'accompagnement** qui transforme une exigence stratégique en **instructions opérationnelles**, accessibles et applicables au quotidien.

Les directives de sécurité sont particulièrement utiles dans les organisations complexes où les politiques générales, parfois abstraites ou juridiques, peuvent être difficiles à interpréter sur le terrain. En apportant des exemples, des cas d'usage et des recommandations pratiques, elles permettent d'assurer une **mise en œuvre cohérente, adaptée et compréhensible** des règles de sécurité à travers tous les départements. Elles peuvent également être plus facilement mises à jour que les politiques, ce qui permet de suivre l'évolution des technologies, des menaces ou des pratiques métiers.

La directive ne remplace pas la politique : elle la **complète et la rend applicable**. Tandis que la politique thématique fixe le **« quoi »** et le **« pourquoi »**, la directive explique le **« comment » dans un contexte précis**, en faisant le lien entre la stratégie et l'action concrète. Ensemble, elles assurent une gouvernance de la cybersécurité à la fois structurée, réaliste et efficace.

7.3.2 Les standards de sécurité

Un **standard de sécurité**[222] est un document qui complète la politique de sécurité de l'information en apportant des exigences techniques précises, mesurables et applicables. Il sert de guide détaillé pour la mise en œuvre concrète des règles de sécurité, en assurant une cohérence entre les objectifs stratégiques de la PSSI et les pratiques quotidiennes des équipes techniques.

Là où la politique fixe le « **quoi** » et le « **pourquoi** », le standard définit le **« comment »**, en tenant compte des contraintes techniques, des référentiels normatifs (comme ISO/IEC 27001 ou NIST) et des bonnes pratiques du secteur.

Les standards sont indispensables pour garantir l'uniformité des configurations, limiter les erreurs humaines et faciliter les audits de conformité. Par exemple, un **standard de gestion des mots de passe** peut stipuler que tous les comptes doivent utiliser des mots de passe d'au moins 12 caractères, incluant majuscules, minuscules, chiffres et caractères spéciaux, avec une expiration tous les 90 jours, et interdire la réutilisation des cinq derniers mots de passe.

Un autre exemple est le **standard de chiffrement**, qui peut imposer l'utilisation d'**AES-256** pour le stockage des données sensibles ou de **TLS 1.3** pour les communications réseau.

De même, un **standard de sécurité des postes de travail** peut spécifier la désactivation des ports USB, l'installation obligatoire d'un antivirus centralisé et la mise en place d'un verrouillage automatique après 5 minutes d'inactivité.

L'un des avantages majeurs des standards est leur **modularité et leur souplesse**. Ils peuvent être modifiés plus fréquemment que la politique ou la charte, afin de suivre l'évolution des technologies, des menaces ou des exigences de conformité. En outre, ils facilitent la communication entre les équipes de cybersécurité, les responsables IT

---

[222] Définition de « standard » donnée par l'organisme américain, le NIST : https://csrc.nist.gov/glossary/term/standard

et les prestataires, en définissant clairement les configurations minimales attendues.

Les standards sont un maillon essentiel du dispositif documentaire de sécurité, assurant le lien entre la stratégie de sécurité et son application technique sur le terrain.

7.4 Système documentaire opérationnel

7.4.1 Les procédures de sécurité

Les **procédures** constituent des documents essentiels qui détaillent de manière précise et opérationnelle les étapes à suivre pour appliquer efficacement les politiques et les directives de sécurité dans une organisation. Elles traduisent les exigences stratégiques en actions concrètes, claires et reproductibles, permettant aux équipes techniques et aux utilisateurs de réaliser leurs tâches en conformité avec les objectifs de sécurité définis. Ces procédures visent à standardiser les processus, réduire les risques d'erreurs humaines, assurer la traçabilité des opérations et faciliter la formation ainsi que les contrôles.

Par exemple, une **procédure de gestion des incidents** décrit les étapes à suivre dès la détection d'un problème de sécurité : identification, confinement, analyse, correction, communication et rapport. Elle précise qui doit être alerté, comment isoler un système compromis, quels outils utiliser pour collecter des preuves, et comment documenter chaque action pour garantir une réponse rapide et efficace. Dans un **Security Operations Center (SOC),** cette procédure est encore fragmentée en **fiches réflexes**[223] dont chacune permet d'effectuer des actions spécifiques à un type d'incident donné. Elles jouent un rôle essentiel en servant de boussole aux analystes et en permettant de

---

[223] La page CERT Santé rassemble des fiches réflexes produites par le CERT Santé, destinées aux RSSI, aux administrateurs système, et plus largement aux acteurs techniques et de gouvernance, afin de les aider à qualifier des incidents de cybersécurité et à engager des actions d'endiguement dès les premières phases d'un acte de cyber-malveillance : https://cyberveille.esante.gouv.fr/reagir-un-acte-de-cyber malveillance-fiches-reflexes

standardiser les actions à mener. Au lieu que chacun réagisse à sa manière, elles définissent un processus clair et homogène.

De même, une **procédure de sauvegarde des données** détaille la fréquence des sauvegardes, les supports utilisés, la vérification de l'intégrité des copies, ainsi que les modalités de restauration en cas de perte d'informations. Cela garantit que les données critiques sont protégées contre les sinistres ou attaques et peuvent être restaurées rapidement pour assurer la continuité d'activité.

Une autre illustration est la **procédure d'attribution et de révocation des droits d'accès** qui définit les étapes pour créer un compte utilisateur, attribuer des permissions en fonction des rôles, et retirer les accès lors du départ ou du changement de poste d'un collaborateur. Cette procédure est souvent accompagnée d'un formulaire de demande d'accès, d'une validation par un responsable hiérarchique, et d'un suivi régulier pour éviter les privilèges excessifs.

7.4.2 Les guides de sécurité

Les **guides de sécurité** sont des documents pratiques destinés à accompagner les utilisateurs et les équipes techniques dans l'application des bonnes pratiques de sécurité au quotidien. Leur objectif principal est de fournir des instructions claires, pédagogiques et accessibles, afin de faciliter la compréhension et la mise en œuvre des mesures recommandées.

Contrairement aux politiques, qui fixent des règles générales, ou aux procédures, qui détaillent des étapes précises, les guides expliquent souvent le « **pourquoi** » et le « **comment** » d'une manière plus didactique, parfois avec des illustrations, des exemples concrets ou des checklists[224]. Par exemple, un **guide de sécurité pour les utilisateurs** peut expliquer comment créer un mot de passe robuste en combinant

[224] Des organismes comme l'ANSSI, le CIS ou le NIST publient régulièrement des recommandations de sécurité. Le NIST SP 800-70, par exemple, propose des guides de configuration sécurisée pour divers systèmes. Ces ressources servent de référence pour définir des configurations fiables, réduire les risques et aligner les pratiques sur les standards de cybersécurité.

majuscules, minuscules, chiffres et caractères spéciaux, tout en déconseillant la réutilisation des mots de passe sur plusieurs services. Il peut également sensibiliser aux risques de phishing en montrant des exemples de courriels frauduleux et en listant les comportements à adopter pour s'en protéger.

De leur côté, les équipes techniques peuvent s'appuyer sur un **guide de configuration sécurisée** d'un serveur Web, qui détaille les réglages à appliquer pour limiter les vulnérabilités, activer les mises à jour automatiques, configurer un certificat SSL, restreindre les accès.

Ainsi, les guides de sécurité jouent un rôle clé dans la formation et la sensibilisation, tout en facilitant l'adoption des bonnes pratiques à tous les niveaux de l'organisation. Leur format pédagogique et évolutif les rend particulièrement adaptés pour accompagner les utilisateurs dans un environnement informatique en constante évolution.

PARTI III

ARCHITECTURE ET CONCEPTION DE LA SÉCURITÉ — LES TACTIQUES DE CYBERSÉCURITÉ

CHAPITRE 8

ARCHITECTURE DE SÉCURITÉ ET ALIGNEMENT AVEC L'ARCHITECTURE D'ENTREPRISE

La cybersécurité n'est pas une activité opérée en vase clos. Elle découle de besoins commerciaux de l'entreprise. De ce fait, toutes ses activités doivent être menées en parfaite cohésion avec les exigences exprimées par les responsables de l'entreprise. Ce chapitre revient sur la nécessité d'aligner les exigences sécurité aux besoins commerciaux.

8.1 Architecture d'entreprise et alignement stratégique

8.1.1 Les notions d'architecture d'entreprise

Les différentes entités au sein d'une même entreprise doivent partager un cadre de référence commun pour orienter et harmoniser leurs initiatives digitales. L'absence d'un langage unifié ou d'une vision partagée peut engendrer des incompréhensions, des doublons, voire des investissements contradictoires, autant de dérives éventuellement coûteuses pour l'entreprise. C'est dans ce contexte que l'**architecture d'entreprise**[225] s'impose comme un levier stratégique, en facilitant l'alignement des systèmes d'information avec les priorités métiers et les objectifs de performance.

L'architecture d'entreprise est une démarche complexe, à la fois conceptuelle et structurante, qui dépasse largement le champ purement technique. Elle **permet de mieux comprendre comment l'entreprise**

---

225 « *The purpose of enterprise architecture is to optimize across the enterprise the often fragmented legacy of processes (both manual and automated) into an integrated environment that is responsive to change and supportive of the delivery of the business strategy.* » — TOGAF Standard, Version 9.2, The Open Group, 2018.

fonctionne dans son ensemble : quelles sont ses grandes fonctions, comment interagissent ses différentes parties prenantes, et à travers quels processus circulent les flux d'information, de valeur et de décision. Grâce à cette vision transversale, **les dirigeants d'entreprise peuvent prendre des décisions éclairées**, garantissant que chaque investissement technologique soutient effectivement la stratégie globale de l'entreprise.

Toutefois, cette discipline reste encore mal comprise. En effet, dans de nombreuses structures, la responsabilité de l'architecture d'entreprise est encore exclusivement confiée aux équipes des technologies de l'information (TI), comme s'il s'agissait simplement d'une extension de l'architecture des systèmes. Le rôle d'un **architecte d'entreprise** est confondu avec celui d'un architecte T.I. Or, contrairement à cette idée encore trop répandue, **l'architecture d'entreprise ne se limite pas à des considérations technologiques**. Elle s'intéresse avant tout à la **dimension métier**, autrement dit au fonctionnement global de l'organisation, à ses objectifs stratégiques et à la manière dont elle crée de la valeur. C'est précisément cette **orientation vers le « business »** qui pousse certains spécialistes à privilégier le terme **« architecture d'affaires » (AA)** plutôt que celui d'architecture d'entreprise (AE), afin de mieux refléter l'ancrage de cette discipline dans le cœur d'activité de l'entreprise (Hadaya & Gagnon, 2017). Le rôle d'architecte d'entreprise devient alors un **profil hybride**, à la croisée des domaines métier, technologique et stratégique, capable d'assurer la cohérence globale de la transformation numérique.

Dans cette perspective, l'architecture d'entreprise peut être définie comme une démarche intégrée de **planification**, de **modélisation**, de **mise en œuvre** et de **pilotage stratégique**. Elle vise à structurer la transformation organisationnelle à travers un ensemble de principes, de méthodes et de référentiels, permettant de **décrire, d'analyser et de faire évoluer l'entreprise dans son ensemble**. Elle agit ainsi comme une passerelle entre la vision stratégique de la direction générale et les réalités opérationnelles, en apportant une lecture transversale des fonctions, des processus, des flux d'information et des systèmes technologiques.

Les auteurs **Hadaya** et **Gagnon** (2017) soulignent que l'architecture d'entreprise constitue un cadre systématique qui permet de **coordonner les décisions et les investissements** dans un environnement de plus en plus complexe, en garantissant la cohérence et l'alignement entre les composantes métier et technologiques. Elle devient dès lors un levier de gouvernance stratégique essentiel, particulièrement dans un contexte de transformation numérique accélérée.

La chercheuse **Jeanne W. Ross**[226], en collaboration avec Peter Weill et David Robertson, propose une définition structurante de l'architecture d'entreprise dans leur ouvrage de référence *Enterprise Architecture as Strategy* (2006). Selon ces spécialistes, « *l'architecture d'entreprise est la logique d'organisation des processus métier et de l'infrastructure informatique qui reflète les exigences d'intégration et de standardisation du modèle opérationnel de l'entreprise.* » Cette définition met en lumière sa fonction essentielle : **établir une cohérence entre les processus clés et les systèmes d'information**, de manière à soutenir efficacement le fonctionnement global de l'organisation. Il ne s'agit donc pas simplement d'optimiser l'usage de la technologie, mais de concevoir un **socle commun organisationnel et technique** au service de la stratégie.

Pour approfondir cette idée, les auteurs introduisent le concept central de **« fondation pour l'exécution »** (*foundation for execution*), qu'ils considèrent comme une condition sine qua non à la réussite stratégique dans un environnement numérique. Cette fondation se définit comme « *l'infrastructure informatique et les processus métiers numérisés qui automatisent les capacités essentielles de l'entreprise* ».

226 Jeanne W. Ross est une théoricienne organisationnelle américaine et ancienne chercheuse principale au MIT Sloan Center for Information Systems Research (CISR), reconnue pour ses travaux pionniers sur l'architecture d'entreprise et la gouvernance des systèmes d'information. Profil sur LinkedIn de la chercheuse Jeanne Ross : https://www.linkedin.com/in/jeannewross

Intégration des processus d' affaires	**Élevé**	**Coordination** • Des unités commerciales uniques qui ont besoin de connaître les transactions des autres • Exemples: Scotland Yard, Toyota Motor Marketing Europe, MetLife • Capacité informatique clé : accès aux données partagées, grâce à des interfaces technologiques standard	**Unification** • Une entreprise unique avec des normes de processus mondiales et un accès mondial aux données. Exemples : Delta Air Lines, Dow Chemical, Washington, DC Gouvernement • Capacité informatique clé : systèmes d'entreprise renforçant les processus standard et fournissant un accès global aux données
	Faible	**Diversification** • Des unités commerciales indépendantes ayant des clients et des compétences différentes. Exemples : Johnson & Johnson, Carlson Companies, GE • Capacités informatiques clés : permettre des économies d'échelle sans limiter l'indépendance	**Réplication** • Unités d'affaires indépendantes, mais similaires. Exemples : Marriott, CEMEX, ING DIRECT, UNICEF • Capacité informatique clé : fournir une infrastructure et des composants d'application standard pour une efficacité globale
		Faible	**Élevé**
		Standardisation des processus d'affaires	

Tableau 17 : Caractéristiques des quatre modèles d'opération d'une entreprise[227]

[227] Traduction libre de (Ross, Weill, & Robertson, 2006)

Autrement dit, elle représente le **noyau stable** sur lequel repose l'ensemble des opérations, permettant à l'entreprise d'atteindre agilité, fiabilité et performance dans ses activités. Cette base repose sur **trois composantes clés** :

1. **Le modèle opérationnel**, qui décrit le degré d'intégration et de standardisation des processus dans l'entreprise. Ses composantes, matérialisées par quatre différentes combinaisons représentant des modes de fonctionnement d'une entreprise, constituent le socle qui soutient l'architecture d'entreprise :

    - **La diversification** — standardisation faible, intégration faible. Chaque unité opère de façon largement indépendante, avec ses propres processus et systèmes, car les activités, produits ou clients sont très différents d'une entité à l'autre ;
    - **La coordination** — standardisation faible, intégration élevée. Les différentes unités partagent des données clés et travaillent de manière interdépendante, afin d'offrir une expérience homogène au client tout en conservant une certaine autonomie opérationnelle ;
    - **La réplication** — standardisation élevée, intégration faible. Les unités reprennent un même modèle opérationnel, répliqué à travers l'organisation (par exemple une franchise), ce qui permet d'assurer la cohérence et la maîtrise des coûts tout en facilitant l'expansion ;
    - **L'unification** — standardisation élevée, intégration élevée. L'entreprise fonctionne comme une entité intégrée, avec des processus communs et un système d'information standardisé, favorisant l'efficacité et la cohérence à grande échelle.

2. **L'architecture d'entreprise**, qui sert de plan directeur pour concevoir et faire évoluer les processus et systèmes selon ce modèle. C'est la logique organisationnelle des processus et de l'infrastructure informatique permettant de matérialiser les niveaux d'intégration et de standardisation établis dans le modèle d'opération ;

3. **Le modèle d'engagement des Technologies de l'Information**, qui définit les mécanismes de gouvernance, les rôles, les responsabilités et les comportements attendus des différentes parties prenantes pour garantir un alignement stratégique.

Cette approche montre que l'architecture d'entreprise dépasse le simple cadre technique : elle se transforme en un véritable levier de pilotage stratégique, organisant l'entreprise autour de processus intégrés et d'un système d'information cohérent, tout en facilitant la mise en œuvre agile et harmonieuse de la vision et des objectifs de l'organisation.

8.1.2 Alignement stratégique des Technologies de l'Information

Dans le cadre de la mise en œuvre d'une stratégie d'entreprise, **les Technologies de l'Information (TI)** occupent une place centrale. En effet, la stratégie peut être définie comme l'ensemble des choix permettant à une organisation d'atteindre ses objectifs à travers une mobilisation cohérente de ses ressources humaines, financières, opérationnelles et technologiques. Les TI constituent à ce titre un levier incontournable de performance, d'innovation et d'agilité organisationnelles. Cependant, pour que ce levier joue pleinement son rôle, il est impératif d'assurer **un alignement étroit entre les orientations stratégiques de l'entreprise et ses décisions technologiques**. Cela suppose que les choix en matière d'infrastructure, d'applications ou de systèmes soient guidés par les finalités métiers, et non dictés uniquement par des logiques techniques ou opportunistes.

Lorsque la conception de l'environnement technologique est confiée exclusivement au département informatique, sans une vision d'ensemble pilotée par la stratégie de l'entreprise, cela mène bien souvent à une prolifération d'outils, de plates-formes et de solutions mal intégrées. Ce morcellement technologique fragilise la cohérence des processus, complique la gouvernance des données et nuit à la capacité de l'entreprise à atteindre efficacement ses objectifs.

Pour atteindre ses ambitions, toute entreprise doit commencer par **définir une stratégie claire**, fondée sur ses priorités et ses ressources.

Cette stratégie constitue **le socle des décisions futures**, notamment en matière d'investissements technologiques. Une fois les orientations stratégiques établies, **l'architecture d'entreprise** intervient comme un levier fondamental pour **transformer ces choix en actions concrètes et coordonnées**. Elle sert de pont entre les objectifs stratégiques et leur exécution opérationnelle à travers des processus, des systèmes et des ressources.

L'architecture d'entreprise se structure à partir des **lignes directrices définies par les décideurs**. Elle permet de **formaliser les besoins métiers en capacités organisationnelles**, puis de les traduire en exigences fonctionnelles et technologiques. C'est dans ce cadre que les projets de transformation numérique, les acquisitions de solutions logicielles ou encore les initiatives d'automatisation peuvent être évalués **sur la base de leur contribution directe aux résultats de l'entreprise**, et non uniquement sur leur valeur technologique.

L'alignement stratégique des technologies de l'information signifie que ces dernières doivent être **sélectionnées et déployées dans une logique de soutien aux finalités globales** de l'entreprise. Les TI ne doivent pas évoluer en silo, mais s'inscrire dans une démarche cohérente où leur rôle est de renforcer les capacités internes à atteindre les objectifs stratégiques. Elles deviennent ainsi **un outil d'optimisation du modèle d'affaires**, et non une fin en soi.

Prenons l'exemple d'une entreprise qui souhaite **accroître son chiffre d'affaires de 10 % par an sur une période de cinq ans**. Cet objectif stratégique impose une évolution de ses capacités commerciales. Pour y parvenir, la direction peut décider de **renforcer sa présence sur les canaux digitaux**. Cette nouvelle orientation implique **la mise en œuvre d'un plan marketing numérique** et **la création d'un portail Web moderne**, connecté à une base centralisée de données clients, offrant une expérience personnalisée. Dès lors, les choix technologiques (nouveaux outils CRM, refonte du site Web, automatisation du parcours client) ne sont plus pris isolément, mais **dans une logique intégrée**, dictée par les objectifs stratégiques.

La cohérence entre la stratégie d'affaires, l'architecture d'entreprise et les solutions TI garantit que chaque initiative contribue effectivement à générer de la valeur pour l'entreprise.

L'architecture d'entreprise a une portée globale pilotée par des objectifs stratégiques à moyen ou long terme alors que l'architecture TI est un sous-ensemble de cette dernière, plus centré sur les aspects techniques et opérationnels des systèmes informatiques, tels que les infrastructures, les applications, les bases de données ou la sécurité. L'architecture TI est davantage orientée vers la mise en œuvre concrète des solutions technologiques à court ou moyen terme.

Aspect	Architecture d'Entreprise	Architecture TI
Définition	Vision globale et stratégique de l'entreprise intégrant tous ses aspects (business, processus, organisation, SI, etc.).	Sous-ensemble de l'architecture d'entreprise dédié aux systèmes d'information et technologies.
Objectif principal	Aligner la stratégie métier avec les ressources et capacités de l'entreprise.	Concevoir, planifier et gérer l'infrastructure technologique et les applications.
Portée	Très large, couvre l'ensemble de l'entreprise.	Plus restreinte, focalisée sur les technologies et systèmes informatiques.
Composants clés	Business model, processus métiers, gouvernance, applications, données, technologie.	Infrastructure réseau, serveurs, bases de données, applications, sécurité informatique.
Utilisateurs principaux	Direction générale, managers métiers, responsables projets.	DSI, architectes IT, ingénieurs systèmes, administrateurs réseaux.
Exemples de livrables	Cartographie métier, plans stratégiques, modèle organisationnel, feuille de route transformation.	Schémas réseaux, cartographie applicative, diagrammes d'architecture technique.
Temps/horizon	Moyen à long terme, évolutions stratégiques.	Court à moyen terme, évolutions technologiques.

Tableau 18 : Les différences clés entre l'architecture d'entreprise et l'architecture TI.

8.2 Cadres de référence en architecture d'entreprise

L'architecture d'entreprise s'appuie sur des cadres méthodologiques et des normes largement adoptés par les professionnels pour structurer, planifier et gouverner les transformations organisationnelles. Parmi les cadres les plus reconnus, on retrouve notamment **TOGAF (The Open Group Architecture Framework)**, **Zachman** et **SABSA (Sherwood Applied Business Security Architecture)**.

TOGAF propose une approche complète pour le développement d'une architecture d'entreprise, en mettant l'accent sur l'alignement entre les objectifs stratégiques de l'organisation et ses ressources technologiques. **Le cadre de Zachman**, quant à lui, repose sur une matrice descriptive qui permet d'analyser une entreprise selon différentes perspectives (quoi, comment, où, qui, quand, pourquoi) et à plusieurs niveaux d'abstraction.

Contrairement à ces deux cadres généralistes, **SABSA** se distingue par son orientation spécifique vers la **gouvernance de la sécurité de l'information**. Elle est particulièrement utilisée dans les contextes où les enjeux de cybersécurité doivent être intégrés de manière cohérente aux architectures d'entreprise, en partant des exigences métier jusqu'aux mécanismes techniques de contrôle. Ces cadres ne sont pas mutuellement exclusifs et peuvent être combinés de manière complémentaire selon les besoins et les priorités de l'entreprise.

Critères	TOGAF	Zachman	SABSA
Type de cadre	Cadre d'architecture d'entreprise complet (Enterprise Architecture).	Cadre de classification (taxonomie/matrice).	Cadre d'architecture de sécurité axé sur les risques.
Objectif principal	Fournir une méthode (ADM) pour concevoir, planifier, mettre en œuvre et gouverner l'architecture d'entreprise.	Organiser et structurer les artefacts d'architecture selon différentes perspectives.	Définir et mettre en œuvre une architecture de sécurité alignée aux besoins métiers.
Approche	Processus structuré (ADM: Architecture Development Method).	Modèle descriptif (6 perspectives × 6 questions fondamentales).	Cycle de vie orienté sécurité (Business-driven security architecture).
Orientation	Large, couvre métier, données, applications, technologie.	Conceptuelle, vue organisationnelle et technique.	Spécialisée, focalisée sur la sécurité et la gestion des risques.
Forces	Méthodologie complète et adaptable, largement adoptée, supportée par l'Open Group.	Simplicité, clarté, applicable à tout type de système.	Alignement métier-sécurité, gestion proactive des risques, très pratique en cybersécurité.
Limites	Peut-être lourd et complexe à déployer.	Pas de méthodologie, uniquement un cadre de classification.	Focalisé sur la sécurité, moins adapté à l'architecture globale d'entreprise.
Usage courant	Gouvernance d'architecture d'entreprise, transformation digitale.	Documentation et structuration des artefacts d'architecture.	Conception d'architectures de sécurité robustes et alignées aux objectifs métiers.

Tableau 19 : Tableau comparatif TOGAF vs Zachman vs SABSA

8.2.1 Cadre d'architecture Zachman

Le **Zachman Architecture Framework (ZAF)** est l'un des tout premiers cadres d'architecture d'entreprise, et demeure aujourd'hui une référence incontournable. Considéré comme le véritable **précurseur** des approches structurées d'architecture, il a été conçu par **John A. Zachman** en **1987**, alors qu'il travaillait chez IBM (de 1964 à 1990). Son article fondateur, intitulé « *A Framework for Information Systems Architecture* », a été publié dans le **IBM Systems Journal**, marquant un tournant majeur dans la formalisation de l'architecture des systèmes d'information.

Zachman propose une **grille de lecture rigoureuse et universelle** pour modéliser et décrire les architectures d'entreprise, aussi bien actuelles que futures. Il est notamment utilisé pour identifier **l'ensemble des composants clés** d'un système, comprendre leurs relations, et répondre aux préoccupations variées des parties prenantes. Cette démarche s'apparente à celle d'un **architecte de bâtiment**, qui doit prendre en compte des contraintes diverses telles que l'environnement, les normes réglementaires, les besoins des usagers, ou les conditions climatiques.

Le modèle *Zachman* repose sur une **matrice à double entrée**, structurée autour de **six lignes** et **six colonnes**, soit **36 cellules**[228]. Les **lignes** représentent les **points de vue** des acteurs majeurs de l'entreprise (le planificateur, le propriétaire, le concepteur, le constructeur, le sous-traitant et le système lui-même). Les **colonnes**, quant à elles, correspondent aux **questions fondamentales** à poser sur un système : Quoi, Comment, Où, Qui, Quand, et Pourquoi.

Chacun des points d'intersection ou cellule de la matrice fournit une perspective unique et complémentaire sur le système étudié en donnant une **représentation spécifique d'un artefact**, vue selon un certain **point de vue (ligne)** et une **interrogation fondamentale (colonne)**. Par exemple, la cellule à l'intersection de la ligne « propriétaire » et de la colonne « quoi » décrit les **entités métier** essentielles selon la perspective du propriétaire (ex. : produits, clients), tandis que la cellule

---

[228] Introduction to Zachman Framework: https://www.bmc.com/blogs/zachman-framework

croisant la ligne « constructeur » et la colonne « comment » dépeindra les **spécifications techniques** des processus.

	What (Data)	How (Function)	Where (Locations)	Who (People)	When (Time)	Why (Motivation)
Scope {contextual} Planner	List of things important to the business	List of processes that the business performs	List of locations in which the business operatses	List of organizations important to the business	List of events/ cycles important to the business	List of business goals/strategies
Enterprise Model {conceptual} Business Owner	e.g. Semantic Model	e.g. Business Process Model	e.g. Business Logistics System	e.g. Workflow Model	e.g. Master Schedule	e.g. Business Plan
System Model {logical} Designer	e.g. Logical Data Model	e.g. Application Architecture	e.g. Distributed System Architecture	e.g. Human Interface Architecture	e.g. Process Structure	e.g. Business Rule Model
Technology Model {physical} Implementer	e.g. Physical Data Model	e.g. System Design	e.g. Technology Architecture	e.g. Presentation Architecture	e.g. Control Structure	e.g. Rule Design
Detailed Representation {out-of-context} Subcontractor	e.g. Data Definition	e.g. Program	e.g. Network Architecture	e.g. Security Architecture	e.g. Timing Definition	e.g. Rule Definition
Functioning System	e.g. Data	e.g. Function	e.g. Network	e.g. Organization	e.g. Schedule	e.g. Strategy

Figure 22 : Structure du modèle Zachman[229]

Le modèle ne prescrit pas de méthode ou de processus, mais sert de **structure logique** permettant de **classer, organiser et relier** les représentations d'architecture produites dans le cadre de projets complexes. Cette structure favorise une compréhension partagée entre les parties prenantes, limite les ambiguïtés, et facilite la **traçabilité des exigences** tout au long du cycle de vie du système. Le modèle n'impose ni outil ni méthode, mais sert de **cadre de classification**, souvent utilisé en complément de méthodologies telles que TOGAF ou **ArchiMate**. Zachman lui-même souligne que « *le cadre n'est pas une méthode, mais une logique descriptive qui permet d'organiser les artefacts* » (Zachman, 2003). Ce caractère modulaire et adaptatif explique sa pérennité et sa compatibilité avec divers contextes organisationnels et technologiques (Sessions, 2007).

[229] Source image https://enterpriseunifiedprocess.com/essays/zachmanframework.html

8.2.2 The Open Group Architecture Framework – TOGAF

À l'instar du cadre *Zachman*, **TOGAF** (*The Open Group Architecture Framework*) constitue un **référentiel méthodologique majeur** permettant aux organisations d'aligner leurs objectifs technologiques sur leur stratégie globale. TOGAF aide à structurer l'ensemble du processus d'architecture, en facilitant la **définition, l'analyse et l'organisation des exigences métier, techniques et fonctionnelles** avant même le démarrage des projets. Cette anticipation permet non seulement d'accélérer les phases de développement, mais aussi de **réduire les risques d'erreur**, de **respecter les délais et les budgets**, et de garantir une cohérence constante entre les solutions informatiques et les besoins des unités opérationnelles.

Créé en **1995**, *TOGAF* est élaboré et continuellement enrichi par les membres de **The Open Group**, au sein de son comité spécialisé appelé **Architecture Forum**[230]. Grâce à sa structure modulaire et à son approche centrée sur le cycle de vie architectural, *TOGAF* s'impose aujourd'hui comme **l'une des méthodes les plus largement adoptées** dans le monde pour le développement et la gouvernance des architectures d'entreprise. Le cadre repose sur l'**ADM** (*Architecture Development Method*), une méthode structurée et itérative composée de huit phases allant de la définition de la vision d'architecture jusqu'à la gestion du changement. Ce cycle guide l'analyse des besoins, la modélisation des architectures métier, applicative et technologique, la planification de la transformation et la supervision de la mise en œuvre. TOGAF intègre également des outils complémentaires tels que le **Content Framework**[231], qui formalise les livrables types, et

[230] Le site *Architecture Forum* de *Open Group* présente un espace mondial dédié à l'élaboration et à la promotion des normes d'architecture d'entreprise, dont TOGAF. Plus de 200 organisations y collaborent pour renforcer l'efficacité, l'interopérabilité et l'innovation en EA : https://www.opengroup.org /architecture-forum.

[231] TOGAF Content Framework : un cadre qui définit la structure, les livrables, les artefacts et les modèles nécessaires pour construire et gérer une architecture d'entreprise de manière cohérente et standardisée.

l'**Enterprise Continuum**[232], qui favorise la réutilisation de modèles et de solutions selon leur niveau d'abstraction.

En mobilisant une base de ressources riche et des rôles bien définis (architecte d'entreprise, métier, technique, etc.), TOGAF renforce la gouvernance, la collaboration interdisciplinaire et la cohérence globale des projets. Flexible et modulaire, il peut être combiné à d'autres référentiels comme ITIL, COBIT ou ISO/IEC 27 001.

8.2.3 Sherwood Applied Business Security Architecture

SABSA[233] est un cadre d'architecture d'entreprise spécifiquement orienté vers la **sécurité des systèmes d'information**. Conçu par **John Sherwood** en 1995, son approche a été formalisée en 1996 dans la publication intitulée *« SABSA : A Method for Developing the Enterprise Security Architecture and Strategy »*. Depuis sa parution, *SABSA* s'est imposé comme le **référentiel de référence** pour la conception d'architectures de sécurité d'entreprise cohérentes, alignées sur les objectifs métiers. À ce jour, aucun autre cadre n'a su traiter de manière aussi complète et intégrée les problématiques de sécurité à l'échelle de l'architecture d'entreprise.

Utilisé mondialement dans des domaines variés, notamment dans les secteurs de la finance, de l'industrie, des télécommunications, des gouvernements et de la défense, *SABSA* est reconnu pour sa robustesse et sa capacité à répondre aux exigences de sécurité stratégiques, tactiques et opérationnelles. Il est inspiré du **modèle Zachman**, et adopte une structure à six perspectives, chacune représentant un point de vue clé dans le processus d'élaboration du système : du propriétaire métier jusqu'au point de vue opérationnel.

---

[232] Enterprise Continuum : un référentiel conceptuel qui organise et classe les modèles, architectures et solutions disponibles, allant des fondations génériques aux architectures spécifiques à l'organisation.

[233] Le site https://sabsa.org, géré par The SABSA Institute, met à disposition une méthodologie éprouvée, SABSA (Sherwood Applied Business Security Architecture), destinée à élaborer des architectures de sécurité informatique à la fois orientées vers les objectifs métiers, équilibrées entre risques et opportunités, et traçables au sein du cycle de vie des systèmes.

Toutefois, SABSA se distingue par l'ajout d'une **dimension verticale dédiée à la gestion des services de sécurité**, qui traverse l'ensemble des cinq autres couches. Cette structuration reflète une conviction centrale du cadre : les considérations liées à la sécurité ne doivent pas être traitées isolément, mais intégrées à chaque niveau de l'architecture, depuis la stratégie jusqu'à l'exploitation. Ainsi, les services de sécurité prennent un sens particulier à chaque couche, qu'il s'agisse de la définition des objectifs métier, de la modélisation des processus, de la conception technique ou de l'opérationnalisation. Par cette approche systémique et contextuelle, SABSA garantit que la sécurité n'est pas un ajout tardif ou périphérique, mais un **pilier intrinsèque de la gouvernance et de la performance globale** de l'architecture d'entreprise.

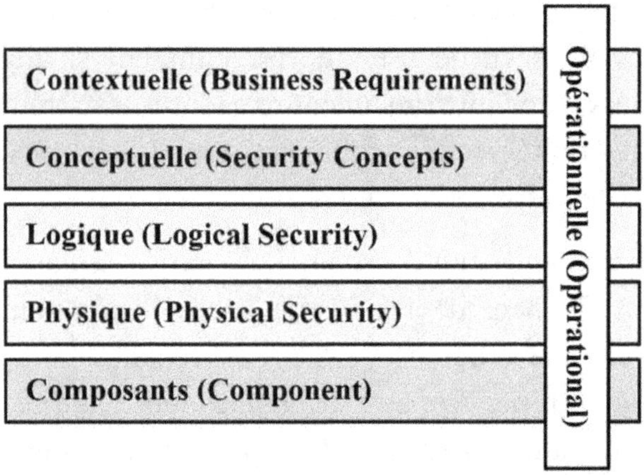

Figure 23 : Transversalité de la couche gestion opérationnelle de la sécurité

CHAPITRE 9

PLANIFICATION DE LA SÉCURITÉ DES SYSTÈMES ET RÉSEAUX

La mise en place d'une infrastructure de sécurité repose sur une démarche structurée et cohérente qui nécessite une planification rigoureuse intégrant les exigences internes de l'entreprise et les contraintes de son environnement. Après l'alignement avec la stratégie commerciale abordé dans le précédent chapitre, celui-ci se concentre sur la dimension technologique de la mise en œuvre. Il propose une analyse des principaux modèles d'architecture de sécurité pouvant être adoptés pour soutenir efficacement cette démarche.

9.1 Objectifs fondamentaux de la sécurité

La sécurité des réseaux et des systèmes repose sur quatre piliers complémentaires : la **confidentialité**, **l'intégrité**, la **disponibilité** et la **traçabilité**. Ces axes structurent l'ensemble des actions de sécurité technique et opérationnelle.

La **confidentialité** vise à limiter l'accès aux informations sensibles aux seules personnes autorisées, grâce à des mécanismes de contrôle d'accès, de chiffrement et d'authentification forte. **L'intégrité** garantit que les données et les systèmes restent exacts, fiables et non altérés, en utilisant notamment des fonctions de hachage, des signatures numériques et des mécanismes d'audit. La **disponibilité** concerne la capacité des utilisateurs à accéder aux services, aux ressources et aux données en temps voulu, grâce à des dispositifs de redondance, de supervision et de reprise d'activité en cas d'incident. La **traçabilité** assure le suivi et l'enregistrement de tous les actions et événements sur les systèmes et réseaux, facilitant la détection d'anomalies, la réponse aux incidents et la conformité aux exigences réglementaires.

Pour atteindre ces objectifs, la direction des systèmes d'information doit impérativement définir un **périmètre de sécurité clair**, notamment la frontière entre le réseau interne de l'organisation et les réseaux externes comme Internet. Cette cartographie permet de dimensionner une architecture de sécurité adaptée, intégrant des outils de protection comme les pare-feux, les systèmes de détection et de prévention d'intrusion, les passerelles sécurisées, ou les VPN pour l'accès distant. Il est également essentiel de mettre en œuvre une **approche multicouche**, ou défense en profondeur, dans laquelle chaque couche (réseau, application, utilisateur) applique ses propres contrôles et politiques de sécurité[234].

Le réseau, ossature du système d'information, doit être considéré comme une ressource critique. Sa sécurisation passe par l'application coordonnée de mesures techniques (filtrage, segmentation, chiffrement, supervision), mais aussi organisationnelles (gestion des accès, procédures de réaction, sensibilisation). L'objectif est de créer un environnement de confiance, capable de résister aux menaces internes ou externes, tout en assurant la continuité des opérations.

La mise en œuvre d'une sécurité réseau efficace repose sur une combinaison de **mesures techniques, organisationnelles et procédurales**. Il est recommandé d'adopter une démarche progressive, structurée autour des axes suivants :

- **Identification et classification des actifs critiques** — recenser les systèmes, les applications et les données sensibles, et définir leur niveau de criticité ;
- **Définition des exigences de sécurité** — pour chaque actif identifié, spécifier les exigences de confidentialité, d'intégrité, de disponibilité et de traçabilité ;

[234] Sécurité des réseaux par Cisco Systems : https://www.cisco.com/c/en/us/products/security/what-is-network-security.html

- **Choix des mécanismes de protection** — sélectionner les technologies de sécurité adaptées aux risques identifiés (pare-feu de nouvelle génération, NAC, chiffrement, cloisonnement) ;
- **Mise en place d'une supervision continue** — surveiller l'activité réseau, détecter les comportements anormaux, automatiser les alertes via des outils SIEM ;
- **Documentation et gouvernance** — formaliser les politiques d'accès, les processus de gestion des incidents et les responsabilités.

L'ensemble de ces actions s'inscrit dans une **politique de sécurité validée par la direction**, régulièrement revue, et intégrée dans le système de management de la sécurité de l'information de l'entreprise.

9.2 Architectures de Référence en Cybersécurité

La mise en place d'infrastructures numériques sécurisées et résilientes demeure un défi majeur pour les entreprises, en raison de la **complexité croissante des systèmes**, de la **diversité des menaces** et de **l'évolution rapide des technologies**. Si de nombreuses solutions technologiques, produits et méthodologies sont aujourd'hui proposés sur le marché pour renforcer la posture de sécurité des entreprises, ils restent généralement focalisés sur des périmètres spécifiques, tels que les postes de travail, les serveurs, les environnements cloud ou les réseaux, sans offrir **une vision unifiée et cohérente** de l'ensemble de l'écosystème numérique à sécuriser. Or, les études et retours d'expérience convergent vers une exigence clé : les professionnels de la cybersécurité doivent disposer d'une **vision globale et intégrée** de leur environnement technologique afin de concevoir des stratégies de protection réellement efficaces. Cette approche dite **holistique** permet d'assurer une meilleure cohérence entre les dispositifs de sécurité, les objectifs opérationnels et les exigences stratégiques. Elle facilite également la priorisation des investissements, la rationalisation des outils, et l'alignement avec les référentiels de conformité.

Dans cette optique, de nombreux éditeurs et fournisseurs de solutions de cybersécurité proposent des **cadres de référence**, appelées *Security*

Reference Architectures (SRA) ou *Architectures de Référence de Sécurité (ARS)*. Ces publications, fondées sur **les meilleures pratiques reconnues** du secteur, décrivent des modèles conceptuels d'implémentation, des structures types, ainsi que des recommandations d'intégration de produits et de services afin de constituer des environnements de sécurité cohérents, évolutifs et efficaces.

Une **architecture de référence** se définit comme un document ou un ensemble de documents qui fournissent une modélisation standardisée d'une solution de sécurité, incluant les technologies, les services et les processus à intégrer. Elle représente à la fois un **cadre méthodologique** et un **guide opérationnel**, offrant aux entreprises un point de départ fiable pour concevoir leurs propres architectures, en fonction de leur contexte et de leurs contraintes spécifiques.

L'objectif principal de ces publications est double : d'une part, présenter le niveau de sécurité atteint à travers l'utilisation combinée des produits et services du fournisseur ; d'autre part, proposer un **modèle reproductible** permettant de guider les clients dans la mise en œuvre technique de leur architecture de cybersécurité.

Voici quelques exemples notables d'architectures de référence proposées par des acteurs majeurs du marché :

- **Microsoft** — les *Microsoft Cybersecurity Reference Architectures (MCRA)* présentent les capacités de sécurité de Microsoft à travers ses plates-formes (Azure, Microsoft 365, Defender, Entra, etc.) et montrent comment les intégrer dans une stratégie Zero Trust cohérente[235] ;
- **Cisco Systems** — l'*Architecture de Référence de la Sécurité Cisco* propose une vue d'ensemble des composants de la gamme Cisco Secure, en lien avec les cas d'usage courant (accès distant,

[235] Microsoft Cybersecurity Reference Architectures: https://learn.microsoft.com/en-us/security/cybersecurity-reference-architecture/mcra

segmentation, protection des terminaux, etc.) et les architectures intégrées recommandées[236] ;

- **Fortinet** — la solution *Secure Access Infrastructure* de Fortinet combine les capacités réseau (commutation, WLAN) avec des fonctions de cybersécurité avancées, dans une logique de convergence entre connectivité et sécurité, tout en permettant une gestion indépendante des couches[237] ;
- **Amazon Web Services (AWS)** — *AWS Security Reference Architecture* fournit un ensemble de lignes directrices pour le déploiement des services de sécurité AWS dans un environnement multicomptes, en insistant sur la visibilité, le contrôle d'accès, la journalisation, et la réponse aux incidents[238] ;
- **CISA (Cybersecurity and Infrastructure Security Agency)** — dans le cadre du décret présidentiel américain 14028, la CISA publie des modèles d'architecture *Zero Trust* destinés à accompagner les agences gouvernementales dans leur transition vers une sécurité décentralisée et fondée sur l'identité[239].

Il est important de souligner qu'une organisation peut élaborer sa **propre architecture de référence**, en s'inspirant de ces modèles existants. Cette approche est d'autant plus pertinente que, dans la majorité des cas, une entreprise exploite une combinaison de solutions issues de plusieurs fournisseurs. En capitalisant sur les architectures de référence de chacun, il est possible d'identifier les **meilleures pratiques propres à chaque technologie**, de comprendre comment leurs contrôles de sécurité respectifs s'articulent, et de construire ainsi

---

[236] Cisco Security Reference Architecture: https://www.cisco.com/c/en/us/products/security/cisco-security-reference-architecture.html

[237] Network Security Reference Architecture: https://www.fortinet.com/content/dam/fortinet/assets/document-library/ra-network-security-reference-architecture.pdf

[238] AWS Security Reference Architecture (AWS SRA): https://docs.aws.amazon.com/prescriptive-guidance/latest/security-reference-architecture/welcome.html

[239] Cloud Security Technical Reference Architecture: https://www.cisa.gov/sites/default/files/publications/Cloud%20Security%20Technical%20Reference%20Architecture.pdf

une architecture intégrée, interopérable et adaptée aux spécificités de son organisation. Cette démarche permet non seulement de gagner en efficacité et en agilité, mais aussi de renforcer la robustesse de la posture de sécurité de l'entreprise tout en facilitant la conformité aux normes et règlements (ISO/IEC 27001, NIST, PCI-DSS, etc.).

9.3 Principes génériques d'architectures de sécurité

L'élaboration d'une architecture de sécurité s'est imposée comme une pratique essentielle dans la conception et le déploiement des infrastructures d'entreprise. Cependant, l'adoption de ces architectures reste largement influencée par les outils et les modèles proposés par les fournisseurs de solutions. Ces derniers ont souvent intérêt à mettre en avant la complexité liée à l'intégration de multiples technologies, afin de positionner leurs propres offres comme des réponses optimales, à la fois efficaces et économiquement avantageuses.

Comme l'a mis en évidence la section précédente, la majorité des architectures de référence publiées à ce jour repose sur des **environnements technologiques spécifiques**, ce qui limite parfois leur applicabilité dans des contextes hétérogènes. Pourtant, il existe des **principes fondamentaux indépendants de toute technologie**, ou « *technologically agnostic* », qui peuvent et doivent être intégrés à la définition des architectures de sécurité. Ces principes, centrés sur les fonctions de sécurité (gouvernance, contrôle d'accès, supervision, réponse aux incidents, etc.) plutôt que sur les marques ou les produits, permettent de concevoir des architectures plus flexibles, interopérables et durables. Leur adoption est fortement recommandée pour garantir une sécurité cohérente, pérenne et adaptée aux environnements hybrides ou multivendeurs.

9.3.1 Sécurité par la Conception ou Security by Design

Le concept **Sécurité par la Conception**, plus connu sous son appellation anglophone de **Security by Design,**[240] repose sur l'idée fondamentale selon laquelle la sécurité ne doit pas être un ajout après coup, mais bien une exigence intrinsèque dès les premières phases de conception d'un système, d'une application ou d'une infrastructure. Il s'agit d'une approche proactive, où la protection contre les menaces et la réduction des vulnérabilités sont intégrées dans l'architecture technique et les processus de développement, bien avant le déploiement opérationnel. Par exemple, dans la conception d'une plate-forme de commerce électronique, appliquer le principe de **Security by Design** implique dès le départ la mise en œuvre de mécanismes comme le chiffrement des communications via TLS, une gestion rigoureuse des identités et des accès (IAM), ainsi que la validation systématique des entrées utilisateurs pour éviter les injections SQL ou les attaques XSS. De même, dans un système d'information hospitalier, cela pourrait se traduire par la séparation logique et physique des modules sensibles (dossiers médicaux, identités, prescriptions) afin de limiter les déplacements latéraux en cas de compromission.

Cette approche nécessite une analyse des risques en amont (par exemple selon la méthode **EBIOS RM** ou **STRIDE**), afin d'identifier les menaces dès l'étape de spécification, puis de les traduire en exigences de sécurité concrètes. Elle s'appuie aussi sur des bonnes pratiques de développement sécurisé, telles que celles recommandées par **OWASP**, et l'automatisation des tests de sécurité tout au long de l'intégration. En

[240] Le CISA (*Cybersecurity and Infrastructure Security Agency*) a joué un rôle central dans la promotion du concept de « *Secure by Design* », en publiant en 2023 un guide de principes fondamentaux élaboré avec des partenaires internationaux pour encourager les fabricants à intégrer la sécurité dès la conception de leurs produits. Cette initiative vise à déplacer la responsabilité de la cybersécurité des utilisateurs vers les fournisseurs de technologies, en exigeant des configurations sûres par défaut et une réduction des mauvaises pratiques. Depuis, plusieurs documents phares comme le « *Secure by Demand Guide* » de 2024 (https://www.cisa.gov/ news-events/news/cisa-releases-secure-demand-guide) et des alertes ciblées sur des vulnérabilités courantes, ainsi que le « *Secure by Design Pledge* » signé par plus de 60 grands éditeurs (https://www.cisa.gov/securebydesign/pledge), illustrent l'engagement de CISA à faire de la sécurité un standard incontournable dans l'ingénierie logicielle moderne.

procédant ainsi, les équipes **DevSecOps** améliorent significativement la résilience de leurs systèmes, tout en réduisant le coût global des correctifs futurs et en assurant une conformité plus facile avec les réglementations en vigueur.

La démarche d'intégration de la *Security by Design* dans un projet peut être résumée comme suit :

1. **Analyse des risques initiale** — dès la phase de cadrage, identifier les actifs critiques, les menaces et les vulnérabilités associées. Utiliser des méthodes reconnues comme EBIOS, STRIDE ou OCTAVE pour structurer cette analyse ;
2. **Définition des exigences de sécurité** — traduire les risques identifiés en exigences précises de sécurité : contrôle d'accès, chiffrement, audit, résilience, etc. Ces exigences doivent être formalisées et validées avec les parties prenantes (métiers, DSI, sécurité) ;
3. **Conception sécurisée de l'architecture** — intégrer les mécanismes de sécurité dans l'architecture fonctionnelle et technique : segmentation réseau, authentification forte, gestion des privilèges, journalisation des événements, etc.
4. **Développement avec des pratiques sécurisées** — appliquer des standards et guides de codage sécurisé (par exemple, les bonnes pratiques OWASP). Intégrer des outils d'analyse statique/dynamique du code pour détecter les vulnérabilités le plus tôt possible ;
5. **Tests de sécurité continus** — effectuer des tests de pénétration, des audits et des revues de code régulièrement tout au long du cycle de développement. Automatiser les contrôles de sécurité dans les pipelines d'intégration continue (CI/CD) ;
6. **Déploiement et surveillance** — déployer avec des configurations sécurisées, mettre en place des systèmes de détection d'intrusions, et assurer une supervision constante pour réagir rapidement aux incidents ;

7. **Cycle d'amélioration continue** — recueillir les retours, analyser les incidents et mettre à jour les mesures de sécurité régulièrement pour faire évoluer l'architecture face aux nouvelles menaces et aux évolutions techniques.

Dans ce cycle circulaire ou en spirale, avec ces étapes enchaînées, chaque étape alimente la suivante, et un retour permanent vers l'analyse initiale, illustre la notion d'amélioration continue.

La figure suivante présente la démarche de mise en conformité dans le cadre d'une **étude de cas**[241] pour une association engagée dans une dynamique d'alignement au RGPD parce que traitant des données personnelles sensibles de ses bénéficiaires.

La finalité de la démarche était d'intégrer les concepts de *Security by Design* et de *Privacy by Design.* L'étude a d'abord consisté en une **évaluation du niveau actuel de conformité** et en une **analyse des risques liés aux traitements sensibles**. Sur cette base, une **démarche de conformité** a été proposée, incluant la définition de politiques adaptées, la formalisation des procédures et la mise en place de mesures techniques et organisationnelles.

L'association a également procédé à la **désignation d'un délégué à la Protection des Données (DPO)** et à une **cartographie détaillée des données** pour documenter les traitements.

---

[241] Étude réalisée par **Ahmed BA**, **Arrounan TRAORE**, **Beranger KOUAME** et **Doudou GAYE** dans le cadre du cours Data Protection Regulations (DPR) du programme *Executive MSc in Cybersecurity* de l'Institut Polytechnique de Paris : https://www.ip-paris.fr/education/executive-education/executive-msc-cybersecurity

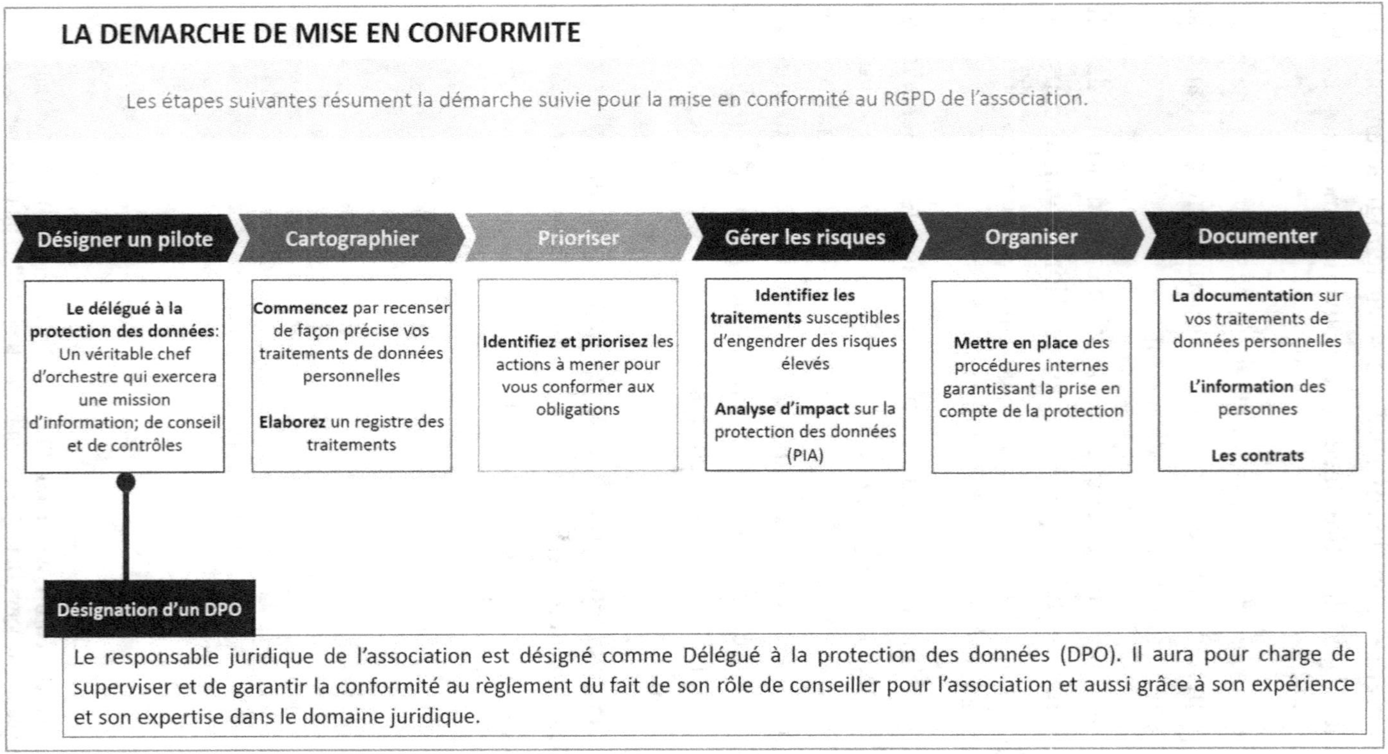

Figure 24 : Démarche de mise en conformité au RGPD pour une association

9.3.2 Privacy by Design

De la même manière, le concept de **Privacy by Design (PbD)** postule que la protection de la vie privée ne peut être assurée de manière efficace que si elle est intégrée dès les premiers choix techniques et organisationnels. Ce principe, qui a émergé dans les années 1990 à l'initiative de la commissaire à la protection de la vie privée de la province de l'Ontario (Canada), **Ann Cavoukian** (Ann Cavoukian, 2009), a été consacré par le **Règlement général sur la Protection des Données (RGPD)** en Europe, notamment dans ses articles 25 et 35.

Privacy by Design signifie que toute solution qui traite des données à caractère personnel doit, par défaut, respecter les droits fondamentaux des individus. Cela inclut la minimisation de la collecte de données, la limitation des finalités de traitement, la transparence des opérations, et le contrôle donné aux personnes sur leurs informations. L'organisation doit ainsi prévoir, dès la conception, des mécanismes permettant d'obtenir et de gérer le consentement, de garantir l'anonymisation ou la pseudonymisation des données lorsque cela est possible, et de permettre aux utilisateurs d'accéder, de rectifier ou de supprimer leurs données.

Prenons l'exemple d'une application mobile de suivi de la santé ou une analyse d'impact relative à la protection des données (AIPD) a été menée dès la phase de conception, impliquant la *Data Protection Officer* (DPO) et les parties prenantes. Une démarche conforme au *Privacy by Design* imposera de **collecter uniquement les données strictement nécessaires au bon fonctionnement du service**. L'utilisateur devra être informé de manière claire sur l'usage qui est fait de ses données, et des options de paramétrage devront être disponibles pour lui permettre de restreindre certaines collectes. Enfin, les données stockées devront être protégées par des mécanismes de chiffrement robustes, et leur durée de conservation devra être limitée. Pour opérationnaliser cette approche dans un projet, il est recommandé de suivre les étapes suivantes :

1. **Identifier les données personnelles traitées** — dès la phase de cadrage, il faut procéder à la cartographie des données collectées,

utilisées, stockées ou transférées. Cela inclut les catégories de données, leur origine, et leur finalité ;

2. **Évaluer les risques pour les personnes concernées** — réaliser une analyse d'impact relative à la protection des données (AIPD ou DPIA) lorsque le traitement est susceptible d'engendrer un risque élevé pour les droits et libertés des personnes. Cette évaluation permettra d'anticiper les mesures de protection nécessaires ;
3. **Définir des mesures techniques et organisationnelles adaptées** — implémenter des mécanismes de minimisation des données (collecter le strict nécessaire), d'anonymisation, de chiffrement ou de contrôle d'accès, en cohérence avec les risques identifiés.
4. **Inclure les exigences de protection des données dans les spécifications techniques** — les exigences issues de la PbD doivent être documentées dans les spécifications fonctionnelles, les contrats avec les sous-traitants, ainsi que dans les cahiers des charges ;
5. **Former les équipes projet et techniques** — la sensibilisation des développeurs, chefs de projet, métiers et équipes de sécurité à la logique de *Privacy by Design* est essentielle pour assurer une appropriation globale et durable des principes ;
6. **Documenter les décisions prises** — pour garantir la transparence et la responsabilité (accountability), chaque choix technique ou organisationnel relatif à la protection des données doit être consigné (journalisation, matrices de décision, fiches projet RGPD) ;
7. **Revoir régulièrement les dispositifs mis en œuvre** — la conformité à la PbD n'est pas figée. Elle implique une réévaluation continue à chaque changement significatif du traitement ou des technologies utilisées.

9.3.3 Défense en Profondeur ou « Defense-in-Deep »

Le concept, bien qu'historiquement issu du domaine **militaire**[242], trouve aujourd'hui une application cruciale dans le champ de la cybersécurité. L'idée fondatrice est simple, mais puissante : comme dans une stratégie de football où plusieurs lignes défensives, milieux défensifs, stoppeur, libéro, puis gardien, se succèdent pour ralentir ou intercepter l'adversaire, la défense en profondeur en cybersécurité repose sur la superposition de barrières de sécurité successives, complémentaires et souvent redondantes. L'objectif est clair : empêcher un attaquant de progresser facilement dans le système d'information, même si l'un des dispositifs de défense venait à être contourné.

Pour illustrer le concept, prenons l'exemple d'une entreprise de télécommunications où transitent chaque jour des millions de données sensibles et où **la disponibilité du service est vitale**, cette stratégie devient indispensable. La première couche de défense concerne les **données** qui constituent le cœur même de l'activité, puisqu'elles regroupent à la fois les informations personnelles des clients, leurs historiques de communication et les métadonnées liées à leurs usages. Pour les protéger, l'opérateur ne se limite pas à les stocker dans des bases de données sécurisées. Elles sont également chiffrées, aussi bien lorsqu'elles reposent dans les serveurs que lorsqu'elles circulent sur le réseau. Ainsi, lorsqu'un abonné consulte sa facture en ligne, même si un pirate intercepte la transmission, le contenu restera illisible. De plus, les accès sont strictement encadrés. Un technicien du service client n'a pas les mêmes droits qu'un ingénieur réseau, et chacun ne peut accéder qu'aux données nécessaires à sa mission.

La seconde couche touche aux **applications**, qui consultent les données. L'application mobile de l'opérateur, par exemple, est utilisée par des millions de clients pour suivre leur consommation et gérer leurs abonnements. Elle fait donc l'objet de tests de sécurité réguliers afin d'éviter qu'une vulnérabilité (exemple d'une injection SQL) ne soit

---

242 Le concept de défense en profondeur a été conçu à l'origine par la National Security Agency (NSA) des États-Unis et tire son nom d'une stratégie militaire courante : https://www.cyberark.com/fr/solutions/defense-in-depth

exploitée. Côté interne, les employés doivent utiliser une authentification multi-facteur pour accéder aux systèmes sensibles, ce qui réduit les risques liés aux mots de passe volés. Dans un environnement aussi critique, chaque faille logicielle représente un risque majeur de compromission.

Vient ensuite la **sécurité des réseaux et des infrastructures**. Dans une entreprise de télécoms, les réseaux sont segmentés afin de réduire les risques de propagation d'une attaque. Le réseau administratif, utilisé par les employés pour envoyer des emails ou rédiger des rapports, est totalement séparé du cœur de réseau qui assure la signalisation et la gestion des appels. Cette séparation évite qu'une infection par ransomware sur un simple poste de bureau n'atteigne directement les systèmes qui pilotent le service téléphonique. En complément, des pare-feux de nouvelle génération et des systèmes de détection d'intrusion surveillent en permanence les flux afin de repérer toute activité anormale et réagir avant qu'un attaquant ne progresse trop loin.

La défense en profondeur ne s'arrête pas aux dispositifs numériques : la **sécurité physique** est tout aussi cruciale. Dans un data center, les serveurs ne sont pas accessibles à n'importe qui. L'entrée est protégée par des **sas sécurisés**, des caméras et des rondes de surveillance, et seuls les techniciens autorisés disposent d'un badge ou d'un accès biométrique. Cette vigilance empêche qu'un individu malveillant puisse brancher un périphérique compromis sur un serveur ou dérober un équipement réseau. De la même manière, les antennes et les stations de base sont surveillées et sécurisées pour éviter le sabotage.

La dernière couche, peut-être la plus transversale, repose sur **les politiques et la gouvernance**. La technologie seule ne suffit pas. Il faut des règles claires et une culture de sécurité partagée. Dans cette optique, l'opérateur met en place une charte informatique qui encadre les comportements attendus des employés, accompagne cette démarche par des formations régulières pour apprendre à reconnaître des attaques de phishing, et s'appuie sur un centre opérationnel de sécurité (SOC) chargé de surveiller et de répondre aux incidents en temps réel via des procédures précises.

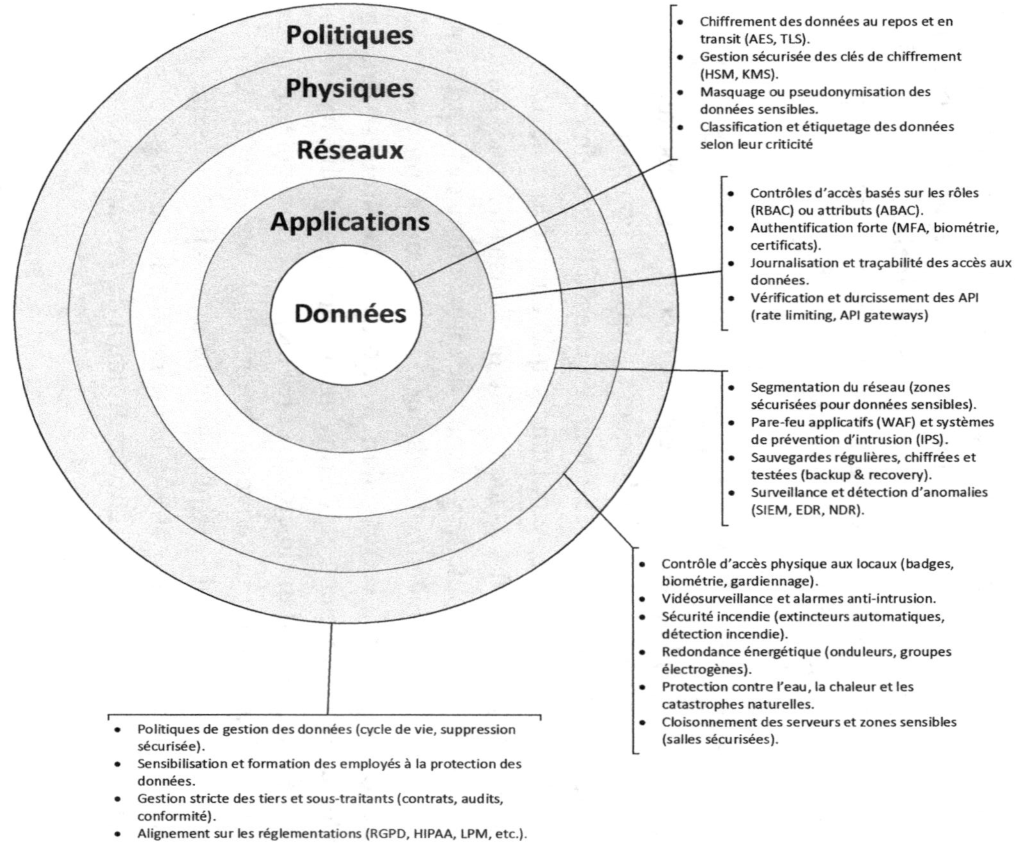

Figure 25 : Schéma illustratif de la défense en profondeur

À titre d'exemple, le **Centre canadien pour la cybersécurité**[243], dans son guide publié en 2020, recommande l'adoption d'une approche par couches pour les **environnements infonuagiques**. Cette méthodologie consiste à multiplier les contrôles sur l'ensemble de la chaîne, du fournisseur de services cloud à l'utilisateur final, afin de renforcer la posture de sécurité globale. En combinant ces types de contrôles, l'entreprise crée un maillage de protections complémentaires. Dans les faits, les entreprises ont souvent tendance à privilégier les contrôles techniques, perçus comme les plus tangibles et bénéficiant d'un budget plus conséquent. Toutefois, négliger les dimensions organisationnelle et physique fragilise l'ensemble du dispositif.

9.3.4 Le modèle « Zero Trust »

Pendant longtemps, la sécurité des réseaux d'entreprise reposait sur un modèle de protection périmétrique, souvent comparé à une **forteresse**[244]. Avec cette approche, tout ce qui est à l'extérieur du réseau est considéré comme dangereux, tandis que tout ce qui se trouve à l'intérieur est supposé sûr. L'idée était de construire une frontière défensive solide : pare-feux, systèmes de prévention des intrusions, proxys, etc., dans l'objectif de bloquer les attaques provenant de l'extérieur. Cependant, **cette vision a montré ses limites** dans un contexte où les environnements de travail sont de plus en plus **hybrides**, les services distribués dans le cloud, et les menaces émanent parfois de l'intérieur. Une fois qu'un adversaire réussit à franchir la barrière initiale, que ce soit par l'exploitation d'une faille, l'usage d'un identifiant volé, ou par une erreur humaine, il peut alors se déplacer librement dans le réseau, sans être confronté à de véritables contrôle.

---

243 Le Centre canadien pour la cybersécurité fait partie du Centre de la sécurité des télécommunications. Il s'agit de la source unifiée de conseils, d'avis, de services et de soutien spécialisés en matière de cybersécurité pour les Canadiens : https://www.cyber.gc.ca/fr.

244 C'est la notion de « *castle and moat* » qui désigne une approche de protection où l'on sécurise fortement le périmètre (le « fossé » autour du château), mais une fois à l'intérieur du réseau, les utilisateurs et systèmes ont un accès largement ouvert, sans contrôles stricts.

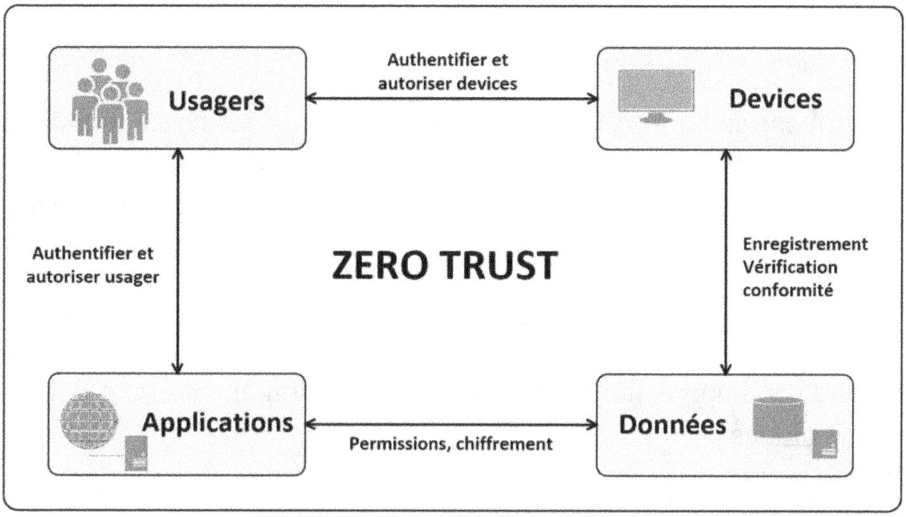

Figure 26 : Concept Zero Trust

Le modèle **Zero Trust**, conceptualisé par **John Kindervag de Forrester Research**, remet en question cette confiance implicite. Sa philosophie repose sur un principe fondamental : **« Ne jamais faire confiance, toujours vérifier »**. Dans une architecture *Zero Trust*, la position géographique sur le réseau (interne ou externe) ne confère aucun privilège. Chaque demande d'accès, chaque interaction entre utilisateurs, systèmes ou services, est considérée comme potentiellement malveillante jusqu'à preuve du contraire.

La figure précédente illustre les interactions clés d'un système *Zero Trust* entre les quatre éléments que sont l'**usager**, le **device** (appareil utilisé), l'**application** et la **donnée**.

1. **Usager ↔ Application** — l'utilisateur ne se connecte pas librement à une application. Son identité est d'abord authentifiée (mot de passe fort, MFA), et son rôle détermine quelles fonctions ou données il pourra consulter ;

2. **Device → Data** — l'appareil (*device*) de l'utilisateur (ordinateur, smartphone, tablette) n'accède pas directement à toutes les données. Il doit être enregistré, chiffré et conforme aux politiques de sécurité

(par exemple, à jour avec les correctifs) avant de recevoir uniquement les données autorisées ;

3. **Application → Data** — l'application agit comme un intermédiaire sécurisé. Elle demande l'accès aux données selon les permissions établies. Les échanges sont chiffrés, surveillés et limités au strict nécessaire ;
4. **Device ↔ Usager** — l'appareil est le support utilisé par l'usager, mais il est contrôlé en permanence. Même si l'identité de l'usager est valide, si l'appareil est compromis ou s'il est non conforme, l'accès sera bloqué.

Le **NIST** (*National Institute of Standards and Technology)* a formalisé les principes directeurs de cette approche (NIST SP 800-207)[245], qui reposent notamment sur les éléments suivants :

- Toutes les ressources informatiques (données, applications, services, terminaux) sont traitées comme des éléments à protéger, où qu'elles se trouvent ;
- Chaque communication doit être sécurisée, quel que soit le lieu où elle provient (interne ou externe) ;
- L'accès aux ressources se fait sur la base de sessions individuelles, dont les autorisations sont strictement définies et contrôlées ;
- Les décisions d'accès reposent sur des politiques dynamiques prenant en compte l'identité, l'état du dispositif, la localisation, et d'autres attributs contextuels ou comportementaux ;
- L'intégrité et la sécurité des ressources sont surveillées en permanence, et toute action est soumise à une authentification et autorisation rigoureuses ;
- Les données de sécurité et de télémétrie sont collectées en temps réel pour ajuster les politiques d'accès en fonction des risques encourus.

Mettre en œuvre le *Zero Trust* implique une refonte progressive des pratiques traditionnelles de cybersécurité. Il ne s'agit pas d'un produit à acheter, mais d'un **cadre stratégique** intégrant plusieurs composants

[245] Publication « *Zero Trust Architecture* » de l'agence NIST : https://nvlpubs.nist.gov/nistpubs/specialpublications/NIST.SP.800-207.pdf

technologiques : gestion des identités et des accès (IAM), authentification multifactorielle (MFA), *microsegmentation*, contrôle d'accès basé sur les rôles (RBAC), surveillance continue, et gestion des terminaux.

Google a été l'un des pionniers dans la mise en œuvre d'une architecture *Zero Trust* avec le projet **BeyondCorp**. Ce projet, initié après une série d'attaques ciblées (notamment l'opération Aurora en 2009), visait à permettre aux employés de travailler depuis n'importe quel endroit, sans avoir à utiliser de VPN traditionnel. BeyondCorp repose sur l'idée que **la sécurité ne doit pas dépendre du réseau sur lequel on se trouve**, mais plutôt de l'identité de l'utilisateur, de la posture de l'appareil, et du niveau de risque contextuel.

Des éditeurs comme **Cisco**[246], **Fortinet**[247], **Palo Alto Networks**[248] ou encore **Microsoft** [249] ont chacun développé des déclinaisons technologiques autour du *Zero Trust*, souvent intégrées dans des suites de cybersécurité. Les entreprises peuvent alors s'appuyer sur ces solutions pour déployer une architecture *Zero Trust* adaptée à leur environnement, en partant de cas prioritaires comme l'accès distant sécurisé, la protection des applications critiques, ou la sécurité du cloud.

Adopter le modèle *Zero Trust*, c'est adopter une posture proactive, résiliente et alignée avec les réalités modernes de la cybersécurité, dans lesquelles la menace peut émerger à tout moment, de n'importe où, et par n'importe quel utilisateur, interne ou externe.

---

[246] Guide de design Zero Trust chez Cisco : https://www.cisco.com/c/en/us/solutions/collateral/enterprise/design-zone-security/zt-ag.html

[247] Déclinaison Zero Trust chez Fortinet : https://www.fortinet.com/solutions/enterprise-midsize-business/network-access

[248] Guide de configuration Zero Trust de Palo Alto : https://www.paloaltonetworks.com/resources/guides/zero-trust-overview

[249] Stratégie de Confiance zéro de Microsoft : https://www.microsoft.com/fr-fr/security/business/zero-trust

9.3.5 Secure Access Service Edge—SASE

SASE est un concept innovant qui répond aux besoins croissants de sécurité et de connectivité dans un environnement informatique en constante évolution, **marqué par l'explosion du télétravail**, le recours massif aux Cloud et la décentralisation des ressources.

Proposé initialement par **Gartner** en 2019[250], *SASE* combine les fonctions réseau telles que SD-WAN et les services de sécurité comme le **CASB**, le **FWaaS** et le **Zero Trust Network Access**, dans une plate-forme unifiée et majoritairement fournie dans le cloud. L'objectif est de **garantir un accès sécurisé, performant et cohérent aux applications**, où que se trouvent les utilisateurs ou les ressources. Par exemple, une entreprise disposant de plusieurs sites, d'une main-d'œuvre hybride et d'applications *SaaS* (Salesforce, Microsoft 365, etc.) peut, grâce au *SASE*, offrir à ses collaborateurs un accès rapide et sécurisé, sans devoir faire transiter les connexions par le data center central via un dispositif VPN traditionnel. Cette approche permet d'améliorer la latence, de renforcer la sécurité par un contrôle granulaire et d'assurer une gestion centralisée des politiques d'accès et de sécurité.

SASE agit comme un **nœud central intelligent** où convergent toutes les connexions, qu'elles proviennent des employés, des sites distants, des datacenters et services *Cloud*. Chaque flux est vérifié, authentifié et sécurisé avant d'accéder aux ressources, ce qui combine la performance du **SD-WAN** avec les fonctions de sécurité avancées du cloud. Toutes les composantes, utilisateurs distants, agences (branches), data centers et services cloud, sont reliées à une plate-forme de sécurité et de connectivité unifiée, représentée par le nuage ou cloud *SASE* :

---

[250] En 2020, Gartner avait identifié cinq tendances émergentes qui allaient être le moteur de l'innovation technologique de la décennie à venir. Parmi ces tendances, il y avait la confiance algorithmique dont l'accès sécurisé à la périphérie des services (SASE) : https://www.gartner.com/en/newsroom/press-releases/2020-08-18-gartner-identifies-five-emerging-trends-that-will-drive-technology-innovation-for-the-next-decade.

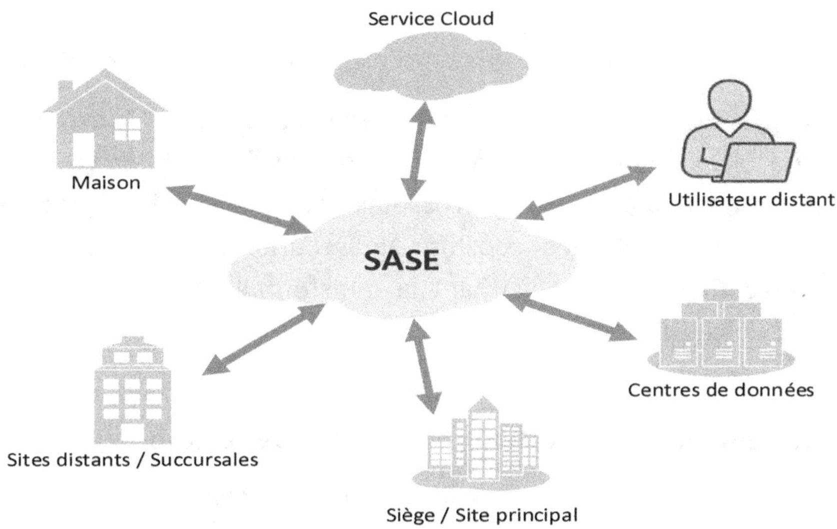

Figure 27 : Architecture Secure Access Service Edge

1. **Branches ↔ SASE** — les bureaux ou sites distants d'une organisation se connectent directement au cloud SASE plutôt que de passer par un data center centralisé. Cela permet d'accéder plus rapidement aux ressources et de bénéficier immédiatement des fonctions de sécurité intégrées (chiffrement, contrôle d'accès, filtrage).

2. **Utilisateurs distants ↔ SASE** — les collaborateurs en télétravail ou en mobilité se connectent via Internet au point d'accès SASE le plus proche. Leur trafic est authentifié, inspecté et protégé avant d'être redirigé vers les applications ou données dont ils ont besoin.

3. **Data centers ↔ SASE**—les infrastructures internes de l'entreprise (serveurs, applications métiers hébergées sur site) sont également connectées au cloud SASE. Ainsi, les règles de sécurité s'appliquent de manière homogène, que l'accès provienne d'un utilisateur interne, d'une branche ou d'un télétravailleur.

4. **Services cloud ↔ SASE**—les applications *SaaS* (comme Microsoft 365, Salesforce ou Google Workspace) et les *workloads* hébergés dans le cloud public (AWS, Azure, GCP) passent par la

couche SASE, qui assure la sécurisation des connexions, la prévention des menaces et le respect des politiques de conformité.

Des fournisseurs tels que **Cisco**[251]**, Zscaler**[252]**, Palo Alto Networks**[253]**, Fortinet**[254] ou encore **Cloudflare**[255] proposent des architectures *SASE* intégrées ou modulaires selon les besoins de du client. *SASE* permet aux entreprises d'adapter leur posture de sécurité à **un monde sans périmètre fixe**, tout en facilitant la transformation numérique et la mobilité des utilisateurs.

9.4 Les modèles d'architecture de sécurité technologique

Les modèles d'architecture technologique constituent des cadres de référence pratiques, conçus pour guider l'implantation concrète de produits ou de solutions spécifiques proposés par un fournisseur. Contrairement aux architectures de référence abordées précédemment, qui offrent une vision plus conceptuelle et agnostique des technologies, ces modèles sont orientés vers l'aspect opérationnel de la mise en œuvre des infrastructures. Ils traduisent les recommandations stratégiques en choix techniques précis, facilitant ainsi l'intégration de solutions matérielles ou logicielles dans un environnement donné.

9.4.1 Security Architecture for Enterprise—SAFE

Le modèle **SAFE**[256] est une architecture de sécurité conçue par **Cisco Systems**, l'un des leaders mondiaux en matière de solutions réseau et télécoms. L'objectif est de guider les entreprises dans la conception

[251] Cisco SASE : https://www.cisco.com/c/en/us/solutions/collateral/enterprise/design-zone-security/sase-sse-ag.html

[252] SASE version Zscaler : https://www.zscaler.com/products-and-solutions/secure-access-service-edge-sase

[253] SASE version Palo Alto : https://www.paloaltonetworks.com/cyberpedia/what-is-sase

[254] SASE version Fortinet : https://docs.fortinet.com/document/fortisase/25.2.91/concept-guide/832511/sase-architecture

[255] SASE version Cloudflare : https://developers.cloudflare.com/reference-architecture/architectures/sase

[256] Description détaillée du modèle SAFE de Cisco : http://www.cisco.com/go/safe

d'une infrastructure sécurisée, cohérente et évolutive face à la complexité croissante des environnements informatiques.

Avec l'évolution rapide des technologies, la multiplication des terminaux connectés et la diversification des services numériques (Cloud, mobilité, IoT, etc.), les surfaces d'attaque ne cessent de s'élargir. Cisco a constaté que cette fragmentation technologique rendait la sécurité difficile à appréhender et les décisions en matière de protection souvent dispersées. Pour répondre à ce défi, le modèle SAFE vise à simplifier l'approche de la sécurité en s'appuyant sur une logique structurée et reproductible, fondée sur deux concepts fondamentaux : **les « Places in the Network » (PIN)** et **les domaines transversaux**.

Les **Place in the Network (PIN)** permettent d'identifier les points stratégiques où implanter les mécanismes de sécurité. Ce sont les points d'entrée ou de transit critique pouvant être exploités par un adversaire. Ce sont des zones physiques ou logiques qu'il convient de sécuriser de manière spécifique. Le modèle SAFE distingue notamment les PINS suivants :

- **Data Center**—cœur des services applicatifs et des données sensibles ;
- **Branch (succursales)**—sites distants souvent moins bien protégés que le siège ;
- **Campus** — infrastructure réseau principale regroupant utilisateurs et systèmes internes ;
- **WAN** — réseau étendu interconnectant les sites de l'entreprise ;
- **Internet Edge** — point de contact entre le réseau interne et Internet, notamment exposé ;
- **Cloud**—environnements infonuagiques publics, privés ou hybrides.

Mais au-delà de ces emplacements techniques, le modèle met également en lumière un ensemble de **domaines de sécurité transversaux**, véritables fondations opérationnelles sur lesquelles repose la défense globale. Ces domaines incarnent les capacités fonctionnelles essentielles à déployer dans toute organisation.

Le **Management**, par exemple, couvre la supervision, la configuration sécurisée et la journalisation, assurant une visibilité et une maîtrise continues de l'infrastructure.

La **Security Intelligence** se concentre sur la collecte et l'analyse de renseignements pour anticiper les menaces et adapter les mesures de protection. Le domaine de la **Compliance**, quant à lui, garantit le respect des réglementations et l'alignement avec les politiques internes. La **Segmentation** joue un rôle clé en cloisonnant logiquement le réseau afin de réduire les risques de propagation et de limiter les mouvements latéraux d'attaquants. La **Threat Defense** rassemble l'ensemble des moyens de détection, de prévention et de réponse face aux cybermenaces. Enfin, les **Secure Services** visent à protéger les services critiques comme le DNS ou le DHCP, indispensables au fonctionnement quotidien et à la continuité des opérations.

En combinant les **PIN** et ces **domaines transversaux**, le modèle SAFE propose ainsi une approche complète et cohérente, qui associe positionnement stratégique et capacités opérationnelles pour bâtir une cybersécurité robuste et résiliente.

Pour accompagner la mise en œuvre du modèle SAFE, Cisco met à disposition un ensemble de **guides d'architecture détaillés**, couvrant chacun des PINS identifiés. Ces documents fournissent des recommandations précises, des cas d'usage, des schémas de déploiement et des listes de contrôles adaptés. À la date de rédaction, les principaux guides disponibles incluent :

- *SAFE Secure Branch Architecture Guide;*
- *SAFE Secure Campus Architecture Guide;*
- *SAFE Secure Cloud Architecture Guide;*
- *SAFE Secure Data Center Architecture Guide;*
- *SAFE Secure Internet Architecture Guide;*
- *SAFE Secure Internet Edge Architecture Guide;*
- *SAFE Secure Segmentation Operations Guide.*

En complément, Cisco fournit également une **boîte à outils SAFE** contenant des diagrammes, présentations, modèles de risques et supports de communication pour aider les professionnels à **mobiliser les parties prenantes autour de leur stratégie de sécurité**.

Exemple de mise en œuvre du modèle SAFE dans une entreprise de télécommunications
Une entreprise de télécommunications régionale fournit des services de téléphonie mobile, d'accès à Internet, de télévision numérique et d'hébergement cloud à des particuliers, des entreprises et des institutions publiques. Son infrastructure IT est répartie entre plusieurs **sites techniques**, un **data center central**, plusieurs **succursales** (agences régionales) et des environnements **cloud hybrides** pour les services à valeur ajoutée. Elle fait également face à des **contraintes réglementaires fortes** (protection des données personnelles, résilience, cybersurveillance) et à un **niveau élevé d'exposition aux cybermenaces** (APT, ransomware, fraude, attaques DDoS). Pour structurer sa démarche de sécurisation, elle adopte le modèle **SAFE de Cisco**, en l'adaptant aux spécificités du secteur : **1. Identification des PINS (Places in the Network)** **Internet Edge** : point critique pour les services Web et les API exposées au public (portails clients, interfaces B2B, interconnexion avec des partenaires). Mise en place de pare-feux nouvelle génération (NGFW), protection DDoS, WAF et contrôle du trafic applicatif. **Data Center** : héberge les plates-formes OSS/BSS, les services clients et les bases de données sensibles. Architecture de micro-segmentation, contrôle d'accès basé sur les rôles (RBAC), chiffrement des flux internes. **Cloud** : utilisation de services cloud pour le stockage de données clients et l'analyse de logs. Intégration d'un CASB (Cloud Access Security Broker) pour renforcer la visibilité et le contrôle. **Succursales régionales** : points d'accès des commerciaux et du personnel client, souvent vulnérables. Mise en œuvre de VPN IPsec, contrôle NAC (Network Access Control), segmentation par VLAN. **2. Déploiement des domaines sécurisés** **Threat Defense** : déploiement de sondes de détection d'intrusion, intégration d'un SIEM alimenté par les logs réseau, corrélation des menaces avec Threat Grid et Talos (Cisco). **Security Intelligence** : utilisation de Cisco SecureX pour centraliser les alertes et enrichir les événements avec des indicateurs de compromission (IoCs). **Management & Compliance** : supervision centralisée via Cisco DNA Center, intégration des contrôles avec les exigences de conformité ISO/IEC 27001 et exigences réglementaires.

3. Résultat attendu **Réduction des surfaces d'attaque** grâce à une segmentation logique et une visibilité complète sur les flux. **Détection rapide des intrusions** avec réponse automatisée (SOAR) via SecureX. **Amélioration de la posture de sécurité globale** tout en facilitant la collaboration entre les équipes réseau et sécurité. **Alignement avec les exigences de conformité réglementaire**, en particulier pour la protection des données personnelles et la continuité de service.

Tableau 20 : Exemple de mise en œuvre du modèle SAFE de Cisco

Cet exemple montre comment le modèle SAFE, bien qu'élaboré par un fournisseur, peut être **opérationnalisé dans un secteur critique** comme celui des télécommunications, en tenant compte à la fois des **risques spécifiques**, de la **structure réseau distribuée**, et des **obligations réglementaires**.

9.4.2 Fortinet Security Fabric

La **Fortinet Security Fabric**[257] est une approche unifiée développée par **Fortinet** pour répondre à la complexité croissante de la cybersécurité en entreprise, notamment dans les environnements hybrides et distribués. Elle permet à toutes les composantes de l'infrastructure, terminaux, points d'accès, commutateurs, équipements réseau, centres de données, applications, environnements cloud et données, de fonctionner de manière cohérente et coordonnée au sein d'une **structure de sécurité intégrée**. Cette intégration offre une protection de bout en bout et une visibilité complète sur la surface d'attaque de l'entreprise.

L'un des objectifs majeurs de Fortinet à travers cette solution est de résoudre les défis de **complexité opérationnelle** et de **pénurie de**

[257] Information additionnelle sur la Secure Fabric de Fortinet : https://www.fortinet.com/solutions/enterprise-midsize-business/security-fabric

compétences en cybersécurité, souvent liés à l'utilisation d'outils hétérogènes provenant de fournisseurs multiples (Fortinet, 2023).

La Fortinet Security Fabric repose sur trois attributs fondamentaux : **large**, **intégrée** et **automatisée**. Elle est qualifiée de « large », car elle couvre l'ensemble des environnements, du réseau local aux environnements multicloud, avec une convergence entre sécurité et connectivité. Cela permet une détection coordonnée des menaces et l'application homogène de politiques de sécurité sur l'ensemble du cycle de vie des systèmes. Elle est « intégrée », car elle unifie la gestion de la sécurité, la surveillance des performances et les opérations réseau grâce à des outils comme **FortiAnalyzer**, **FortiManager** ou encore **FortiSIEM**.

Cette centralisation permet de **réduire les angles morts** et de combler les lacunes de sécurité. Enfin, elle est « automatisée », utilisant des mécanismes d'intelligence artificielle, de machine learning et d'orchestration pour fournir une réponse en quasi-temps réel aux incidents, notamment via **FortiSOAR** (Gartner, 2022).

Dans un contexte opérationnel, tel que celui d'un **fournisseur de services télécoms**, la Security Fabric permet par exemple de sécuriser l'ensemble des sites distants grâce à **FortiGate Secure SD-WAN**, de contrôler dynamiquement les accès au cœur réseau à travers l'intégration avec **FortiNAC**, et de gérer la sécurité dans les environnements de virtualisation des fonctions réseau (NFV) grâce à **FortiManager**. Cette approche s'aligne avec les exigences du modèle **Zero Trust** et les recommandations du **NIST** en matière de sécurité réseau moderne (NIST, Rose, Borchert, Mitchell, & Connelly, 2020).

Ainsi, en combinant **visibilité**, **contrôle**, **automatisation** et **interopérabilité**, Fortinet Security Fabric s'impose comme une solution complète, adaptée aux infrastructures critiques telles que celles des télécommunications, de la santé ou des services financiers, tout en favorisant une posture de sécurité proactive et évolutive.

9.5 Les différentes couches de sécurité

La cybersécurité s'articule généralement autour de plusieurs **niveaux complémentaires**, chacun visant à couvrir un aspect spécifique de la protection des systèmes d'information. Ces couches, interconnectées et interdépendantes, constituent ensemble une **stratégie de défense en profondeur** qui renforce la résilience globale de l'entreprise face à un large éventail de menaces, qu'elles soient internes ou externes. Chaque niveau joue un rôle distinct, de la sécurisation des terminaux jusqu'à la gestion des identités, en passant par la protection des données, des applications, des réseaux et des infrastructures cloud. Les sous-sections suivantes détaillent ces différentes couches de cybersécurité, en expliquant leur rôle, leurs mécanismes de défense, ainsi que les technologies couramment utilisées pour leur mise en œuvre.

9.5.1 Sécurité des périmètres du réseau

La **sécurité des périmètres du réseau** constitue la **première ligne de défense** contre les intrusions et les attaques externes. Elle vise à **protéger l'ensemble du réseau informatique** d'une organisation en contrôlant et en limitant les accès aux ressources internes depuis l'extérieur. Pour cela, plusieurs moyens sont mis en œuvre de manière complémentaire. Parmi les plus courants, on trouve les **pare-feux (firewalls)** qui filtrent le trafic entrant et sortant selon des règles définies, bloquant ainsi les connexions non autorisées. Les systèmes de détection et de prévention d'intrusion (IDS/IPS) analysent en temps réel les paquets réseau pour identifier et neutraliser les comportements suspects ou malveillants. Par exemple, un IDS peut détecter une tentative de scan de ports, tandis qu'un IPS peut bloquer automatiquement une attaque par déni de service (DDoS). Le **contrôle d'accès réseau (NAC)** permet de vérifier que seuls les équipements conformes et authentifiés peuvent se connecter au réseau. Les **VPN (réseaux privés virtuels)** sécurisent les communications à distance en chiffrant les données transitant entre l'utilisateur et le réseau interne.

Enfin, la **segmentation réseau**, souvent réalisée grâce à des **VLANs**, limite la propagation des attaques en **isolant les différentes parties du réseau**. Ces dispositifs combinés assurent une **protection efficace du périmètre réseau** en empêchant l'accès non autorisé et en détectant rapidement toute activité anormale. Par exemple, dans une entreprise, un pare-feu peut interdire tout trafic non chiffré vers les serveurs critiques, tandis qu'un IDS/IPS alertera immédiatement les équipes de sécurité en cas de tentative d'intrusion détectée.

9.5.2 Cas de la segmentation du réseau

La **segmentation du réseau** est une technique de sécurité essentielle qui consiste à **diviser un réseau informatique en sous-réseau (ou segments)** afin de **limiter la propagation des menaces** et de mieux contrôler les flux de données. Chaque segment peut être isolé selon des critères fonctionnels, organisationnels ou de sensibilité des données. Par exemple, dans une entreprise, les **postes utilisateurs, les serveurs de production, les applications accessibles depuis l'extérieur,** peuvent être répartis sur des segments distincts.

Cette séparation permet d'appliquer des **règles de sécurité spécifiques à chaque zone**, comme restreindre l'accès entre les utilisateurs et les serveurs critiques ou empêcher les équipements IoT de communiquer avec des systèmes sensibles. La segmentation peut être réalisée de manière **logique**, via des **VLANs (Virtual LANs)** configurés sur les commutateurs réseau, ou de manière **physique**, en utilisant des équipements distincts pour certains segments critiques. Les communications entre deux VLANs font l'objet d'une inspection rigoureuse et d'un filtrage strict, de manière à **autoriser uniquement les échanges nécessaires au fonctionnement des services**.

Elle peut aussi être renforcée par l'usage de **pare-feux internes** qui contrôlent le trafic entre les segments, ou par des **technologies de microsegmentation** (comme celles offertes par les solutions *SDN — Software Defined Networking*) qui permettent une **isolation plus granulaire au niveau des charges de travail** dans les environnements virtualisés ou cloud. Par exemple, une entreprise peut interdire tout trafic direct entre le segment des ressources humaines et celui de la R&D, sauf via une passerelle sécurisée. Cette approche permet de renforcer la sécurité en limitant les **mouvements latéraux** en cas de compromission[258].

Dans la démarche, **des zones réseau sont identifiées**, chacune étant **associée à un niveau de confiance** déterminé en fonction du type d'informations échangées et du niveau de risque associé. Cette classification permet d'évaluer la sensibilité des données traitées dans chaque zone et d'adapter en conséquence les mesures de sécurité à mettre en place. Par exemple, une zone dédiée aux systèmes de gestion internes aura un niveau de confiance plus élevé qu'une zone publique exposée à Internet. Cette hiérarchisation constitue la base de la **stratégie de segmentation**, en orientant les politiques de contrôle d'accès et les flux autorisés entre zones.

Une fois les segments classés dans des catégories en fonction de leur niveau de sensibilité et de confiance, une **matrice de flux interzones** est construite pour déterminer les communications autorisées entre les différentes zones. Cette matrice permet de visualiser de manière claire et structurée les segments qui sont autorisés à accéder à certaines ressources, en respectant le principe du **moindre privilège**. Elle sert de référence pour **configurer les règles de filtrage réseau** et garantir que seuls les flux nécessaires au fonctionnement des services sont permis. La matrice de flux doit être interprétée selon les principes suivants :

- **Les connexions à Internet** doivent obligatoirement **transiter par la zone Non-Confiance**, considérée comme exposée et peu fiable ;
- Les **services accessibles au public** (tels que les sites Web institutionnels, portails en ligne ou services partenaires) sont hébergés dans la **zone Semi-Confiance**, qui bénéficie d'un niveau de sécurité intermédiaire ;

---

[258] Les attaques WannaCry et NotPetya survenues en 2017 ont mis en évidence les conséquences graves d'un manque de segmentation réseau, permettant à ces malwares de se propager latéralement à grande échelle au sein des infrastructures internes, paralysant des organisations critiques telles que des hôpitaux, des compagnies maritimes et des entreprises pharmaceutiques à travers le monde.

- Les **interconnexions avec les réseaux des partenaires externes** sont limitées à la **zone Partenaire**, conçue pour cloisonner ces flux spécifiques ;
- **L'accès aux applications internes et au réseau corporatif** est strictement réservé aux entités présentes dans la **zone Confiance**, représentant l'environnement sécurisé de travail des collaborateurs ;
- Les **bases de données, systèmes d'archivage et ressources critiques** contenant des informations sensibles sont hébergées dans la **zone restreinte**, à très haut niveau de sécurité et d'accès limité.

Zone de Sécurité	Définition des zones de sécurité	Niveau de confiance
Non-Confiance (NC)	La zone de **Non-Confiance** est un réseau (Internet, clients externes) sur lequel l'entreprise n'a pas de contrôle. Elle doit communiquer seulement sur des services limités avec la zone **Semi-Confiance** qui est sous le contrôle de l'entreprise.	**0**
Semi-Confiance (SC)	Une zone de **Semi-Confiance** est un sous-réseau qui héberge des services directement disponibles dans une zone de non-confiance. Elle est généralement appelée **DMZ**.	**1**
Partenaire (PT)	La zone **Partenaire** est un sous-réseau dans lequel l'organisation permet à ses partenaires d'accéder à certains de ses services. Elle peut être aussi appelée **Extranet**.	**2**
Confiance (CF)	La zone de **Confiance** est un sous-réseau qui fournit un accès aux employés de l'organisation avec des restrictions basées sur le principe du moindre privilège et du besoin de savoir.	**3**
Restreinte (RT)	La zone **Restreinte** est un sous-réseau de haute confiance qui fournit un accès restreint à un groupe d'employés explicitement approuvé pour des raisons spéciales liées à leurs fonctions.	**4**

Tableau 21 : Définition des zones de sécurité[259]

[259] Tableau extrait d'un document de politique de sécurité d'une entreprise ouvrant dans le domaine technologique et dont le nom est gardé confidentiel.

Zone / Service	Non-Confiance (NC)	Semi-Confiance (SC)	Partenaire (PT)	Confiance (CF)	Restreinte (RT)
Services hébergés	X	A	X	A	X
Portails	A	A	A	A	X
Applications	X	A	X	A	X
Base de données	X	X	X	A	A
Archivage de données	X	X	X	A	A
Réseau corporatif	X	X	X	A	X
Réseau partenaire	X	X	A	C	X
DMZ	A	A	A	C	X
Internet	A	A	X	X	X

Tableau 22 : Matrice d'autorisation d'accès aux ressources informationnelles

- **A** = communication **autorisée ;**
- **X** = communication **interdite ;**
- **C** = communication **autorisée, mais strictement contrôlée.**

Une vigilance particulière doit être portée aux **réseaux sans fil**, qui, mal sécurisés, peuvent devenir des **points d'entrée non contrôlés** vers des zones sensibles de l'infrastructure. Contrairement aux réseaux câblés, ils présentent des risques accrus de compromission. En l'absence de **mesures de sécurité robustes** (authentification forte, chiffrement WPA3, isolation des VLANs, etc.), le déploiement d'un réseau Wi-Fi peut être assimilé à **l'installation de prises Ethernet non protégées dans des lieux publics** au sein même de l'entreprise, exposant ainsi des ressources critiques à des accès non autorisés.

9.5.3 La Sécurité des terminaux

La **sécurité des terminaux** (*endpoint security*) est un élément crucial de la stratégie globale de cybersécurité, car chaque terminal, qu'il s'agisse d'un ordinateur portable, d'un smartphone, d'une tablette ou d'un poste de travail, constitue une porte d'entrée potentielle vers le système d'information de l'entreprise. Avec l'essor du **télétravail, des appareils mobiles et des accès à distance**, ces dispositifs sont souvent exposés à des environnements non maîtrisés.

Pour sécuriser ces terminaux, plusieurs mesures complémentaires sont mises en œuvre. D'abord, l'installation d'un antivirus/antimalware à jour est indispensable pour détecter et neutraliser les logiciels malveillants. Ensuite, le chiffrement des données stockées localement, comme avec **BitLocker**[260] sur Microsoft Windows ou **FileVault**[261] sur *MacOS*, permet de protéger les informations sensibles en cas de vol ou de perte du terminal. L'**authentification forte** (par mot de passe complexe, carte à puce ou biométrie) renforce le contrôle d'accès, tandis que les **solutions de gestion des terminaux (MDM/EDR)** permettent aux équipes IT de **surveiller, mettre à jour et réagir à**

---

[260] BitLocker est une fonction de Windows qui chiffre entièrement un disque pour protéger les données contre tout accès non autorisé, y compris en cas de vol, en exigeant une authentification via mot de passe, TPM ou clé USB. : https://learn.microsoft.com/en-us/windows/security/operating-system-security/data-protection/bitlocker

[261] FileVault est le système de chiffrement de disque de macOS. Il chiffre automatiquement les données avec XTS-AES-128 et les rend illisibles sans le mot de passe ou une clé de récupération, notamment en cas de vol ou d'accès physique non autorisé : https://support.apple.com/fr-fr/guide/mac-help/mh11785/mac

distance en cas d'incident. Par exemple, si un salarié perd son ordinateur portable, une solution MDM peut permettre de le localiser ou d'en **effacer les données à distance**. De plus, les **politiques de sécurité** peuvent interdire l'installation d'applications non autorisées ou l'accès à certains périphériques externes comme les clés USB.

En sécurisant les terminaux, l'entreprise réduit considérablement les risques liés aux **attaques par phishing, ransomwares, ou mouvements latéraux** à partir d'un poste compromis.

9.5.4 La protection des données

La **protection des données** est un pilier fondamental de la cybersécurité, visant à garantir la confidentialité, l'intégrité, la disponibilité et la traçabilité[262] des informations sensibles, qu'elles soient en transit, en cours d'utilisation ou stockées. Cela concerne aussi bien les **données personnelles** (comme les coordonnées des clients) que les **données stratégiques de l'entreprise** (rapports financiers, secrets industriels, documents juridiques, etc.).

Plusieurs mesures techniques et organisationnelles sont mises en œuvre pour assurer cette protection. Par exemple, le **chiffrement des données**, aussi bien au repos (sur disque) qu'en transit (via SSL/TLS), empêche leur lecture en cas d'interception ou de vol.

Des **contrôles d'accès stricts** permettent de limiter l'accès aux seules personnes autorisées, et les **systèmes de sauvegarde réguliers** assurent la récupération des données en cas de sinistre, de cyberattaque ou de défaillance matérielle.

L'utilisation de **solutions de classification des données** permet aussi d'identifier les informations les plus sensibles et de leur appliquer des mesures de protection renforcées. Par exemple, une entreprise peut utiliser un système DLP (*Data Loss Prevention*) pour détecter et bloquer automatiquement l'envoi non autorisé d'un fichier contenant

[262] La traçabilité complète la confidentialité, l'intégrité et la disponibilité en permettant de suivre les actions et incidents, et a été intégrée comme pilier clé de la cybersécurité avec l'essor des normes comme ISO 27001 et NIST dans les années 2000.

des numéros de carte bancaire par email. Enfin, la **formation des utilisateurs** à la gestion sécurisée des documents et à la reconnaissance des risques (comme le phishing) joue un rôle essentiel pour prévenir les fuites ou pertes de données. En combinant ces différentes approches, l'organisation peut mieux répondre aux exigences réglementaires et **protéger son capital informationnel contre les cybermenaces**.

9.5.5 La gestion des identités et des accès

La **sécurité des identités et des accès** (*Identity and Access Management—IAM*) est cruciale pour garantir que **seules les personnes autorisées peuvent accéder aux ressources numériques**, au moment opportun et avec les privilèges appropriés. Elle s'appuie sur plusieurs mécanismes clés : l'**authentification forte**, le contrôle des droits d'accès, la surveillance des activités, ainsi que la gestion rigoureuse du cycle de vie des identités, incluant les processus d'**approvisionnement** et de **désapprovisionnement** des comptes utilisateurs.

Le processus d'**approvisionnement** (*provisioning*) consiste à créer et configurer un compte utilisateur dès son intégration dans l'entreprise, en attribuant les accès et les droits nécessaires en fonction de son rôle et de ses responsabilités. Ce processus peut être automatisé via des solutions IAM, ce qui réduit les erreurs humaines et accélère la mise en service. À l'inverse, le processus de **désapprovisionnement** (*deprovisioning*) est tout aussi important : il vise à révoquer immédiatement les accès d'un utilisateur en cas de départ, de changement de poste ou de suspension, afin de prévenir tout accès non autorisé. Par exemple, lorsqu'un collaborateur quitte l'entreprise, son compte doit être désactivé sans délai, et ses permissions supprimées pour éviter les risques d'accès résiduels ou d'usurpation.

Par ailleurs, la mise en place de l'**authentification multifactorielle** (*Multi-Factor Authentication—MFA*) renforce la vérification de l'identité en combinant plusieurs facteurs (mot de passe, biométrie, token, etc.). Les principes du « **moindre privilège** » (*least privilege*)[263] et du « **besoin de savoir** » (*need to know*)[264] sont appliqués pour limiter les droits au strict nécessaire, tandis que les **revues d'accès périodiques** permettent de s'assurer que les autorisations restent adaptées au fil du temps. Enfin, des outils de **détection d'accès anormal** peuvent alerter en cas de comportements suspects, comme une connexion depuis un lieu inhabituel ou à une heure atypique. En intégrant ces pratiques, notamment les processus d'approvisionnement et de désapprovisionnement bien maîtrisés, l'entreprise sécurise efficacement la gestion des identités et limite fortement les risques liés aux accès non contrôlés ou abusifs.

9.5.6 La sécurité des applications

La **sécurité des applications** est un enjeu majeur dans la protection des systèmes d'information, car les applications sont souvent la cible privilégiée des cyberattaques.

Les **risques principaux** incluent les vulnérabilités telles que les **injections SQL, les failles XSS (Cross-Site Scripting), les défauts d'authentification**, ou encore la mauvaise gestion des sessions, qui peuvent conduire à des **fuites de données, des prises de contrôle** ou des **interruptions de service**. Pour minimiser ces risques, il est crucial d'intégrer la sécurité dès la phase de conception des applications, dans une démarche dite de **Security By Design** telle que détaillée en début de chapitre. Cela passe par des pratiques telles que la **revue régulière du code source, les tests de vulnérabilité (scans statiques et dynamiques)**, ou encore l'utilisation de **frameworks sécurisés**.

---

[263] Le principe du moindre privilège consiste à accorder à un utilisateur, un processus ou un système, uniquement les droits nécessaires pour accomplir ses tâches, et rien de plus, afin de réduire les risques d'abus, d'erreurs ou de compromission en cas d'incident de sécurité.

[264] Le besoin de savoir est un principe de sécurité qui limite l'accès aux informations sensibles aux seules personnes qui en ont réellement besoin pour leurs fonctions. Il complète le moindre privilège en tenant compte non seulement du rôle ou du niveau d'habilitation, mais aussi du contexte opérationnel.

Le **projet OWASP (Open Web Application Security Project)**[265] joue un rôle central dans ce domaine en fournissant un référentiel mondialement reconnu : la fameuse **OWASP Top 10**[266], qui liste les 10 vulnérabilités les plus critiques pour les applications Web. Ce guide sert de base aux développeurs et aux équipes de sécurité pour identifier, comprendre et corriger les failles les plus courantes. Par exemple, une entreprise qui développe une application Web peut utiliser OWASP Top 10 comme checklist pour auditer son code et prioriser les correctifs, garantissant ainsi une meilleure robustesse face aux attaques.

Par ailleurs, l'implémentation de **mécanismes de contrôle d'accès stricts, le chiffrement des données sensibles au niveau applicatif**, ainsi que la **mise à jour régulière des composants tiers** sont des mesures indispensables.

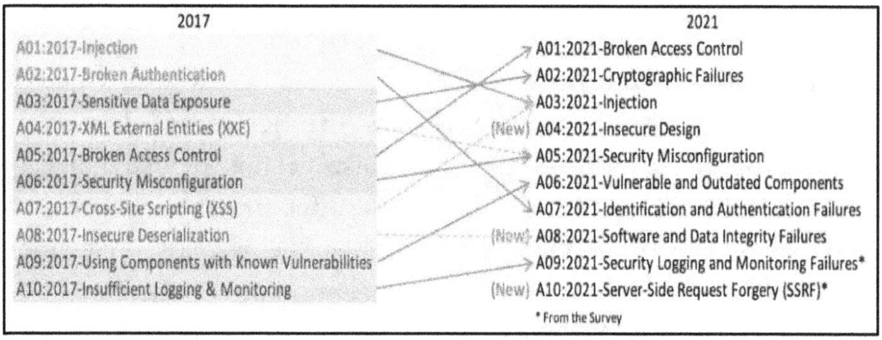

Figure 28 : Version 2021 du OWASP Top 10

[265] OWASP (*Open Web Application Security Project*) est une organisation à but non lucratif qui se consacre à l'amélioration de la sécurité des applications : https://owasp.org

[266] Le « OWASP Top 10 » est une liste régulièrement mise à jour qui décrit les problèmes de sécurité des applications Web, en se concentrant sur les 10 risques les plus critiques. Ce rapport est élaboré par une équipe d'experts en sécurité du monde entier : https://owasp.org/www-project-top-ten.

La figure précédente illustre la nature **dynamique** de la liste **OWASP Top 10**. Entre la version de 2017 et celle de 2021, plusieurs évolutions notables ont eu lieu, notamment l'ajout de **trois nouvelles catégories de vulnérabilités** : *Insecure Design, Software and Data Integrity Failures*, et *Server-Side Request Forgery*. Outre ces ajouts, la version mise à jour comporte d'autres modifications importantes :

- Les **attaques par injection** ont été révisées, avec l'intégration du **Cross-Site Scripting (XSS)** au sein de cette catégorie, en raison de leur chevauchement ; en effet, le XSS est essentiellement une forme d'injection de contenu. Par ailleurs, les attaques par injection ont été déplacées de la position **A01 à A03** dans le classement ;
- La catégorie *Broken Authentication* (authentification brisée), qui occupait la position **A02** en 2017, est désormais incluse dans une catégorie plus large appelée *Identification and Authentication Failures* **(A07:2021)**, qui couvre un plus grand nombre de vulnérabilités référencées dans la base **CVE (Common Vulnerabilities and Exposures)** ;
- La vulnérabilité liée à la **désérialisation non sécurisée** (*Insecure Deserialization*) a été fusionnée avec les défaillances d'intégrité des logiciels et des données, offrant une approche plus globale pour analyser les vulnérabilités associées aux mises à jour et à l'intégrité des données.

La sécurité des applications doit être envisagée comme un **processus continu**, intégré à toutes les phases du cycle de vie du logiciel, depuis la conception jusqu'au déploiement et à la maintenance. Elle exige une collaboration étroite entre développeurs, experts en sécurité et autres parties prenantes, afin d'identifier et de réduire efficacement les risques. Négliger cette dimension expose l'entreprise à des **violations de données, des pertes financières, une atteinte à sa réputation** ainsi qu'à des **conséquences juridiques**, ce qui fait de la sécurité des applications un élément indispensable du développement et de l'exploitation des logiciels modernes.

CHAPITRE 10

LA SÉCURITÉ PHYSIQUE ET DU PERSONNEL

La sécurité physique est souvent reléguée au second plan, éclipsée par des menaces plus techniques telles que les attaques par déni de service ou les tentatives de vol de données via des accès distants. Pourtant, la cybersécurité ne se résume pas à la seule protection des accès logiques aux systèmes d'information. Ce chapitre souligne l'importance de considérer la sécurité physique et celle du personnel avec le même niveau de priorité que la sécurité logique, car elle constitue une composante essentielle et indissociable de toute stratégie globale de cybersécurité.

10.1 Contexte et description de la sécurité physique et du personnel

Une entreprise peut investir massivement dans les meilleures solutions de cybersécurité, pare-feu nouvelle génération, systèmes de détection d'intrusion ou authentification forte, mais si la sécurité physique n'est pas assurée, ces efforts perdent une grande partie de leur efficacité. Il suffit qu'une personne **malintentionnée** ait un accès direct à un serveur pour y brancher un support externe, comme une clé USB, afin de copier des données sensibles ou installer un logiciel malveillant.

De plus, les infrastructures physiques sont souvent vulnérables à des risques inattendus. Par exemple, **une mauvaise installation électrique** ou un **court-circuit** peut provoquer une panne critique dans une salle où sont hébergés des serveurs stratégiques. Dans certaines zones géographiques, une tempête ou des pluies torrentielles peuvent entraîner une **inondation de la salle serveur**[267] si celle-ci n'est pas suffisamment protégée par des systèmes d'étanchéité ou de drainage. Ainsi, la sécurité physique ne concerne pas seulement la protection contre les intrusions humaines, mais également la prévention des incidents liés à l'environnement.

La **sécurité physique** désigne l'ensemble des mesures, procédures et pratiques mises en œuvre pour protéger les installations, les biens matériels et les ressources humaines contre les menaces physiques. Elle englobe la protection des infrastructures critiques (bâtiments, salles, serveurs, zones de stockage), des équipements informatiques, mais aussi du personnel. Elle vise non seulement à contrer les menaces causées par l'activité humaine, comme les incendies, le vandalisme, le vol ou les agressions, mais aussi à se prémunir des catastrophes naturelles telles que les tremblements de terre, les inondations, les incendies de forêt ou les ouragans.

L'un des objectifs majeurs de la sécurité physique est **la prévention des accès non autorisés**. Cela implique de sécuriser les points d'entrée, qu'il s'agisse des portes, fenêtres ou portails, au moyen de dispositifs adaptés comme des serrures renforcées, des cartes magnétiques, des lecteurs biométriques ou des codes d'accès temporaires. Dans certaines entreprises, il est fréquent de voir des salles informatiques accessibles uniquement via des badges personnalisés ou des systèmes biométriques (empreintes digitales, reconnaissance faciale), réduisant ainsi les risques d'intrusion.

Un autre volet important est **la dissuasion**. Les mesures visibles, comme la vidéosurveillance, la présence d'agents de sécurité, ou encore des panneaux d'avertissement signalant la surveillance 24/7, jouent un rôle psychologique en réduisant la probabilité qu'une personne tente une intrusion. Par exemple, dans un centre de données, la présence de

---

[267] Le Train Express régional (TER) de Dakar a été fortement perturbé après les pluies diluviennes du 25 septembre 2024, qui ont gravement endommagé des équipements électroniques essentiels, entraînant des restrictions de circulation et des ralentissements significatifs du trafic : https://www.rts.sn/actualite/detail/a-la-une/perturbations-sur-le-ter-suite-aux-fortes-pluies-des-retards-et-des-solutions-en-cours

caméras reliées à un centre de contrôle et d'un service de sécurité peut suffire à décourager toute tentative de sabotage ou de vol.

Ensuite, la sécurité physique vise également **à détecter et réagir rapidement** aux incidents. Les systèmes de détection d'intrusion, tels que les alarmes, les détecteurs de mouvements ou les caméras intelligentes, permettent de signaler en temps réel toute activité suspecte. Parallèlement, le personnel de sécurité, formé pour évaluer et intervenir en cas d'urgence, joue un rôle clé dans la gestion de ces événements. Dans certaines organisations, des centres de supervision en continu (SOC physique) coordonnent ces efforts, garantissant une réaction immédiate en cas d'incident.

La **protection des biens et ressources** est également un objectif fondamental. Cela passe par la sécurisation des zones de stockage physique, l'utilisation de coffres-forts ou d'armoires verrouillables pour les informations sensibles, et la mise en place de dispositifs de traçabilité des actifs (étiquetage RFID, inventaire régulier). Par exemple, un disque dur contenant des informations confidentielles sera stocké dans un **coffre ignifugé**[268] pour le protéger à la fois contre le vol et contre les incendies.

Un aspect souvent négligé, mais tout aussi essentiel concerne **la protection de l'intégrité du personnel**. Les employés étant la ressource la plus précieuse d'une entreprise, il est crucial de prévoir des mesures pour leur sécurité physique. Cela inclut des plans d'évacuation incendie, des exercices réguliers de simulation de catastrophes, des abris en cas de tempêtes, ou des boutons d'alerte en cas d'agression.

Enfin, la sécurité physique contribue directement **à la continuité des activités**. En cas de catastrophe ou de sinistre, la disponibilité des infrastructures critiques est vitale pour la survie de l'entreprise. C'est pourquoi des systèmes comme les générateurs de secours, les onduleurs, les systèmes automatiques d'extinction d'incendie

[268] Un coffre ignifugé est un coffre-fort conçu pour protéger documents, supports numériques ou objets de valeur lors d'un incendie, en maintenant une température interne sûre pendant une durée définie, même si l'extérieur dépasse 1 000 °C..

(sprinklers ou gaz inertes) et les plans de reprise après sinistre (PRA) sont mis en place pour garantir que les services essentiels continuent de fonctionner malgré une situation de crise.

10.2 Les mesures de sécurité physique

La sécurité physique constitue un complément essentiel à la cybersécurité, car la compromission d'une infrastructure physique peut neutraliser les meilleurs systèmes de protection numérique. Une attaque par ransomware ou un piratage peut souvent être évité ou détecté, mais une coupure d'alimentation électrique, un incendie ou un sabotage physique d'un serveur peut entraîner des conséquences immédiates et irréversibles. Un cas célèbre est l'**incendie du data center OVH de Strasbourg en mars 2021**[269], qui a détruit une partie des serveurs de milliers d'entreprises dans le monde. Bien que cet incident ait été causé par un feu accidentel et non par une cyberattaque, il a démontré l'importance des mesures physiques telles que les systèmes d'extinction d'incendie et la gestion des risques environnementaux.

Une approche globale consiste donc à mettre en place des **mesures de sécurité physique**, allant du contrôle d'accès à la gestion des actifs, afin de prévenir et d'atténuer ces risques.

10.2.1 Les systèmes de contrôle d'accès

Les systèmes de contrôle d'accès régulent les flux d'entrées et de sorties et constituent la première ligne de défense physique. Ils s'appuient sur des technologies telles que les **badges RFID**, les **clés électroniques**, les **lecteurs biométriques** (empreintes digitales, reconnaissance faciale ou rétinienne) et les **serrures à combinaison**. Par exemple, lors d'une tentative d'intrusion physique contre un centre de données d'Amazon Web Services (AWS) [270] aux États-Unis, des individus ont essayé

[269] Rapport détaillé sur l'incident OVH : https://corporate.ovhcloud.com/fr-sn/newsroom/news/informations-site-strasbourg

[270] Mesures de sécurité physiques chez AWS : https://aws.amazon.com/fr/trust-center/data-center/perimeter-layer

d'accéder aux locaux via une porte latérale. Le système biométrique et les caméras de surveillance ont immédiatement détecté l'anomalie, bloqué l'accès et déclenché une alarme silencieuse, permettant à l'équipe de sécurité d'intervenir rapidement, sans aucun dommage.

Les systèmes de gestion des visiteurs, incluant les **kiosques d'enregistrement automatisés** et les **badges temporaires**, assurent un suivi rigoureux et en temps réel de toutes les personnes présentes dans les locaux. Dans les grandes entreprises, il est courant que chaque visiteur soit systématiquement **accompagné par un employé autorisé**, renforçant ainsi la sécurité et la responsabilité. Par exemple, chez Google, la gestion stricte des visiteurs combinée à des contrôles d'accès multiples permet de garantir la traçabilité complète des présences, limitant les risques d'intrusion non détectée (Google, 2022).

10.2.2 Les systèmes de surveillance

La vidéosurveillance par télévision en circuit fermé (*Closed-Circuit Television—CCTV*) [271] et la surveillance environnementale sont cruciales pour détecter les incidents en temps réel. Les caméras haute définition placées aux entrées, dans les parkings et les couloirs sensibles servent à dissuader les intrus et à enregistrer des preuves en cas de problème. Imaginons un scénario où un individu mal intentionné tente de saboter un serveur dans un centre de données. Grâce à la vidéosurveillance couplée à des détecteurs de mouvement et des alarmes silencieuses, l'intrus serait immédiatement identifié et neutralisé avant d'accéder aux équipements critiques. Ce type de scénario, bien qu'hypothétique, illustre parfaitement la manière dont les systèmes de contrôle et de surveillance peuvent stopper une attaque physique avant qu'elle ne cause des dommages.

En parallèle, les détecteurs d'incendie, de chaleur, d'humidité ou d'inondation préviennent les catastrophes environnementales. L'absence de telles mesures avait été pointée du doigt dans l'incendie

[271] Système de vidéosurveillance dans lequel les caméras transmettent les images à un nombre limité d'écrans ou d'enregistreurs, sans diffusion publique, afin de surveiller des lieux sensibles comme des bâtiments, rues, gares, banques ou centres commerciaux.

d'OVH, où les systèmes d'extinction automatique par gaz n'étaient pas présents.

10.2.3 Sécurisation des salles serveurs

Les salles serveurs sont des zones névralgiques. Elles nécessitent une sécurité renforcée avec des contrôles multiples : badges d'accès, vidéosurveillance dédiée, enregistrement des entrées et sorties, et cages verrouillées pour les serveurs. Chez Google, chaque data center possède des zones compartimentées accessibles uniquement à des techniciens agréés[272]. Les serveurs sont enfermés dans des racks verrouillés et les déplacements internes sont suivis par des capteurs *RFID*.

Si une clé ou un badge est perdu, **le système isole immédiatement la zone concernée** afin de minimiser les risques. Cette approche granulaire permet de limiter les incidents causés par des employés internes malveillants, une menace bien réelle, comme l'a montré le vol de données d'Edward Snowden au sein de la NSA.

10.2.4 La gestion des actifs

La gestion des actifs physiques (serveurs, équipements réseau, terminaux) est souvent négligée alors qu'elle constitue une base fondamentale pour la cybersécurité. Il est essentiel de savoir **où se trouvent tous les équipements, dans quel état ils se trouvent** et **s'ils sont à jour**. Lors d'un audit en 2022, une grande entreprise de télécommunication a découvert qu'un serveur obsolète, oublié dans un bureau secondaire, n'avait pas été patché depuis trois ans. Il était vulnérable à des failles critiques (comme **Log4Shell**) et représentait une porte d'entrée idéale pour des attaquants.

Grâce aux outils de gestion des actifs (*IT Asset Management—ITAM*), les entreprises peuvent suivre en temps réel l'état de chaque appareil,

---

[272] Google sécurise son espace dans ses centres de données grâce à une défense en profondeur, combinant renforcement matériel, détection d'événements anormaux et système d'autodéfense, afin de prévenir les compromissions même en cas d'accès physique non autorisé : https://cloud.google.com/trust-center/security?hl=fr

identifier les versions des systèmes d'exploitation, et planifier des mises à jour ou remplacements.

10.2.5 La sécurité des employés et leur vie privée

La sécurité physique ne se limite pas à la protection des infrastructures : elle joue un rôle crucial dans la sauvegarde de la vie humaine. La mise en place d'un plan d'évacuation incendie clair, associé à des exercices réguliers et à l'installation d'équipements de secours (extincteurs, défibrillateurs, systèmes d'alerte), permet de réagir efficacement lors de situations critiques. L'importance de ces mesures a été illustrée lors du séisme de magnitude 7,0 qui a frappé la région **d'Izmir, en Turquie, le 30 octobre 2020**. Dans plusieurs entreprises locales, la formation préalable des employés aux procédures d'évacuation a permis une sortie rapide et ordonnée des bâtiments, réduisant considérablement les pertes humaines. À l'inverse, les organisations dépourvues de dispositifs et de protocoles adaptés ont subi des conséquences bien plus lourdes, tant sur le plan humain que matériel. Cet événement rappelle que la préparation, la sensibilisation et les infrastructures de sécurité physique sont indissociables d'une gestion efficace des risques.

10.2.6 La sensibilisation du personnel à la sécurité physique

La **sensibilisation du personnel à la sécurité physique** est un levier fondamental pour assurer la protection des infrastructures, des équipements et des informations sensibles d'une organisation. Même les dispositifs de sécurité les plus avancés peuvent être rendus inefficaces si les employés ne respectent pas strictement les règles ou ignorent les comportements à risque. Par exemple, lors de l'attaque contre le centre de données **d'Equinix en 2019**, des intrus ont tenté de pénétrer en se faisant passer pour des techniciens, mais la vigilance du personnel formé a permis de bloquer leur accès et d'alerter rapidement la sécurité, évitant ainsi une compromission majeure (Equinix, 2019).

À l'inverse, dans plusieurs incidents documentés, des employés ont **involontairement facilité des intrusions physiques** ou des vols en ne respectant pas les procédures, comme en laissant une porte déverrouillée ou en prêtant leur badge d'accès à un visiteur non accompagné. C'est pourquoi les programmes de sensibilisation doivent être réguliers, intégrant des formations en présentiel, des campagnes de communication interne, des affichages visibles et des exercices pratiques, tels que des simulations d'intrusions ou des tests d'ingénierie sociale. Ces actions renforcent non seulement la **vigilance individuelle**, mais instaurent également une **culture collective de sécurité** où **chaque employé devient un acteur responsable** et proactif face aux menaces physiques.

Par ailleurs, la sensibilisation doit s'adapter aux nouveaux risques, notamment l'ingénierie sociale, qui cible directement le facteur humain pour contourner les systèmes de sécurité. En investissant dans une formation continue et contextualisée, les organisations réduisent considérablement leur exposition aux risques d'intrusion, de vol ou de sabotage, tout en protégeant collaborateurs et actifs stratégiques.

10.3 Considérations dans la gestion des urgences

La gestion des urgences est un pilier fondamental de la sécurité globale d'une entreprise. Elle ne se limite pas à la simple réaction face à une crise, mais consiste à **anticiper les risques**[273], à **préparer les équipes** et à **assurer la continuité des opérations**. Une approche intégrée de la sécurité, combinant **sécurité physique, cybersécurité et gestion de crise**, constitue la meilleure manière de limiter l'impact des événements imprévus et de réduire les pertes humaines, financières ou opérationnelles. Pour atteindre cet objectif, il est essentiel de s'appuyer sur plusieurs piliers fondamentaux de la sécurité physique.

Tout commence par une **évaluation des risques** approfondie, qui permet d'identifier non seulement les menaces naturelles comme les

---

[273] Le site du Centre canadien d'hygiène et de sécurité au travail (CCHST) fournit des lignes directrices pour élaborer un plan d'intervention d'urgence efficace, en mettant l'accent sur l'évaluation des vulnérabilités, l'identification des risques technologiques et naturels, ainsi que la définition des actions à entreprendre en cas de crise : https://www.cchst.ca

séismes ou inondations, mais également les menaces technologiques et humaines, telles que le sabotage ou les pannes électriques. L'exemple des datacenters de Manhattan touchés par **l'ouragan Sandy en 2012**[274] illustre l'importance d'anticiper les risques naturels et d'adapter les infrastructures en conséquence. Lors de cette tempête, plusieurs datacenters situés dans le bas de Manhattan ont été gravement endommagés par des inondations affectant des sites très suivis aux États-Unis tels que **Gawker**, **Gizmodo** et **The Huffington Post**.

À partir de cette analyse, un **plan d'intervention d'urgence** doit être élaboré pour décrire les actions avant, pendant et après un incident, incluant l'évacuation, la communication et la coordination avec les secours. Des entreprises comme *AWS* et *Microsoft* testent régulièrement ces plans à travers des **simulations en conditions réelles** « *Game Day Exercises* », afin de garantir l'efficacité de leurs procédures.

Le **contrôle d'accès** aux zones sensibles constitue un autre élément clé, avec des dispositifs tels que badges *RFID*, serrures biométriques et sas multiniveaux. Chez Google, par exemple, les data centers sont compartimentés et chaque déplacement interne est suivi grâce à des capteurs *RFID*. La **surveillance et la détection** s'appuient sur des caméras haute définition, détecteurs de mouvement et alarmes silencieuses, permettant de réagir rapidement à toute intrusion, comme cela a été le cas récemment dans un data center européen.

La **sécurité du périmètre** est tout aussi importante. Microsoft utilise des zones tampons avec double clôture, patrouilles armées et capteurs de pression pour contrôler l'accès à ses centres de données. Parallèlement, des **systèmes de communication d'urgence** comme *Everbridge*[275] alertent immédiatement le personnel en cas de crise,

---

[274] Massive flooding damages several NYC Data Centers: https://www.datacenterknowledge.com/business/massive-flooding-damages-several-nyc-data-center

[275] Everbridge une plateforme de gestion de crise et d'alertes massives qui permet aux entreprises de diffuser rapidement des notifications critiques et de coordonner les réponses opérationnelles en situation d'urgence : https://www.everbridge.com/fr/products/crisis-management

tandis qu'un **plan d'évacuation** bien défini garantit la sécurité de tous, avec des exercices réguliers organisés par des entreprises comme IBM.

La formation continue du personnel, la mise à disposition de **kits d'urgence**, et la **collaboration avec les autorités locales** renforcent encore la capacité à gérer les situations critiques. La continuité d'activité et la reprise après sinistre assurent que les opérations essentielles restent fonctionnelles, comme l'ont montré les PRA efficaces lors de l'incendie de OVHCloud à Strasbourg en 2021.

L'**amélioration continue**, la **sensibilisation des employés** et le respect de la **conformité réglementaire** (ISO 22301, ISO 27001, normes locales) permettent de créer une culture de sécurité proactive. Cette approche globale, combinant prévention, préparation et réactivité, constitue un avantage stratégique, protégeant non seulement les infrastructures et les actifs, mais également la réputation et la continuité des opérations.

PARTI IV

GÉRER LES OPÉRATIONS DE CYBERSÉCURITÉ

CHAPITRE 11

LA GESTION DES VULNÉRABILITÉS

Sans un processus structuré de gestion des vulnérabilités, les équipes opérationnelles risquent d'être rapidement débordées par la multiplicité et la fréquence croissante des annonces de failles de sécurité. Ce chapitre propose un aperçu historique de l'évolution des vulnérabilités et souligne l'importance d'instaurer un mécanisme efficace permettant aux équipes de recevoir, d'analyser, de hiérarchiser et de mettre en œuvre les mesures correctives nécessaires afin de réduire les risques en constante augmentation.

11.1 Évolution des vulnérabilités

Dans un monde où les entreprises dépendent massivement des technologies de l'information, la complexité de leurs systèmes croît de manière exponentielle. D'un côté, elles s'équipent de solutions informatiques essentielles telles que les **ERP (SAP, Oracle)**, les serveurs de bases de données, les applications métiers et les systèmes téléphoniques IP pour répondre à leurs besoins opérationnels. D'un autre côté, elles déploient également des **technologies complémentaires** (pare-feu, systèmes de détection d'intrusion, SIEM, solutions EDR/XDR) pour protéger ces mêmes actifs critiques. Cette accumulation d'outils, parfois interconnectés et provenant de multiples éditeurs, multiplie inévitablement la surface d'attaque[276].

[276] La surface d'attaque désigne l'ensemble des points d'entrée potentiels, qu'ils soient physiques, humains ou numériques, par lesquels un attaquant pourrait tenter d'accéder à un système, à un réseau ou à des données, directement ou indirectement.

11.1.1 L'inévitable présence de failles

Tout système informatique, même conçu avec un haut niveau de sécurité, demeure susceptible de présenter des vulnérabilités au cours de son cycle de vie. Ces failles peuvent avoir des origines variées : erreurs de conception lors du développement, bugs logiciels découverts après la mise en production, ou encore mauvaises configurations issues de pratiques de déploiement inappropriées. Exploitées par des cybercriminels ou des acteurs malveillants, ces vulnérabilités peuvent entraîner des conséquences potentiellement dévastatrices : **vol de données sensibles** (informations personnelles, secrets industriels), **interruption des services critiques**, ou **compromission complète de l'infrastructure IT**, entraînant parfois des pertes financières majeures ou des atteintes à la réputation de l'entreprise. Un exemple marquant est celui de la faille **EternalBlue (CVE-2017-0144)**, identifiée dans Windows Server. Cette vulnérabilité, exploitée par le ransomware **WannaCry** en mai 2017, a provoqué une véritable **cyberpandémie mondiale** en quelques heures. Plus de **200 000 organisations dans 150 pays** ont été touchées, parmi lesquelles des hôpitaux du **NHS au Royaume-Uni**, qui ont dû annuler des milliers de rendez-vous médicaux, et des entreprises majeures telles que **Fedex**, entraînant des pertes financières estimées à plusieurs centaines de millions de dollars. Cette attaque a mis en lumière l'importance d'une **gestion proactive des correctifs** (*patch management*) et de la surveillance continue des vulnérabilités pour limiter l'impact de telles menaces.

11.1.2 Une croissance exponentielle des vulnérabilités

Depuis le milieu des années 2000, le nombre de vulnérabilités recensées dans les systèmes informatiques n'a cessé de croître, et la tendance s'est nettement accélérée au cours des dernières années. En novembre 2024, la base **CVE** (*Common Vulnerabilities and Exposures*) dépassait les **240 000 entrées** et le chiffre de 300 000 pourrait être atteint avant la fin de l'année 2025 avec plus de **8 000 nouvelles signalées rien que sur le premier semestre**. Cette explosion s'explique par la généralisation des environnements connectés et la multiplication des surfaces d'attaque.

Par exemple, dans le secteur automobile, les systèmes embarqués des véhicules connectés ont connu une hausse marquée : **entre 2021 et 2024, pas moins de 1 663 vulnérabilités ont été identifiées**.

Mais cette augmentation du volume détecté s'accompagne d'un problème structurel : le traitement et l'analyse des vulnérabilités ne suivent pas le rythme. En 2024, les soumissions CVE ont bondi de **32 %**, entraînant un retard important au niveau du NIST, avec près de **30 000 vulnérabilités** non examinées début 2025. Ce décalage rend plus difficile la priorisation des correctifs par les organisations, laissant parfois des failles critiques sans réponse rapide.

Ainsi, la croissance constante du nombre de vulnérabilités, combinée à des délais d'analyse prolongés, souligne l'urgence pour les entreprises de mettre en place des stratégies robustes de gestion des risques, afin de réduire la fenêtre d'exposition face à des menaces toujours plus nombreuses et sophistiquées.

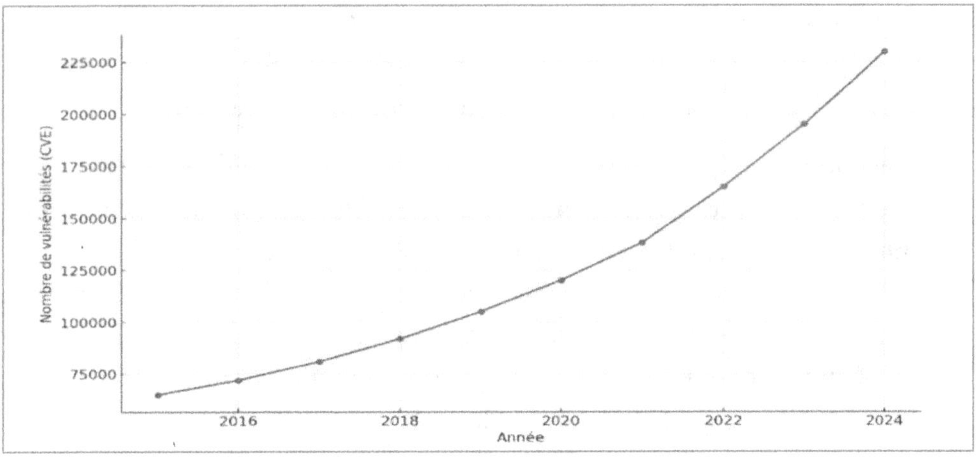

Figure 29 : Évolution du nombre de vulnérabilités recensées (CVE) entre 2015 et 2024[277]

[277] Le *National Vulnerability Database* (NVD) collecte et enrichit automatiquement les données sur les vulnérabilités issues de la liste CVE, en fournissant des évaluations de gravité, classifications et informations détaillées, mises à jour régulièrement pour assurer une source fiable et accessible aux professionnels de la cybersécurité : https://nvd.nist.gov/vuln

La faille critique **Log4Shell (CVE-2021-44228)**, découverte en décembre 2021 dans la bibliothèque Java **Log4j**, a démontré la difficulté de corriger rapidement une vulnérabilité présente dans des composants **Open Source**[278] massivement utilisés. Exploitable par une simple requête malveillante, cette faille permettait l'exécution de code à distance sur les serveurs vulnérables. Des entreprises du monde entier, y compris **Microsoft, Apple et Tesla,** ont dû analyser en urgence des milliers d'applications et de services pour évaluer leur exposition. Selon un rapport de **Check Point Research**, plus de 40 % des réseaux d'entreprises dans le monde ont été attaqués dans les 10 jours suivant la divulgation publique de la faille.

Cet exemple met en évidence la **rapidité d'exploitation des vulnérabilités par les cybercriminels** et souligne l'importance d'un processus de **gestion proactive des vulnérabilités** : veille en temps réel, tests de sécurité automatisés (scanners de vulnérabilités), planification des correctifs, et collaboration étroite avec la communauté open source pour réduire le temps entre la découverte d'une faille et son correctif effectif.

11.1.3 La nécessité d'un processus structuré de gestion

Face à cette explosion du nombre de vulnérabilités, il ne suffit plus de patcher les systèmes au coup par coup. Chaque vulnérabilité doit être **analysée et priorisée** en fonction du risque réel qu'elle représente pour l'organisation (impact potentiel, criticité, exposition au réseau public, etc.). Par exemple, une faille dans un serveur exposé sur Internet présente un risque bien plus critique qu'une vulnérabilité dans un poste de travail isolé. La **gestion des vulnérabilités** devient donc un **processus proactif**, impliquant :

- **La détection**, avec des scanners comme Nessus, Qualys ou OpenVAS ;

[278] L'open source est un modèle de développement où le code source est librement accessible, modifiable et redistribuable sous licence, favorisant transparence, collaboration et innovation, comme le montrent des projets tels que Linux, Apache ou Kubernetes.

- **L'évaluation du risque**, en tenant compte de la criticité (**CVSS Score**) et du contexte ;
- **L'application de correctifs ou de solutions de contournement** (*patch management*) ;
- **La surveillance continue**, via des sources fiables telles que **les bulletins des éditeurs, les bases CVE/NVD**, les groupes industriels, les CERT (*Computer Emergency Response Teams*), ou encore les alertes publiées par l'ANSSI et le CISA.

En 2021, l'exploitation massive de la vulnérabilité **ProxyLogon (CVE-2021-26855)**, qui affectait les serveurs **Microsoft Exchange**, a mis en évidence l'importance de la gestion proactive des correctifs. De nombreuses entreprises n'ayant pas appliqué à temps les mises à jour critiques ont vu leurs systèmes compromis, parfois par des campagnes de ransomware ou de vol de données. En revanche, les organisations qui avaient instauré une politique rigoureuse de gestion des vulnérabilités, comprenant une surveillance continue des alertes de sécurité, une priorisation des correctifs critiques et un déploiement rapide des patchs, ont pu prévenir ces intrusions et maintenir la disponibilité de leurs services.

11.1.4 Un enjeu stratégique pour les entreprises

La gestion des vulnérabilités ne se réduit plus à une simple tâche technique confiée aux équipes IT ; elle constitue désormais **un pilier fondamental de la gouvernance de la sécurité** et un élément central des stratégies de **conformité réglementaire et de maîtrise des risques**.

Les cadres normatifs tels que **ISO/IEC 27001**, **PCI-DSS** ou encore le **RGPD** imposent des exigences explicites en matière de correction proactive des vulnérabilités. Par exemple, une faille non corrigée entraînant une fuite de données personnelles peut exposer une entreprise à des **sanctions financières sévères** et à des atteintes majeures à sa réputation comme ce fut le cas de **British Airways**, condamnée en 2020 à une amende de **20 millions de livres sterling**[279] après une cyberattaque exploitant des failles dans ses systèmes en 2018.

Les entreprises les plus avancées adoptent une approche **proactive et collaborative** pour identifier les failles avant qu'elles ne soient exploitées par des cybercriminels. Outre les traditionnels tests d'intrusion, elles recourent à des **programmes de bug bounty** gérés par des plates-formes spécialisées comme **HackerOne** [280] , **YesWeHack**[281] ou **Bugcrowd**[282], qui mobilisent des communautés de chercheurs en cybersécurité pour détecter et signaler des vulnérabilités contre rémunération. Exemple, en 2022, **Toyota** a pu corriger rapidement une vulnérabilité critique affectant son portail client grâce à un signalement dans le cadre de son programme de bug bounty, évitant ainsi un risque majeur de fuite de données sensibles.

Ainsi, la gestion des vulnérabilités devient **un enjeu stratégique** à l'intersection de la sécurité, de la conformité et de la continuité des activités. Elle nécessite une **implication forte de la direction**, une **veille permanente** et l'intégration de solutions automatisées de détection et de remédiation pour réduire les délais entre la découverte d'une faille et sa correction.

---

279 En 2018, British Airways a subi une brèche de sécurité qui a exposé les données personnelles d'environ 500 000 clients, incluant des informations de paiement et des identifiants de compte. La *Information Commissioner's Office* (ICO) avait initialement prévu une amende très conséquente de 183 millions de livres, mais celle-ci a été réduite à 20 millions de livres en 2020, en raison des mesures correctives prises par la compagnie et de l'impact économique de la pandémie : https://www.cliffordchance.com/insights/resources/blogs/talking-tech/en/articles/2020/10/ico-announces-significantly-reduced-gdpr-fine-for-british-airway.html.

280 HackerOne : plate-forme de bug bounty et de divulgation responsable permettant aux entreprises de collaborer avec des chercheurs en sécurité pour identifier et corriger des vulnérabilités avant qu'elles ne soient exploitées : https://www.hackerone.com

281 YesWeHack : plate-forme européenne de bug bounty qui met en relation organisations et communautés de hackers éthiques pour détecter et résoudre des failles de sécurité de manière encadrée et légale : https://www.yeswehack.com/fr

282 Bugcrowd : plate-forme de cybersécurité collaborative qui centralise des programmes de bug bounty, de tests d'intrusion et de divulgation responsable, mobilisant une large communauté mondiale de chercheurs : https://www.bugcrowd.com

11.2 Le processus de gestion des vulnérabilités

11.2.1 Compréhension et Objectifs

La gestion des vulnérabilités est un processus structuré et continu qui permet aux organisations de détecter, d'évaluer, de prioriser et de corriger les failles de sécurité présentes dans leurs systèmes. Dans un contexte où la complexité des infrastructures informatiques ne cesse de croître et où de nouvelles failles apparaissent quotidiennement, ce processus est devenu une pierre angulaire de la cybersécurité et de la conformité réglementaire.

Une vulnérabilité se définit comme une faiblesse dans un système, qu'il s'agisse d'un logiciel, d'un matériel ou d'une configuration, susceptible d'être exploitée pour compromettre la confidentialité, l'intégrité ou la disponibilité des données. L'objectif principal de la gestion des vulnérabilités est de réduire le risque d'exploitation en assurant une correction rapide et priorisée des failles découvertes. Cette démarche contribue aussi au respect de normes telles que **ISO/IEC 27001**, **PCI-DSS** ou encore le **RGPD**, qui imposent un traitement rigoureux des failles susceptibles de conduire à des violations de données.

11.2.2 Les étapes clés du processus

Le processus débute par **l'identification des actifs**. Sans un inventaire exhaustif des serveurs, applications, équipements réseau et environnements cloud, il est impossible de connaître le périmètre à protéger. Des solutions comme **Qualys Asset Management** ou **GLPI** permettent d'automatiser ce recensement.

Vient ensuite **la détection des vulnérabilités**. Des scanners spécialisés, tels que **Nessus**, **OpenVAS** ou **Rapid7 InsightVM**, analysent les systèmes à la recherche de failles connues. Ces analyses sont complétées par une veille continue : bulletins des éditeurs, alertes CERT, flux RSS de sécurité et bases de données telles que le **CVE**. Par exemple, c'est grâce à la base CVE que les administrateurs ont été informés en décembre 2021 de la faille **Log4Shell (CVE-2021-44228)** dans la bibliothèque Java Log4j.

Une fois identifiées, les vulnérabilités sont **évaluées** et **priorisées**. L'outil de notation **CVSS (Common Vulnerability Scoring System)** permet de mesurer la gravité d'une faille sur une échelle de 0 à 10. Cette évaluation prend en compte l'exploitabilité, l'impact potentiel et le contexte. Ainsi, une vulnérabilité critique (**CVSS >= 9**), comme celle affectant un serveur exposé sur Internet, sera priorisée par rapport à une faille de moindre gravité affectant un service interne.

Ensuite, un **plan de remédiation** est élaboré. Il peut consister à appliquer des correctifs (patch management), à reconfigurer un service vulnérable, ou à déployer des mesures compensatoires comme un firewall applicatif (WAF). Un exemple marquant est celui du ransomware **WannaCry** en 2017 : Microsoft avait publié le correctif MS17-010 deux mois avant l'attaque. Les organisations qui avaient mis en place une gestion proactive des correctifs ont évité l'infection, contrairement à d'autres qui ont subi des dommages considérables.

La **validation** de la correction constitue une étape cruciale : après application des correctifs, de nouveaux scans ou des tests d'intrusion ciblés permettent de vérifier que la faille est bien résolue. Les entreprises les plus matures mettent également en place des tableaux de bord et des indicateurs (KPI) pour suivre le temps moyen de correction (MTTR) et la récurrence des failles.

Enfin, la **démarche d'amélioration continue** garantit que le processus reste efficace face à l'évolution des menaces. Les retours d'expérience (post-mortem) après des incidents majeurs, comme **Heartbleed (CVE-2014-0160)** ou **ProxyLogon (CVE-2021-26855)**, permettent d'affiner les procédures et d'automatiser davantage les scans et la distribution des correctifs.

11.2.3 CVE et CVSS : Identifier et mesurer les vulnérabilités

La gestion efficace des vulnérabilités repose sur des standards internationaux qui permettent de les identifier et de les évaluer de manière uniforme. Parmi ces standards, le programme **CVE** et le système de notation **CVSS** sont les plus utilisés par les professionnels de la cybersécurité, les éditeurs de logiciels et les organismes de régulation.

Le **CVE**, géré par l'organisme américain **MITRE**, attribue un identifiant unique et universel à chaque vulnérabilité découverte. Ce format standardisé facilite la communication entre chercheurs, éditeurs et responsables sécurité en éliminant toute ambiguïté. Le format du nom CVE suit la structure **CVE-AAAA-NNNN** où :

- **CVE** signifie *Common Vulnerabilities and Exposures*, indiquant qu'il s'agit d'une vulnérabilité référencée officiellement ;
- **AAAA** représente l'année où la vulnérabilité a été publiée ou enregistrée ;
- **NNNN** est un numéro unique séquentiel attribué à cette vulnérabilité pour l'année donnée.

Ainsi, **CVE-2017-0144**, désigne la 144e vulnérabilité publique référencée en 2017.

Pour mesurer la gravité d'une vulnérabilité, les experts utilisent le **CVSS**, un système de notation standardisé, développé par le **FIRST (Forum of Incident Response and Security Teams)**[283]. Le CVSS permet d'évaluer une faille selon trois ensembles de métriques :

- **Les métriques de base**, qui tiennent compte de la facilité d'exploitation, du niveau de privilèges requis, du vecteur d'attaque (réseau, local, physique) et de l'impact potentiel sur la confidentialité, l'intégrité et la disponibilité des systèmes ;

---

283 FIRST (Forum of Incident Response and Security Teams) est une organisation internationale qui regroupe des équipes de réponse aux incidents de sécurité (CERT, CSIRT, SOC) afin de favoriser la coopération, l'échange d'informations et le développement de bonnes pratiques pour renforcer la cybersécurité mondiale : https://www.first.org

- **Les métriques temporelles**, qui évaluent des facteurs évolutifs comme la disponibilité d'exploits publics ou la publication de correctifs ;
- **Les métriques environnementales**, qui ajustent le score en fonction du contexte spécifique de l'entreprise (par exemple, l'importance des systèmes impactés ou leur exposition à Internet).

Le **score CVSS**, calculé sur une échelle de **0 (sans impact)** à **10 (critique)**, permet aux entreprises de prioriser les correctifs de manière rationnelle. Par exemple, la vulnérabilité **Log4Shell (CVE-2021-44228)**, découverte dans la bibliothèque **Java Log4j**, a été évaluée à **10/10**. Elle permettait une exécution de code à distance via une simple chaîne de texte malveillante, ce qui a poussé les entreprises du monde entier à déclencher des plans d'urgence pour vérifier des milliers d'applications dépendantes de Log4j.

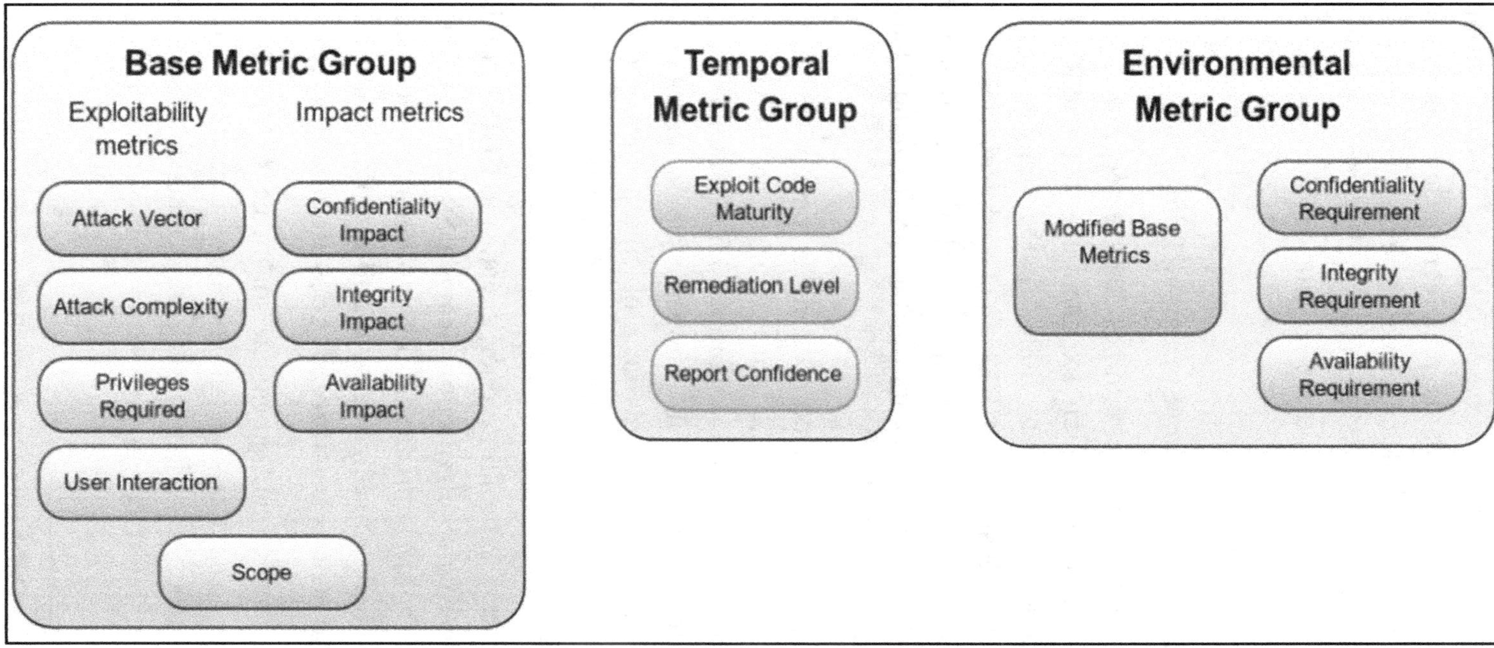

Figure 30 : Groupes de métriques du CVSS[284]

[284] Source : https://www.first.org/cvss/specification-document

De nombreux outils, comme les bases **NVD** et **VulDB** ou encore **Exploit-DB**, utilisent ces standards pour centraliser et diffuser les informations sur les vulnérabilités. Ces bases de données, mises à jour quotidiennement, sont indispensables aux équipes de sécurité pour détecter les failles critiques et réduire le temps moyen de correction (**MTTR**).

11.2.4 Exploit Prediction Scoring System—EPSS

Depuis de nombreuses années, les équipes de cybersécurité font face à un défi majeur : la multiplication exponentielle des vulnérabilités découvertes chaque année. En 2024, par exemple, plus de **29 000 nouvelles vulnérabilités (CVE)** ont été publiées dans les bases officielles. Face à ce volume gigantesque, il est devenu pratiquement impossible pour une entreprise de corriger toutes les failles dans des délais raisonnables.

Comme abordé dans la précédente section, les entreprises se basent traditionnellement sur le CVSS pour évaluer la gravité d'une vulnérabilité. Le CVSS attribue un score de 0 à 10 selon des critères comme la facilité d'exploitation, l'impact sur la confidentialité, l'intégrité ou la disponibilité. Mais un problème persiste : **un score élevé ne signifie pas forcément que la vulnérabilité sera exploitée** par des attaquants.

C'est pour répondre à cette limite que l'organisme **FIRST** a mis en place la notion de **Exploit Prediction Scoring System (EPSS)**[285] ou système d'évaluation de la prédiction d'exploitation. Son objectif est simple, mais ambitieux : **prédire la probabilité** qu'une vulnérabilité donnée soit **exploitée dans la nature, par des attaquants réels**.

EPSS n'est pas un score que l'on calcule soi-même. C'est un modèle prédictif basé sur l'apprentissage automatique, à partir de grandes quantités de données mondiales sur les vulnérabilités et leur exploitation réelle. Il est conçu pour estimer la probabilité qu'une

[285] Description du processus EPSS : https://www.first.org/epss

vulnérabilité soit exploitée dans les trente jours suivant sa divulgation publique. Il s'agit d'un outil centré exclusivement sur la menace d'exploitation, sans intégrer de métriques liées à l'impact ou à la criticité opérationnelle. Le processus de modélisation repose sur une chaîne méthodologique rigoureuse. D'abord, des données brutes sont collectées depuis un large éventail de sources : descriptions détaillées des vulnérabilités (**CVE**[286], **CPE**[287], **CWE**[288] via **NVD**[289]), scores CVSS, références contextuelles **(MITRE, NVD, CISA KEV**[290]**, Project Zero**[291]**, ZDI**[292]), présence éventuelle d'exploits publics (**Exploit-DB, GitHub, Metasploit**), et intégration dans des outils d'automatisation de scan ou d'attaque tels que **Sn1per**, **Intrigue**, **Jaeles** ou **Nuclei**. Chaque information est horodatée, permettant au modèle d'intégrer une dynamique temporelle critique pour identifier les moments où la probabilité d'exploitation évolue significativement.

En parallèle, le modèle s'appuie sur des preuves concrètes d'exploitation observées dans des environnements réels. Celles-ci sont collectées via des honeypots, des systèmes IDS/IPS, des capteurs HIDS et d'autres mécanismes de détection. Les données obtenues ne se limitent pas à la confirmation qu'une vulnérabilité a été exploitée ; elles incluent également le **minutage précis** de ces événements, indispensable pour calibrer les prédictions.

---

[286] CVE (Common Vulnerabilities and Exposures) : Identifiant unique attribué à une vulnérabilité de sécurité pour la référencer de manière standardisée.

[287] CPE (Common Platform Enumeration) : Système de nomenclature permettant d'identifier de façon normalisée les logiciels, systèmes d'exploitation et matériels affectés par une vulnérabilité.

[288] CWE (Common Weakness Enumeration) : Catalogue de faiblesses logicielles ou erreurs de conception pouvant mener à des vulnérabilités.

[289] NVD (National Vulnerability Database) : Base de données officielle gérée par le NIST, qui recense les CVE et fournit des informations enrichies comme les scores CVSS.

[290] CISA KEV (Known Exploited Vulnerabilities Catalog) : Catalogue officiel géré par la CISA (Cybersecurity and Infrastructure Security Agency) recensant les vulnérabilités qui sont confirmées comme exploitées activement.

[291] Project zero : Équipe de recherche en sécurité de Google qui découvre et publie des vulnérabilités critiques, en appliquant une politique de divulgation responsable et des délais stricts de correction.

[292] ZDI (Zero Day Initiative) : Programme de Trend Micro qui achète des failles découvertes par des chercheurs, coordonne leur divulgation et notifie les éditeurs pour corriger avant publication.

Sur le plan algorithmique, le modèle EPSS utilise **XGBoost** en mode classification binaire, permettant de générer **un score compris entre 0 et 1**, vu comme la **probabilité d'exploitation**. Ce choix découle d'expérimentations comparatives, démontrant que XGBoost offrait une meilleure capacité de généralisation et de traitement des interactions complexes entre les variables que d'autres approches telles que la régression logistique. Prenons deux vulnérabilités réelles pour mieux comprendre le fonctionnement de EPSS :

- **CVE-2023-12345** — Elle obtient un score CVSS de **9,8/10**. Techniquement, c'est une vulnérabilité critique. Cependant, EPSS lui attribue un score de **0,02 (2 %)**. Cela signifie que, dans la pratique, elle est très peu susceptible d'être exploitée par des attaquants. Une organisation pourrait choisir de la corriger plus tard, sans urgence ;
- **CVE-2022-26134** — Cette faille d'exécution de code à distance concernant l'application *Atlassian Confluence* avait également un score CVSS de **9,8/10.** Toutefois, EPSS lui attribue **0,95 (95 %)** démontrant son exploitation en cours. Pour une entreprise utilisant l'outil *Confluence*, le patch devient immédiatement prioritaire.

Ces exemples montrent bien la complémentarité entre **CVSS** et **EPSS** : CVSS donne **la gravité potentielle** d'une faille alors que EPSS indique **la probabilité réelle qu'elle soit exploitée** en fournissant **une estimation robuste et actualisée** quotidiennement, permettant aux équipes de sécurité, aux SOC et aux CERT de prioriser efficacement leurs actions de remédiation. Ce score complète ainsi, sans les remplacer, les métriques traditionnelles de sévérité comme le CVSS, en ajoutant cette dimension critique qui est la probabilité d'exploitation.

Des études systématiques sont réalisées pour optimiser la performance, notamment en testant différentes granularités d'information (ex. regroupement ou non des catégories CWE) et différentes fenêtres temporelles pour l'apprentissage (six mois, un an, deux ans). Cette démarche vise à réduire le surapprentissage tout en maximisant la précision prédictive.

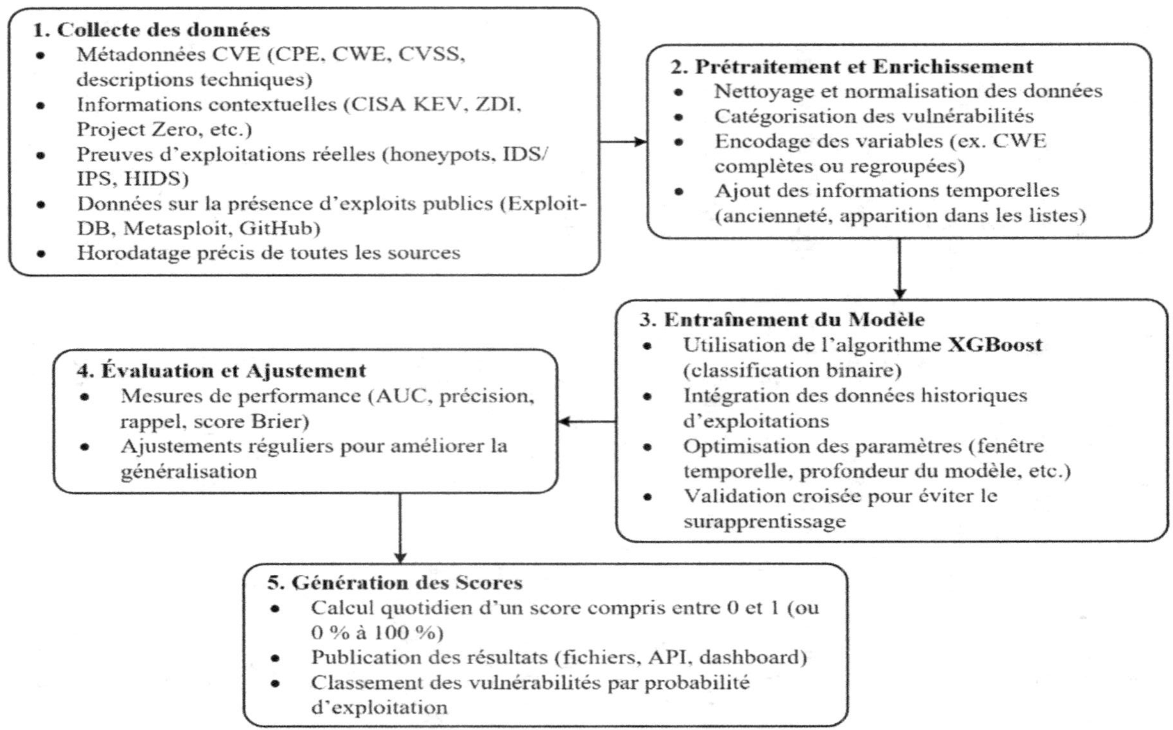

Figure 31 : Processus d'évaluation des vulnérabilités par EPSS

Pour utiliser le modèle EPSS, nul besoin d'effectuer des calculs soi-même. **Il faut juste récupérer directement les scores publiés par FIRST** [293], disponibles gratuitement via leur site Web, leur **API publique** ou leurs **fichiers journaliers (CSV)**, puis de les intégrer dans les outils de gestion des vulnérabilités et de priorisation des correctifs.

EPSS est particulièrement utile dans une stratégie de **gestion des vulnérabilités basée sur les risques** (*risk-based vulnerability management*). Plutôt que de tenter de corriger aveuglément toutes les failles signalées comme critiques, les équipes sécurité peuvent désormais :

- **Prioriser efficacement** les correctifs à appliquer ;
- **Réduire la charge de travail** sur les équipes IT et sécurité en se concentrant sur ce qui compte vraiment ;
- **Limiter les coûts** liés aux patchs et aux interruptions de service ;
- **Renforcer la posture de sécurité** en se concentrant sur les vulnérabilités réellement exploitées par les attaquants.

Par exemple, dans un SOC, EPSS peut être intégré directement **aux tableaux de bord** de gestion des incidents et des vulnérabilités. Cela permet aux analystes de visualiser en temps réel les failles les plus dangereuses pour l'entreprise, et de déclencher plus rapidement les actions de remédiation.

11.2.5 Outils et stratégies complémentaires

La gestion des vulnérabilités ne se limite pas à l'utilisation de scans automatiques classiques. Elle repose aujourd'hui sur un ensemble d'outils et de stratégies innovantes qui renforcent la capacité des entreprises à détecter et corriger rapidement les failles de sécurité. Parmi ces approches, les **programmes de bug bounty** jouent un rôle clé. Proposés par des plates-formes reconnues telles que **HackerOne**

[293] Le site Data & Statistics du EPSS de FIRST offre un accès quotidien aux scores de probabilité d'exploitation des vulnérabilités (EPSS) pour toutes les CVE publiées, permettant aux professionnels de la cybersécurité de prioriser efficacement les efforts de remédiation en fonction du risque réel d'exploitation : https://www.first.org/epss/data_stats

ou **YesWeHack**, ces programmes incitent des chercheurs en cybersécurité, souvent indépendants ou issus de la communauté « *White Hat* », à identifier et signaler des vulnérabilités en échange de récompenses financières. Cette méthode collaborative a prouvé son efficacité pour révéler des failles que les processus internes classiques n'auraient pas détectées.

Par ailleurs, les entreprises modernes intègrent désormais la gestion des vulnérabilités directement dans leur cycle de développement logiciel grâce aux pratiques **DevSecOps**[294]. En incorporant des tests automatisés de sécurité dans les pipelines **CI/CD** (*Continuous Integration / Continuous Deployment*), il devient possible de détecter les vulnérabilités dès la phase de conception et de développement, avant même que le code ne soit déployé en production. Cette approche proactive réduit significativement les risques liés aux erreurs de configuration ou aux failles logicielles, et accélère la mise en conformité avec les standards de sécurité.

Ces stratégies complémentaires s'appuient aussi sur des outils avancés d'analyse comportementale et de corrélation des données de sécurité, qui permettent de prioriser les vulnérabilités à traiter en fonction de leur exploitation réelle dans l'environnement spécifique de l'entreprise. Ces outils aident à orienter les efforts de correction vers les risques les plus critiques, optimisant ainsi les ressources de sécurité.

11.3 Les tests d'intrusion dans la Gestion des vulnérabilités

La gestion des vulnérabilités ne saurait se limiter aux seuls outils automatisés de scan. En effet, ces derniers, bien qu'efficaces pour détecter un large éventail de failles connues, ne sont pas toujours capables d'identifier les vulnérabilités complexes, issues d'enchaînements d'attaques ou de configurations spécifiques à l'environnement cible. C'est pourquoi **les tests d'intrusion** (*pentests*)

---

[294] Le DevSecOps est une approche qui intègre la sécurité dès les premières étapes du développement logiciel, en automatisant les tests et contrôles de sécurité tout au long du cycle de vie des applications pour garantir un déploiement sécurisé et rapide.

sont essentiels. Ils consistent en des simulations d'attaques réelles réalisées par des experts, permettant de valider la présence, l'exploitabilité et l'impact potentiel des vulnérabilités.

Ce type d'évaluation permet d'obtenir une vision beaucoup plus précise que celle d'un simple scan. Le Pentest valide non seulement la présence d'une vulnérabilité, mais aussi sa capacité à être exploitée, l'impact possible sur les systèmes et données, et la résistance des mesures de sécurité existantes. Par exemple, un test d'intrusion peut révéler qu'une faille de sécurité jugée mineure par un scanner peut en réalité servir de point d'entrée à une attaque plus sophistiquée, mettant en péril l'ensemble du réseau. Voici les points clés à retenir :

- **Simulation réaliste des attaques** — les pentests reproduisent les méthodes et tactiques utilisées par des cybercriminels, offrant ainsi une évaluation concrète du niveau de risque ;
- **Validation de la criticité** — au-delà de détecter une faille, ils mesurent si elle peut être exploitée pour compromettre des systèmes critiques ;
- **Priorisation des actions** — en révélant les vulnérabilités les plus dangereuses, ils orientent les efforts de remédiation vers les menaces réellement exploitables.

Pour encadrer ces évaluations, plusieurs méthodologies reconnues sont couramment employées. Le guide **OWASP** est une référence majeure pour les applications Web, proposant un cadre structuré pour détecter les vulnérabilités les plus fréquentes, telles que les injections SQL ou les attaques XSS. Pour une approche plus générale couvrant aussi bien les réseaux que les systèmes, le **standard PTES** (*Penetration Testing Execution Standard*)[295] offre une méthodologie complète qui inclut toutes les phases, de la reconnaissance initiale à la restitution des

[295] La norme PTES (Penetration Testing Execution Standard) est un cadre complet qui décrit les meilleures pratiques et les processus normalisés pour mener des tests de pénétration complets et cohérents : http://www.pentest-standard.org/index.php/Main_Page.

résultats. Par ailleurs, le manuel **OSSTMM**[296] apporte une vision rigoureuse pour auditer la sécurité globale, tandis que le **NIST SP 800-115**[297] fournit des recommandations adaptées aux environnements institutionnels.

Au-delà de la méthodologie, la réussite d'un test d'intrusion repose aussi sur une planification rigoureuse : définir clairement la portée, les cibles, les horaires et obtenir les autorisations nécessaires afin d'éviter tout impact négatif sur les opérations. **Il est important d'effectuer des tests aussi bien internes qu'externes**, afin de couvrir les menaces venues des réseaux internes comme de l'Internet public. Par ailleurs, **la fréquence est essentielle** : des tests réguliers, idéalement annuels ou après chaque modification majeure, permettent de suivre l'évolution des risques dans un environnement en perpétuel changement.

Les résultats doivent impérativement être intégrés dans le processus global de gestion des vulnérabilités. Ils servent à prioriser les corrections en fonction du niveau réel de risque et à suivre l'avancement des mesures prises. Les rapports fournis aux équipes techniques doivent être détaillés, clairs, et proposer des recommandations précises, afin de faciliter la remédiation.

De nombreux cas illustrent l'importance de ces tests. Par exemple, lors d'une évaluation chez un fournisseur de services cloud, un test d'intrusion a permis de détecter une configuration incorrecte donnant un accès non authentifié à des serveurs virtuels, permettant ainsi de corriger la faille avant toute exploitation malveillante. Dans un autre cas, une grande banque internationale organise des campagnes annuelles combinant tests d'intrusion et exercices de **red teaming**, simulant des attaques complexes mêlant cyberattaques et intrusions

---

[296] L'OSSTMM (Open Source Security Testing Methodology Manual) est un cadre détaillé de tests et d'analyses de sécurité, évalué par des pairs, qui vise à mesurer objectivement la sécurité opérationnelle des systèmes et des réseaux.

[297] NIST SP 800-115 est un guide publié par le National Institute of Standards and Technology qui fournit une méthodologie structurée pour la planification, la conduite et l'analyse des tests et des évaluations de la sécurité de l'information technique, y compris les tests de pénétration et l'analyse de la vulnérabilité.

physiques, afin d'assurer la robustesse globale de son dispositif de sécurité.

La conduite efficace des tests d'intrusion nécessite une **approche globale** et rigoureuse, combinant une planification précise, une exécution exhaustive incluant à la fois des perspectives internes et externes, et une fréquence adaptée pour suivre l'évolution constante des environnements. L'utilisation de méthodologies reconnues assure **la qualité et la cohérence** des tests, tandis qu'un reporting clair et détaillé permet de transformer les résultats en actions concrètes pour renforcer la sécurité. Enfin, le suivi post-test est indispensable pour vérifier l'application des recommandations et maintenir un niveau de protection optimal face aux menaces toujours changeantes.

Pratique	Description
Planification rigoureuse	**Définir la portée** (systèmes, applications, réseaux), planifier les horaires pour limiter l'impact sur la disponibilité et obtenir une autorisation formelle avec un cadre légal clair.
Tests internes et externes	Réaliser des tests depuis l'intérieur du réseau (**menace interne**) et depuis l'extérieur (**attaque Internet**) pour couvrir tous les vecteurs d'attaque.
Fréquence et régularité	Effectuer des tests **au minimum une fois par an** et après tout changement majeur (mise à jour, déploiement, migration).
Méthodologie structurée	Utiliser des standards reconnus (**PTES, OWASP, NIST SP 800-115**) pour un processus complet de la reconnaissance à la restitution.
Reporting détaillé et actionnable	Fournir un **rapport clair**, classant les vulnérabilités par criticité, expliquant les risques en proposant des recommandations précises.
Suivi post-test	Assurer la **vérification des corrections** appliquées et l'atténuation effective des vulnérabilités identifiées.

Tableau 23 : Pratiques recommandées pour la conduite des tests d'intrusion

CHAPITRE 12

GESTION DES INCIDENTS DE SÉCURITÉ

Ce chapitre aborde la gestion des incidents de sécurité, en commençant par en préciser la définition et en présentant ses principales composantes. Il détaille ensuite les différentes étapes qui jalonnent le processus, depuis la détection initiale jusqu'à la clôture de l'incident, en passant par l'analyse, la contextualisation, la priorisation et l'élaboration de solutions adaptées.

12.1 Définition et objectifs de la gestion des incidents

Un incident est un événement ou une perturbation qui s'écarte des opérations normales et qui est susceptible d'avoir un impact sur les services, les systèmes ou l'infrastructure de l'entreprise. « *Un incident de sécurité informatique est une violation ou une menace imminente de violation des politiques de sécurité informatique, des politiques d'utilisation acceptable ou des pratiques de sécurité standard* » (NIST, 2012).

La gestion des incidents de cybersécurité est un pilier fondamental de la résilience numérique d'une entreprise. Elle regroupe l'ensemble des processus et actions destinés à détecter, analyser, contenir et éradiquer tout événement de sécurité susceptible de compromettre la confidentialité, l'intégrité ou la disponibilité des systèmes d'information. L'objectif principal est de minimiser l'impact de ces incidents, de restaurer rapidement les services critiques et de tirer des leçons pour renforcer la posture de sécurité. Dans un environnement où les cyberattaques se multiplient et se sophistiquent, mettre en place un dispositif clair et éprouvé de gestion des incidents n'est plus une option, mais une nécessité.

12.2 Prérequis pour une gestion efficace

Une réponse aux incidents de cybersécurité ne peut être efficace que si des fondations solides ont été préalablement mises en place. D'abord, il est indispensable que l'entreprise dispose d'une gouvernance claire et d'une politique de sécurité bien définie. Celle-ci doit décrire les rôles, responsabilités et lignes d'escalade en cas d'incident. Le soutien de la direction est également un facteur clé de succès, car il garantit la disponibilité des ressources humaines, techniques et financières nécessaires.

Ensuite, il faut constituer une équipe spécialisée, souvent appelée **CSIRT** (*Computer Security Incident Response Team*) [298] ou intégrée dans un **SOC** (*Security Operations Center*). Cette équipe doit être formée en continu sur les techniques de détection et d'investigation, ainsi que sur les procédures d'éradication et de remédiation.

Sur le plan technologique, des outils performants sont indispensables. Un **SIEM** (*Security Information and Event Management*) permet de collecter et corréler les événements de sécurité pour identifier des comportements anormaux. Des solutions **EDR** ou **XDR** sont utiles pour surveiller les terminaux et réagir rapidement en cas de compromission. Enfin, il ne faut pas négliger la cartographie du système d'information : savoir où se trouvent les actifs critiques et quelles données sont sensibles permet de prioriser les actions lors d'un incident.

12.3 Processus de Gestion des Incidents

La gestion des incidents de sécurité repose sur un cycle structuré et itératif, largement inspiré de référentiels tels que **ISO/IEC 27035**, le **NIST SP 800-61** ou encore les matrices **MITRE ATT&CK** et **D3FEND**. L'objectif est de garantir une détection rapide, une réponse

[298] Définition donnée par le NIST : CIRT (*Computer Incident Response Team*) ou CSIRT (*Computer Security Incident Response Team*) est un groupe de personnes généralement composé d'analystes de la sécurité, organisé pour élaborer, recommander et coordonner des mesures d'atténuation immédiates pour l'endiguement, l'éradication et le rétablissement à la suite d'incidents de sécurité informatique https://csrc.nist.gov/glossary/term/computer_incident_response_team

efficace et un retour à la normale tout en tirant des enseignements pour améliorer en continu les défenses organisationnelles.

Le cycle commence par la **phase de préparation**, étape fondamentale où l'organisation met en place les mécanismes nécessaires pour anticiper les incidents. Cela inclut la configuration des outils de détection avancée (SIEM, EDR, IDS/IPS), la rédaction de **plans de réponse** et de **playbooks opérationnels**, ainsi que la formation régulière des équipes SOC/CERT. Par exemple, des scénarios d'attaque basés sur MITRE **ATT&CK** (comme les tactiques de « *Privilege Escalation* » ou de « *Lateral Movement* ») sont simulés pour tester la résilience de l'infrastructure. Les **KPIs de préparation** incluent le taux de couverture des playbooks, la fréquence des exercices de simulation (tabletop exercises) et le taux de conformité aux politiques de sécurité.

La deuxième étape, **détection et analyse**, consiste à identifier les événements suspects et à déterminer s'ils constituent de véritables incidents. Cette étape s'appuie sur des alertes remontées par des systèmes comme le SIEM ou l'EDR, et parfois sur des analyses comportementales ou des détections basées sur l'intelligence artificielle. Une **analyse rapide et contextualisée** permet d'évaluer l'impact potentiel sur les processus métiers. Les **KPIs clés** incluent le **Mean Time to Detect (MTTD)**[299], le taux de faux positifs et le nombre d'incidents détectés automatiquement versus manuellement. L'approche **ATT&CK** permet de cartographier les techniques d'attaque identifiées, tandis que **D3FEND** aide à relier ces techniques aux contre-mesures appropriées.

Viennent ensuite les phases **de confinement, d'éradication et de récupération**. Le confinement vise à limiter la propagation de l'attaque, par exemple en isolant les hôtes compromis, en bloquant les adresses IP suspectes ou en segmentant temporairement le réseau. L'éradication consiste à supprimer tous les artefacts malveillants,

[299] Le Mean Time to Detect (MTTD) désigne le temps moyen qui s'écoule entre le moment où une menace ou un incident de sécurité survient dans un système et le moment où il est identifié ou détecté par les équipes de sécurité, reflétant ainsi l'efficacité des mécanismes de surveillance et de détection en place.

comme les malwares, backdoors ou clés SSH compromises. Enfin, la récupération comprend la remise en état des systèmes, la réinstallation des composants affectés et la restauration des données à partir de **sauvegardes validées**. Les **KPIs** de cette phase incluent le **Mean Time to Contain (MTTC)**[300], le **Mean Time to Recover (MTTR)**[301], ainsi que le taux de succès des restaurations.

La dernière étape, le **retour d'expérience (post-incident)**, est essentielle pour tirer les leçons de l'incident. Elle comprend une **analyse des causes racines (Root Cause Analysis)**, la mise à jour des règles de détection, l'optimisation des playbooks et le partage d'indicateurs de compromission (IoCs) avec des partenaires ou des plates-formes de threat intelligence. Cette phase est également l'occasion d'évaluer l'efficacité des mesures correctives grâce à des KPIs tels que la réduction du nombre d'incidents similaires sur une période donnée ou l'amélioration du MTTD après la mise à jour des règles. L'intégration des cadres comme **D3FEND** permet d'identifier les contre-mesures techniques et organisationnelles les plus efficaces pour prévenir de futures attaques.

[300] Le Mean Time to Contain (MTTC) correspond au temps moyen nécessaire pour maîtriser et limiter la propagation d'un incident de sécurité après sa détection, afin de réduire son impact et éviter qu'il ne cause davantage de dommages.

[301] Le Mean Time to Recover (MTTR) représente le temps moyen nécessaire pour restaurer un système, une application ou un service à son état normal de fonctionnement après la survenue d'un incident de sécurité ou d'une panne, incluant la réparation, la validation et la reprise des opérations.

KPI	Définition	Objectif	Exemple de Valeur Cible
MTTD (Mean Time to Detect)	Temps moyen entre le début d'un incident et sa détection.	Réduire le délai de détection pour limiter les impacts.	< 1 heure
MTTC (Mean Time to Contain)	Temps moyen pour contenir la propagation d'un incident après sa détection.	Empêcher l'expansion de l'incident.	< 2 heures
MTTR (Mean Time to Recover)	Temps moyen nécessaire pour restaurer les systèmes et services après un incident.	Rétablir rapidement les services critiques.	< 6 heures
Taux de Faux Positifs	Pourcentage d'alertes considérées comme non pertinentes.	Réduire la charge inutile pour les analystes SOC.	< 5 %
Taux de Détection automatique	Pourcentage d'incidents détectés automatiquement par les outils (SIEM, EDR).	Augmenter l'automatisation pour une réponse plus rapide.	> 70 %
Taux de répétition des Incidents	Pourcentage d'incidents similaires se reproduisant après des mesures correctives.	Évaluer l'efficacité des actions post-incident.	< 10 %
Taux de couverture des Playbooks	Proportion des types d'incidents disposant d'un playbook documenté et testé.	S'assurer d'une réponse structurée pour tous les scénarios critiques.	100 %
Nombre d'Incidents par catégorie	Répartition des incidents par type (phishing, ransomware, DoS…).	Identifier les tendances et prioriser les actions préventives.	Suivi mensuel
Temps moyen de Communication	Temps moyen pour informer les parties prenantes (équipes internes, management).	Assurer une communication rapide et transparente.	< 30 minutes

Tableau 24 : Exemple de tableau des KPIs de Gestion des Incidents

12.4 Standards et cadres référentiels

La gestion des incidents de sécurité s'appuie sur plusieurs **normes et cadres de référence** internationalement reconnus, qui offrent des méthodologies, des bonnes pratiques et des outils pour améliorer l'efficacité des équipes de réponse.

ISO/IEC 27035 constitue une des références internationales pour la **gestion des incidents de sécurité de l'information**. Elle s'articule en trois parties complémentaires qui, ensemble, couvrent l'ensemble du cycle de vie des incidents :

- La **partie 1** – *ISO/IEC 27035-1 : Principles and process*, définit les **principes fondamentaux** et le **processus général** de gestion des incidents. Elle établit les concepts clés, les objectifs et les étapes structurées, de la détection à la résolution, qui permettent aux organisations de gérer efficacement les incidents de sécurité ;
- La **partie 2** – *ISO/IEC 27035-2 : Guidelines to plan and prepare for incident response*, fournit des **lignes directrices pour la planification et la préparation**. Elle détaille comment mettre en place une gouvernance claire, attribuer les rôles et responsabilités, former les équipes, et établir les politiques et procédures nécessaires afin de répondre efficacement à tout incident ;
- La **partie 3** – *ISO/IEC 27035-3 : Guidelines for ICT incident response operations*, s'adresse plus spécifiquement aux **équipes opérationnelles**, en donnant des recommandations pratiques pour les activités quotidiennes de **détection, d'analyse, de réponse et de coordination**. Elle insiste sur l'importance de documenter chaque incident, de communiquer efficacement et d'assurer une amélioration continue du dispositif.

En combinant ces trois volets, la norme propose à la fois un **cadre conceptuel**, une **méthodologie de préparation** et des **lignes directrices opérationnelles**, permettant aux organisations de renforcer leur résilience face aux incidents de sécurité.

Le **Good Practice Guide for Incident Management**[302] publié par l'agence **ENISA** (*European Union Agency for Cybersecurity*)[303] est un document de référence qui fournit des **recommandations pratiques** pour améliorer la gestion des incidents de sécurité au sein des organisations et des équipes de réponse (CSIRT, SOC, CERT). Il met en avant les **bonnes pratiques organisationnelles, techniques et opérationnelles** afin de garantir une détection rapide, une réponse coordonnée et une communication efficace lors d'un incident. Le guide insiste également sur l'importance de la **préparation**, de la **coopération entre acteurs** et du **retour d'expérience**, afin de renforcer la résilience et de limiter l'impact des cybermenaces.

Le **NIST SP 800-61 (Computer Security Incident Handling Guide)**, largement adopté dans les environnements nord-américains, fournit une vision très opérationnelle. Il décrit un cycle de vie en quatre phases (préparation, détection/analyse, confinement/éradication/récupération et retour d'expérience), avec des recommandations détaillées pour la gestion des incidents dans des environnements complexes tels que les infrastructures critiques et les systèmes gouvernementaux.

Le **SANS Incident Handler's Handbook** (Kral, 2012) est une autre référence précieuse, particulièrement utilisée par les **équipes SOC et CERT**, grâce à son approche pragmatique et axée sur la réponse rapide. Il fournit des checklists et des conseils pratiques pour les premières 24 heures critiques d'un incident, ce qui en fait un outil indispensable sur le terrain.

En complément, le **cadre MITRE ATT&CK** (*Adversarial Tactics, Techniques, and Common Knowledge*) constitue un référentiel détaillé et constamment mis à jour, décrivant les **tactiques, techniques et procédures (TTPs)** utilisées par les attaquants. L'utilisation de ce cadre permet non seulement d'identifier les techniques adverses les plus

---

[302] Source de la publication de l'agence ENISA : https://www.enisa.europa.eu/publications/good-practice-guide-for-incident-management

[303] ENISA (*European Union Agency for Cybersecurity*) est l'agence de l'Union européenne chargée de renforcer la cybersécurité en Europe, en apportant expertise, conseils, bonnes pratiques et soutien aux États membres, aux institutions européennes et aux acteurs privés.

probables, mais aussi de **cartographier les techniques de détections existantes**, d'améliorer les scénarios de réponse automatisée et d'optimiser la chasse aux menaces ou *Threat Hunting*.

Enfin, des initiatives comme **MITRE D3FEND** viennent compléter ATT&CK en proposant un catalogue structuré de contre-mesures techniques, permettant de relier directement chaque technique offensive à des défenses spécifiques. L'intégration conjointe de ces cadres dans les opérations SOC renforce significativement la **maturité de la gestion des incidents** et facilite l'évaluation continue des capacités de détection et de réponse.

12.5 Playbooks et leur rôle dans la gestion des incidents

Lorsqu'un incident de cybersécurité survient, il est crucial que les équipes chargées de la réponse agissent rapidement et de manière coordonnée. Pour cela, elles s'appuient sur des **playbooks**, sortes de guides opérationnels qui détaillent pas à pas les actions à entreprendre. Ces *playbooks* ne sont pas de simples documents techniques ; ils incarnent une véritable méthodologie permettant d'uniformiser les réponses, de réduire les temps d'intervention et d'assurer la cohérence entre les différents acteurs impliqués, qu'il s'agisse des analystes SOC, des équipes techniques ou des responsables communication.

Concrètement, un *playbook* débute souvent par un **déclencheur précis** : la détection d'un événement suspect, comme une alerte de phishing massif ou une intrusion réseau. À partir de ce signal, le *playbook* décrit la **séquence des étapes à suivre** : collecte des informations pertinentes, analyse pour confirmer la nature et la gravité de l'incident, puis mise en œuvre des mesures nécessaires pour contenir la menace.

Par exemple, en cas d'attaque par ransomware, le *playbook* guidera les équipes pour **isoler rapidement les machines infectées** afin d'empêcher la propagation, bloquer les connexions malveillantes, et initier la restauration des systèmes à partir des sauvegardes saines. Simultanément, il prévoit aussi la communication avec les parties prenantes internes et externes, assurant que chacun est informé en temps utile et selon les règles établies.

Dans un autre scénario, face à une campagne de phishing ciblée, le *playbook* recommandera de **bloquer les adresses IP suspectes, d'analyser les emails malveillants** pour en extraire les indicateurs de compromission, puis de sensibiliser rapidement les utilisateurs afin de limiter les risques de compromission. De même, pour une attaque de déni de service, il orientera les équipes vers l'activation des dispositifs anti-DDoS et la collaboration avec les fournisseurs d'accès pour atténuer l'impact.

Ce caractère structuré et évolutif des *playbooks* en fait un outil essentiel, non seulement pour accélérer la réponse aux incidents, mais aussi pour capitaliser sur chaque expérience. Après chaque événement, une phase de retour d'expérience permet de mettre à jour ces guides, afin d'intégrer les enseignements tirés et d'améliorer constamment la posture de sécurité de l'entreprise.

Ainsi, les *playbooks* incarnent à la fois un manuel d'action immédiate et un levier d'amélioration continue, indispensables pour faire face aux menaces cyber en constante évolution.

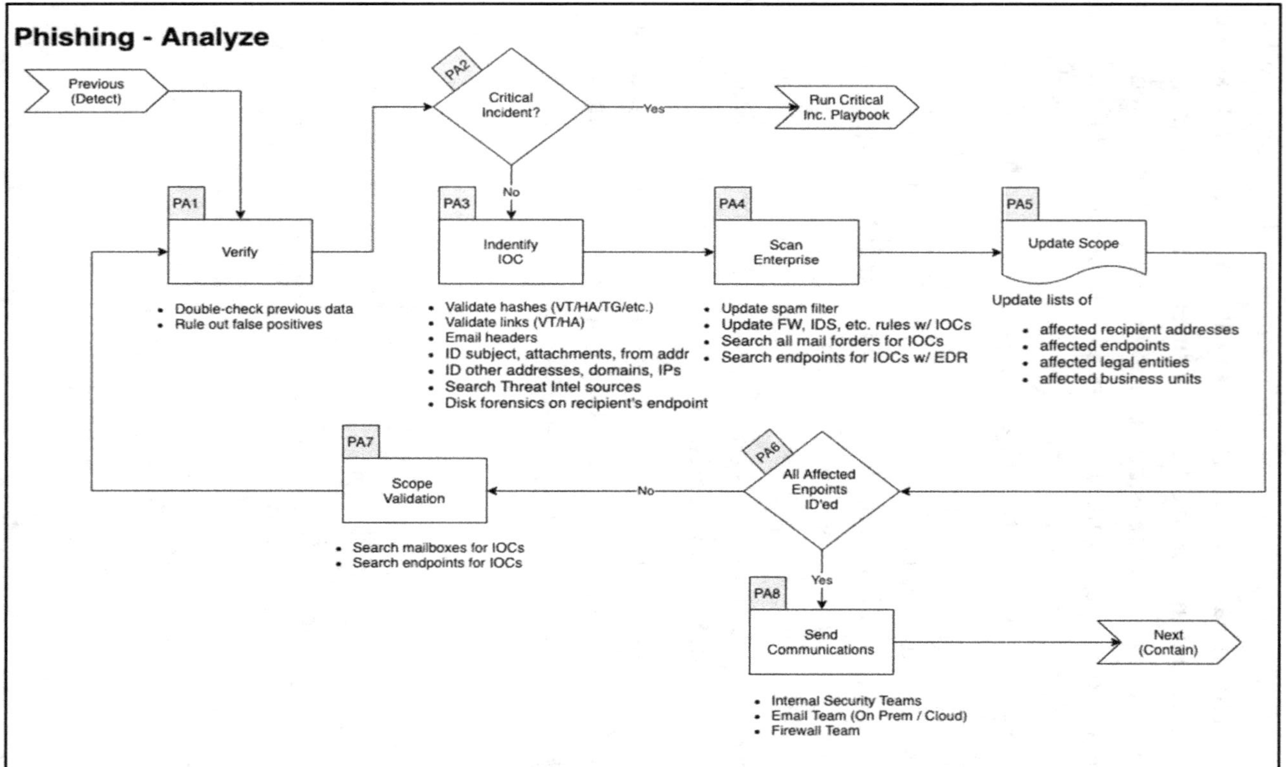

Figure 32 : Phase analyse d'un Playbook d'incident de Phishing (Hameçonnage)

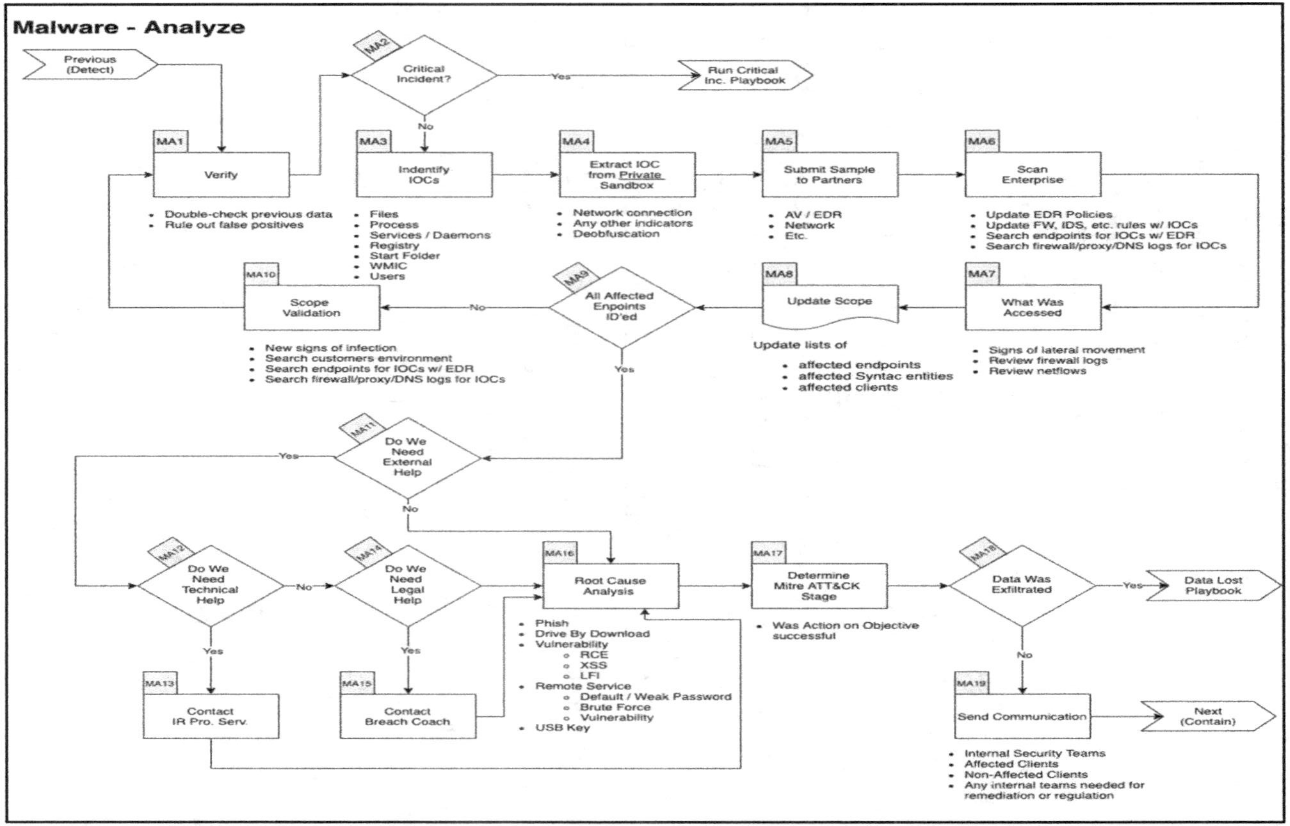

Figure 33 : Phase analyse d’un Playbook d’incident de Malware

Les deux figures précédentes illustrent des extraits de *playbooks* dédiés à la gestion d'un incident de phishing et à la propagation d'un malware. Ces ressources, mises gracieusement à disposition sur Internet par **Mathieu Saulnier**[304], expert en cybersécurité chez **Syntax**[305] et ancien collaborateur de **Bell Canada**, constituent des exemples pratiques particulièrement instructifs. L'analyse de ces figures révèle que, sur une même phase, comme celle de l'analyse ou de la détection, les actions exécutées ne sont pas identiques. Chaque type d'incident possède en effet ses propres spécificités, ses vecteurs d'attaque particuliers et des stratégies de réponse adaptées.

Il est essentiel que les **playbooks d'incidents** soient régulièrement révisés, mis à jour et testés afin de garantir leur efficacité face à l'évolution constante des menaces ainsi qu'aux changements organisationnels. Ils doivent également s'inscrire dans une **stratégie globale de réponse aux incidents**, comprenant des formations régulières, des campagnes de sensibilisation et des exercices pratiques. Ce dispositif global permet d'assurer que l'équipe de réponse aux incidents soit prête à agir rapidement et efficacement en cas de crise.

En complément des *playbooks* préconçus et disponibles en téléchargement libre[306], il existe aussi des **guides méthodologiques**[307] permettant aux équipes de sécurité de développer leurs propres versions[308]. Ces playbooks personnalisés sont particulièrement utiles pour couvrir des scénarios non traités par les modèles existants ou pour tenir compte de la spécificité de l'environnement technologique et organisationnel de son entreprise.

---

304 Portrait de Mathieu Saulnier : https://www.sans.org/profiles/mathieu-saulnier

305 Syntax, une entreprise offrant des services de gestion de la cybersécurité : https://www.syntax.com/solutions/security/mdr-protection

306 L'équipe CERT de la Société Générale (https://cert.societegenerale.com) met également à la disposition des professionnels une série de Playbook en accès libre sur Internet : https://github.com/certsocietegenerale/IRM/tree/main/EN

307 Liste de quelques cas d'usage recommandés par Fortinet et guide de développement de Playbook : https://www.fortinet.com/blog/ciso-collective/incident-response-plans-playbooks-policy

308 Comment créer un manuel de réponse aux incidents par Atlassian : https://www.atlassian.com/incident-management/incident-response/how-to-create-an-incident-response-playbook#incident-response-lifecycle

12.6 Tests et exercices

Pour garantir que le processus de gestion des incidents demeure efficace et adapté aux menaces évolutives, il est indispensable de le **tester régulièrement** à travers différents types d'exercice qui permettent de valider les procédures, d'identifier les points faibles et de renforcer la coordination entre les équipes. Parmi les méthodes les plus courantes, on retrouve les **exercices de type tabletop** (exercices sur table) où les acteurs clés, analystes SOC, responsables IT, équipes juridiques et de communication, se réunissent pour simuler un scénario d'incident dans un cadre contrôlé. Ils discutent de leurs réactions, évaluent la pertinence des procédures et identifient les améliorations possibles. Ce type d'exercice favorise la réflexion collective, la prise de décision rapide et la sensibilisation sans nécessiter d'interruption des systèmes.

À un niveau de réalisme supérieur, les équipes mettent en place des **simulations Red Team/Blue Team**. Une équipe « rouge » (*Red Team*), jouant le rôle d'attaquants, mène des attaques ciblées, tandis que l'équipe « bleue » (*Blue Team*) déploie ses moyens de défense pour les détecter, les contenir et les neutraliser en temps réel. Par ailleurs, certains environnements intègrent des exercices de type **Purple Team**, où **Red** et **Blue Teams** collaborent étroitement pour améliorer en continu les tactiques de défense et de détection, facilitant ainsi le transfert de connaissances et l'adaptation des stratégies.

L'efficacité de ces tests est évaluée grâce à des **indicateurs clés de performance (KPIs)** tels que le **Mean Time to Detect (MTTD)**, temps moyen nécessaire pour identifier un incident, et le **Mean Time to Respond (MTTR)**, délai moyen pour contenir et résoudre l'incident. Des temps courts traduisent une capacité accrue à réagir rapidement et à limiter les impacts. D'autres métriques peuvent inclure le taux de détection des attaques simulées, la qualité des communications internes, ou encore le respect des procédures de *reporting*.

Ces exercices testent non seulement les outils techniques, mais aussi les compétences humaines, la collaboration interservices et la résilience organisationnelle face à des scénarios complexes et imprévus. Ils s'inscrivent dans une démarche d'**amélioration continue** : après chaque test, un débriefing approfondi permet de documenter les enseignements, d'ajuster les *playbooks*, d'optimiser les outils de détection et de renforcer la formation des équipes. Ainsi, la gestion des incidents reste évolutive face aux menaces toujours plus sophistiquées.

12.7 Cas du Digital Forensic dans la gestion des incidents

Le **digital forensic**[309], ou informatique légale, est une discipline clé dans la gestion des incidents de sécurité, car elle permet de **collecter, analyser et préserver des preuves numériques** afin de comprendre la nature de l'attaque, d'identifier les vecteurs de compromission et de documenter les faits à des fins techniques, réglementaires ou judiciaires. Cette approche ne se limite pas à l'investigation post-incident, mais s'intègre également dans les phases d'analyse et de retour d'expérience, en offrant une vision approfondie de l'attaque.

Le *digital forensic* consiste à appliquer des techniques scientifiques et méthodiques pour examiner des systèmes informatiques, en garantissant **l'intégrité et la fiabilité des preuves** collectées. Les principaux objectifs incluent :

- **Identifier le point d'entrée de l'attaquant** et les vulnérabilités exploitées ;
- **Reconstituer la chronologie de l'attaque**, en suivant les actions de l'assaillant (exécution de commandes, déplacements latéraux, escalades de privilèges) ;
- **Évaluer l'ampleur de la compromission**, notamment les systèmes affectés et les données exfiltrées ;
- **Conserver les preuves** de manière légale et exploitable en cas de poursuites judiciaires ou d'audit de conformité.

---

309 L'institut américain, le SANS (**S**ysAdmin, **A**udit, **N**etwork and **S**ecurity) a dédié une section entière de son site Internet au DFIR. Plusieurs ressources gratuites, notamment des outils spécialisés y sont disponibles. Les professionnels peuvent également s'inscrire à des formations dédiées à la DFIR : https://www.sans.org/digital-forensics-incident-response.

Dans la gestion moderne des incidents de sécurité, le *digital forensic* s'impose comme une discipline incontournable. Il ne s'agit pas simplement d'analyser des fichiers ou des journaux système, mais de **mener une véritable enquête numérique**, avec la même rigueur que dans une **scène de crime**, afin de comprendre comment une attaque a eu lieu, quels systèmes ont été compromis et quelles preuves peuvent être conservées pour d'éventuelles poursuites judiciaires.

Lorsqu'un incident majeur survient, par exemple une attaque par ransomware, la première action des équipes SOC et CERT consiste à contenir l'incident. C'est à ce moment que le **Digital Forensic** entre en scène. À l'aide d'outils spécialisés comme **FTK Imager**, les experts créent une copie exacte des disques durs affectés pour conserver les preuves dans leur état initial. Cette étape cruciale, garantit que l'analyse qui suivra ne va pas corrompre les données ou les artefacts laissés par les attaquants (**Chain of Custody**)[310].

Une fois les données sécurisées, l'enquête numérique commence. **Volatility**[311] ou **Rekall**[312] permettent d'analyser la mémoire vive des systèmes pour retrouver des traces de malwares, des clés de chiffrement ou des processus suspects. Par exemple, lors d'un incident ransomware, il est souvent découvert que des données ont été exfiltrées avant même le chiffrement. Une analyse des flux réseau, réalisée avec **Wireshark**[313] ou **NetworkMiner**[314], peut révéler des connexions inhabituelles avec

---

[310] Processus de préservation des preuves numériques pour permettre qu'elles soient admissibles dans une cour de justice. Explication détaillée par me CISA : https://www.cisa.gov/sites/default/files/publications/cisa-insights_chain-of-custody-and-ci-systems_508.pdf

[311] Volatility est un outil open source d'analyse forensic de la mémoire vive, permettant d'extraire et d'examiner des informations critiques (processus, connexions, malwares) pour enquêtes en cybersécurité : https://volatilityfoundation.org

[312] Rekall est un outil open source de forensic mémoire, dérivé de Volatility, qui permet d'analyser des images RAM afin d'identifier des processus, connexions réseau, malwares ou autres artefacts utiles dans les enquêtes de cybersécurité.

[313] Wireshark est un outil gratuit d'analyse de trafic réseau qui permet de capturer, inspecter et diagnostiquer en détail les paquets échangés sur un réseau afin de détecter des anomalies, résoudre des problèmes : https://www.wireshark.org

[314] NetworkMiner est un outil de forensic réseau passif qui permet de capturer et d'analyser le trafic réseau pour extraire des informations comme les adresses IP, noms d'hôtes, fichiers transférés et certificats, sans perturber le réseau, facilitant ainsi les enquêtes de

des serveurs distants, mettant en évidence les canaux d'exfiltration utilisés par l'attaquant.

Le *digital forensic* ne se limite pas aux attaques externes. Lors d'une fuite de données impliquant un **insider malveillant**, l'analyse des logs Windows Event, des journaux d'accès ou des transferts USB peut reconstituer les actions suspectes d'un employé, comme la copie illégitime de fichiers sensibles ou l'installation d'outils non autorisés. Par exemple, dans une enquête récente, l'analyse *forensic* a permis de démontrer qu'un administrateur système avait créé un compte de service non documenté, utilisé ensuite pour transférer des fichiers confidentiels vers un serveur privé.

L'aspect narratif du *forensic* réside dans sa **capacité à raconter l'histoire de l'attaque**. Chaque artefact retrouvé (un fichier temporaire, un horodatage dans un log, une clé de registre modifiée) devient une pièce du puzzle qui, une fois assemblée, décrit le chemin suivi par l'attaquant depuis son point d'entrée jusqu'à son objectif final. Ces éléments ne servent pas seulement à remédier à l'incident, mais aussi à **renforcer les défenses** : les IoCs (*Indicators of Compromise*) extraits sont intégrés dans les systèmes de détection, et les vulnérabilités exploitées sont corrigées.

Les preuves collectées via le *digital forensic* jouent un rôle légal majeur. Elles peuvent être utilisées dans des contextes réglementaires (par exemple, dans une déclaration obligatoire de violation de données au titre du **RGPD**) ou dans des procédures judiciaires. C'est pourquoi chaque étape de l'investigation est soigneusement documentée : les actions des analystes sont consignées dans un journal, les images disques sont horodatées et protégées, et un rapport final est rédigé pour détailler la chronologie et les conclusions de l'enquête.

---

cybersécurité et le reverse engineering des communications : https://www.netresec.com/?page=NetworkMiner

CHAPITRE 13

SURVEILLANCE CONTINUE DE LA SÉCURITÉ

Le dernier chapitre s'intéresse aux opérations quotidiennes qui permettent d'assurer une gestion efficace des activités courantes de sécurité. Il met l'accent sur l'importance de la surveillance continue des systèmes et des réseaux, tout en présentant les outils, les méthodes et les compétences indispensables pour une prise en charge optimale des incidents potentiels. Il explore également les différents cadres et référentiels existants, conçus pour accompagner et simplifier le travail des analystes en leur offrant des lignes directrices éprouvées.

13.1 Les besoins d'une surveillance de la cybersécurité

Avec la multiplication des technologies, l'adoption massive des solutions infonuagiques, la mobilité accrue des employés et la dispersion des données sur de multiples plates-formes, le simple déploiement des meilleurs dispositifs de sécurité réseau ne suffit plus à garantir la protection des actifs numériques. Même lorsqu'une entreprise adopte des politiques de sécurité strictes, il est fréquent que les employés continuent d'utiliser des applications, des services ou des dispositifs non approuvés (*shadow IT*), multipliant ainsi les risques de compromission des données sensibles.

Chaque jour, des milliers, voire des millions d'événements sont générés par les équipements, applications et systèmes d'information d'une entreprise. Cette avalanche de données constitue un défi majeur pour les équipes chargées de la sécurité, qui doivent être en mesure d'identifier rapidement les menaces réelles au milieu de ce flot d'informations.

La **surveillance continue** de la sécurité du système d'information n'est donc plus une option, mais une exigence fondamentale. Elle offre une visibilité en temps réel sur la posture de cybersécurité de son entreprise, en surveillant en permanence les cybermenaces, les erreurs de configuration, les comportements suspects et les vulnérabilités potentielles. Elle permet notamment de :

- **Détecter un large éventail de menaces** — en combinant les renseignements internes (logs, événements, comportements réseau) et les données externes (*Threat Intelligence*, indicateurs de compromission), les équipes de sécurité peuvent anticiper les techniques et les tactiques que les attaquants pourraient utiliser contre les infrastructures de l'entreprise ;
- **Réduire les risques de violations de données** — une détection précoce des menaces donne la possibilité de déployer rapidement des contre-mesures adaptées pour éviter des incidents graves ou des pertes de données sensibles ;
- **Se conformer aux exigences réglementaires et normatives** — les réglementations en matière de cybersécurité et de protection des données, telles que les exigences de la CDP au Sénégal, le RGPD, la norme ISO 27001 ou encore les cadres NIST et PCI-DSS, imposent des contrôles stricts. Un dispositif de surveillance continue facilite la détection et la correction rapide des écarts, minimisant ainsi les risques de sanctions financières et d'atteintes à la réputation ;
- **Réduire les temps de détection et de réponse** — les indicateurs clés comme les temps de détection et de réponse aux incidents sont essentiels pour mesurer l'efficacité des équipes **SOC**. Plus la détection et la remédiation sont rapides, plus les impacts d'une attaque sont limités. À l'inverse, des intrusions non détectées pendant des semaines ou des mois résultent souvent d'un manque de visibilité et d'automatisation dans la surveillance ;
- **Améliorer la connaissance des adversaires** — grâce à une veille active et à la collecte de renseignements sur les menaces (*Threat Intelligence*), les entreprises peuvent identifier les acteurs malveillants, comprendre leurs motivations, leurs techniques

d'attaque (TTPs) et anticiper les risques liés à leur secteur ou à leur environnement numérique.

Le modèle de surveillance continue varie selon la taille de l'entreprise, son secteur d'activité et ses ressources disponibles.

13.2 Le Centre des opérations de la sécurité – SOC

Dans un monde où les cybermenaces évoluent plus vite que jamais, les entreprises doivent constamment rester en alerte. C'est dans ce contexte que le **Security Operations Center**, plus connu sous le nom de **SOC**, prend toute son importance. Véritable tour de contrôle de la sécurité, le SOC est conçu pour surveiller, détecter et répondre aux menaces qui planent sur les systèmes d'information d'une organisation. Il fonctionne comme un centre névralgique où l'humain, les processus et la technologie se rencontrent pour une défense proactive.

13.2.1 Le rôle et la raison d'être du SOC

L'équipe d'un SOC ne se contente pas d'observer passivement ce qui se passe sur un réseau. Le SOC a pour mission de **prévenir les attaques**, de **réagir en temps réel aux incidents** et de **limiter les impacts des menaces détectées**. Imaginez une équipe de pompiers numériques qui, jour et nuit, garde un œil sur la moindre fumée pouvant annoncer un incendie : c'est exactement la philosophie d'un SOC. Grâce à des technologies de surveillance avancées et à une veille constante, il anticipe les comportements suspects, étudie les signaux faibles et déclenche des actions correctives bien avant qu'une crise ne prenne de l'ampleur. Son rôle ne s'arrête pas là. Le SOC participe aussi à la **gestion des vulnérabilités**, conseille les équipes informatiques pour renforcer les systèmes, et veille au respect des normes et réglementations en vigueur, ou les standards comme ISO ou PCI-DSS. C'est à la fois un bouclier et un centre de renseignement.

13.2.2 Les composantes humaines du SOC

Derrière les écrans et les tableaux de bord sophistiqués, le SOC repose avant tout sur une **équipe d'experts en cybersécurité** hautement qualifiés et engagés. Ces professionnels **collaborent étroitement**, chacun apportant son expertise spécifique et assumant des **responsabilités clairement** définies pour assurer une surveillance continue, une détection rapide des menaces et une réponse efficace aux incidents. Voici un aperçu des rôles clés qui composent un SOC :

- **Les analystes de premier niveau (Tier 1)**, véritables sentinelles, sont les premiers à scruter les alertes. Ils filtrent les faux positifs et identifient les événements dignes d'une analyse plus poussée ;
- **Les analystes de second niveau (Tier 2)** prennent le relais pour examiner en profondeur les incidents, comprendre leur origine et en évaluer la gravité ;
- **Les experts de troisième niveau (Tier 3)**, spécialistes capables de gérer les attaques les plus sophistiquées, d'élaborer des scénarios de réponse et de développer de nouvelles règles de détection ;
- **L'équipe d'ingénierie des outils** conçoit, intègre et maintient l'ensemble des technologies du SOC (SIEM, SOAR, EDR, NDR). Elle développe des scripts d'automatisation, ajuste les règles de corrélation et s'assure que les outils restent à jour et performants ;
- **L'équipe VOC (Vulnerability Operations Center)**[315] est dédiée à la gestion des vulnérabilités. Elle identifie, analyse et priorise les failles détectées dans les systèmes, coordonne leur remédiation avec les équipes IT et fournit des rapports sur le niveau de risque global de l'infrastructure ;
- De plus en plus, des **Threat Hunters** (des chasseurs de menaces) complètent l'équipe en menant des investigations proactives, cherchant les signes d'attaques furtives, non détectées par les outils ;

---

[315] Le Vulnerability Operations Center (VOC) représente une nouvelle approche centralisée et proactive de gestion des vulnérabilités, créée pour répondre à la complexité croissante des environnements informatiques et à la nécessité d'une coordination efficace entre les équipes, afin d'optimiser l'identification, l'analyse, la priorisation et la remédiation rapides des failles de sécurité et ainsi réduire efficacement les risques.

- L'équipe **Threat Intelligence** collecte, analyse et diffuse des renseignements sur les menaces (*IoCs*, *TTPs*, campagnes d'attaques). Elle alimente les outils du SOC avec des données contextuelles issues de sources internes et externes (*MITRE ATT&CK*, *feeds IoC*, *dark web*), permettant d'anticiper les menaces et de renforcer les capacités de détection.
- À la tête de l'ensemble, un **SOC Manager** orchestre les opérations quotidiennes, définit les priorités stratégiques, supervise les équipes et assure la liaison avec la direction afin de garantir une gestion cohérente et efficace de la sécurité.

Au-delà des compétences techniques indispensables à la surveillance et à la protection des systèmes d'information, le personnel du SOC doit impérativement maîtriser un ensemble de **compétences relationnelles**, souvent appelées « *soft skills* », qui jouent un rôle tout aussi déterminant dans la réussite de leurs missions. Ces compétences permettent non seulement de mieux appréhender les situations complexes, mais aussi d'interagir efficacement au sein d'équipes pluridisciplinaires et avec des interlocuteurs variés, qu'ils soient techniques ou non.

Parmi les qualités humaines les plus recherchées figure une **attention rigoureuse aux moindres détails**. En effet, dans un environnement où les menaces évoluent constamment, savoir repérer des anomalies ou des indices cachés peut faire toute la différence entre une détection précoce et un incident majeur. Cette vigilance se couple à une **pensée critique et créative** : les analystes doivent être capables de sortir des cadres conventionnels, d'adopter des perspectives originales et de tester de nouvelles méthodes pour identifier des vulnérabilités ou des attaques encore inconnues.

En outre, **la capacité à communiquer clairement et efficacement** constitue un pilier fondamental dans le travail du SOC. Les experts doivent pouvoir vulgariser des informations techniques complexes afin de les rendre accessibles à différents publics, que ce soit la direction, les équipes techniques, ou les utilisateurs finaux. Une communication précise, concise et adaptée favorise la compréhension, la prise de décision rapide et la mise en œuvre coordonnée des mesures de sécurité.

Ces compétences relationnelles favorisent également **la collaboration** et **la gestion du stress** dans un environnement souvent sous haute pression. Savoir travailler en équipe, faire preuve d'empathie, de patience et d'écoute active contribue à créer une dynamique positive et résiliente, indispensable pour faire face aux défis constants de la cybersécurité. En somme, le SOC repose autant sur l'expertise technique que sur la richesse humaine et relationnelle de ses équipes.

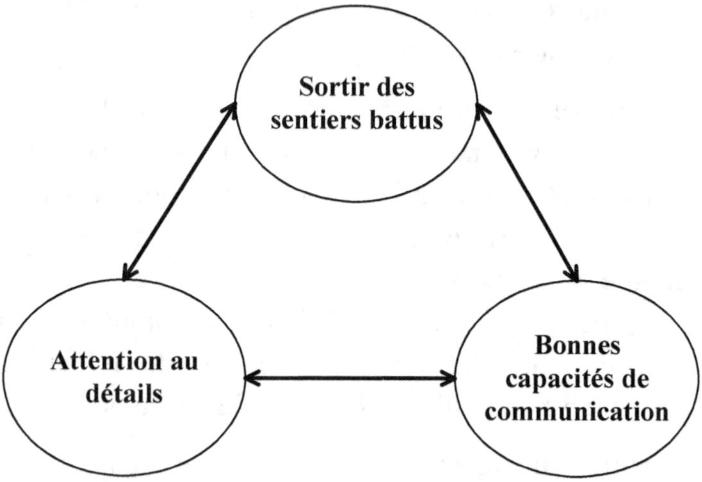

Figure 34 : Compétences particulières du personnel d'un SOC

13.2.3 Le fonctionnement au quotidien

Le SOC fonctionne comme une **machine bien huilée**, reposant sur une méthodologie structurée. Il est comparable à une **salle d'opérations militaires numériques**, où chaque donnée, chaque alerte est scrutée avec attention.

Tout commence par la **collecte des données** : les serveurs, pare-feux, applications, terminaux, routeurs et environnements Cloud produisent en permanence des journaux (logs). Ces données brutes sont ingérées dans une plate-forme **SIEM** comme **Splunk, IBM QRadar ou Microsoft Sentinel**, où elles sont triées, normalisées et corrélées. Vient ensuite la phase d'**analyse intelligente**. Les systèmes du SOC utilisent un mélange de **signatures de menaces**, de **corrélations prédéfinies**, mais aussi des technologies de *machine learning* et de **UEBA** (*User and Entity Behavior Analytics*) pour détecter les anomalies. Lorsqu'une action suspecte est identifiée, par exemple une tentative de connexion inhabituelle sur un serveur critique, l'événement est **escaladé en incident**. C'est alors qu'intervient l'équipe humaine, armée de **playbooks** (procédures standardisées) pour répondre rapidement et efficacement. Une réponse peut consister à bloquer un flux réseau malveillant, suspendre un compte compromis, isoler un serveur infecté par un malware ou déployer un correctif d'urgence d'une vulnérabilité.

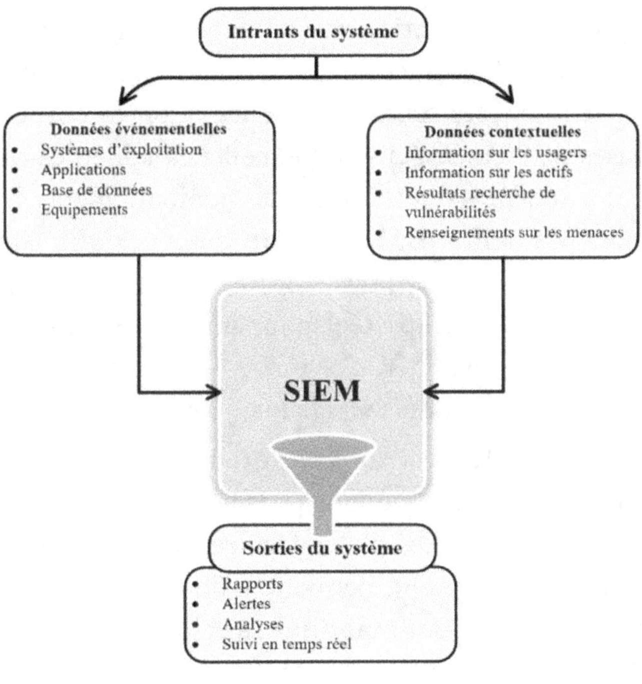

Figure 35 : Structure d'un SIEM

Une fois l'incident contenu, le SOC engage une phase de **post-mortem ou retour d'expérience** (*lessons learned*). Les équipes examinent ce qui s'est passé, identifient les points faibles et mettent à jour les **règles de détection, les scénarios d'attaque (playbooks) et la base de Threat Intelligence**. Cette démarche d'amélioration continue transforme chaque attaque en **source d'apprentissage**, renforçant la résilience globale.

13.2.4 Les outils indispensables

Un SOC fonctionne efficacement dans un **écosystème d'outils sophistiqués**, conçus pour donner une vision claire et exhaustive de l'environnement informatique, détecter les anomalies, orchestrer les réponses et anticiper les menaces. Ces outils, interconnectés et complémentaires, permettent de transformer une multitude de données brutes en informations exploitables pour les analystes :

- **SIEM (Security Information and Event Management)** — le SIEM est le **cœur technologique du SOC**. Il centralise les journaux (logs) provenant de multiples sources, serveurs, applications, équipements réseau, bases de données, environnements cloud, et les **corrèle** pour identifier des schémas d'attaque ou des comportements suspects. Un outil comme **Splunk**, **IBM QRadar** ou **ArcSight**, applique des **règles de détection**, génère des alertes, et fournit aux analystes des tableaux de bord en temps réel pour une **vision holistique de la sécurité**. Sans le SIEM, le SOC serait aveugle face au volume massif d'événements qui se produisent chaque jour dans une entreprise ;
- **SOAR (Security Orchestration, Automation and Response) —** l'automatisation est devenue indispensable face à l'énorme quantité d'alertes quotidiennes. Les plates-formes SOAR, telles que **Cortex XSOAR** ou **IBM Resilient**, permettent de déclencher des **réponses automatiques ou semi-automatiques** à certaines menaces : isoler un poste infecté, bloquer une adresse IP malveillante ou mettre en quarantaine un fichier suspect. En intégrant des *playbooks* automatisés, ces outils réduisent considérablement le temps de réaction et permettent aux analystes de se concentrer sur des incidents plus complexes ;
- **EDR/XDR (Endpoint & Extended Detection and Response)** — les solutions comme **CrowdStrike Falcon**, **Microsoft Defender for Endpoint** ou **SentinelOne**, sont conçues pour **protéger les terminaux** (postes de travail, serveurs, machines virtuelles) contre

les attaques ciblées. Elles permettent de surveiller en continu l'activité des systèmes, de détecter les comportements suspects (ex. : exécution de scripts inhabituels), et de lancer des actions de remédiation (suppression de malwares, désactivation de processus malveillants). L'évolution de **EDR** vers **XDR** offre une **vision unifiée** qui ne se limite plus aux terminaux, mais s'étend au réseau, au cloud et aux emails ;

- **NDR (Network Detection and Response)** — les outils NDR, comme **Darktrace** ou **Vectra**, surveillent le trafic réseau pour détecter des **mouvements latéraux**[316], des transferts de données suspects ou des communications avec des serveurs de commande et de contrôle (C2)[317]. Grâce à l'Intelligence artificielle (IA), ces solutions peuvent reconnaître des comportements anormaux même en l'absence de signatures connues, ce qui les rend efficaces contre les attaques **Zero-Day**[318] ;
- **Threat Intelligence Platforms (TIPs)**—les plates-formes de **Threat Intelligence**[319], telles que **Anomali**, **MISP** ou **ThreatConnect**, alimentent l'équipe du SOC en informations stratégiques sur les menaces. Elles collectent et analysent des **indicateurs de compromission (IoCs)**, des tactiques et techniques d'attaque (TTPs) issues de sources externes (dark Web, rapports d'attaques, flux open source), et enrichissent les alertes du SIEM pour offrir **plus de contexte** aux analystes. Grâce à elles, le SOC peut **anticiper les menaces** en se basant sur les tendances observées dans le secteur ou à l'échelle mondiale ;

---

[316] Les mouvements latéraux désignent les techniques qu'un attaquant utilise après une intrusion pour se déplacer discrètement dans un réseau, étendre son contrôle et accéder à des ressources sensibles sans être détecté.

[317] Le Command and Control (C2) désigne l'infrastructure permettant à des attaquants de piloter à distance des systèmes compromis, d'envoyer des instructions et de coordonner leurs actions, généralement de manière furtive pour éviter la détection.

[318] Une attaque zéro-day exploite une faille inconnue et non corrigée, permettant à un attaquant de compromettre un système avant la mise en place de protections.

[319] Les Threat Intelligence Platforms (TIPs) sont des solutions qui centralisent, analysent et diffusent des informations sur les menaces afin d'aider les équipes de sécurité à mieux comprendre, prioriser et traiter les risques.

- **UEBA (User and Entity Behavior Analytics)** — UEBA est un **complément intelligent au SIEM**, focalisé sur l'analyse comportementale. Des outils comme **Exabeam** ou **Securonix** détectent des anomalies comme un utilisateur se connectant à des heures inhabituelles ou transférant un volume de données anormal. Cette approche, basée sur des modèles statistiques et du *Machine Learning*, permet de repérer des **menaces internes (*Insider Threat*)** ou des compromissions de comptes ;
- **Outils forensic et d'investigation** — lorsqu'un incident majeur survient, le SOC doit être capable de **retracer l'attaque** pour comprendre comment l'intrus est entré et quelles actions ont été menées. Des outils comme **Wireshark**, **Volatility**, **FTK** ou **Autopsy** permettent d'analyser les traces laissées dans les systèmes, la mémoire ou les fichiers. **TheHive & Cortex**[320] sont souvent utilisés pour gérer les enquêtes collaboratives et centraliser les résultats d'investigation ;
- **Gestion des vulnérabilités** — les outils de balayage et de gestion des vulnérabilités tels que **Tenable Nessus**, **Qualys**, **Rapid7 InsightVM**, permettent de détecter les failles potentielles dans les systèmes, de les prioriser en fonction de leur criticité et de recommander des correctifs.

L'efficacité du SOC ne repose pas uniquement sur la puissance de chacun de ces outils, mais sur leur **intégration harmonieuse**. Par exemple, une alerte détectée par EDR peut être automatiquement enrichie avec des données de Threat Intelligence et analysée par le SIEM, avant que le SOAR n'orchestre une réponse rapide. Ce **maillage**

[320] TheHive est une plate-forme open source de gestion des incidents de sécurité (SOAR) conçue pour aider les équipes à orchestrer, collaborer et automatiser la réponse aux cyberincidents de manière efficace et structurée. Cortex, souvent utilisé en complément de TheHive, est un moteur d'analyse et d'enrichissement des données de sécurité qui permet d'automatiser la collecte d'informations contextuelles à partir de multiples sources pour mieux comprendre et traiter les alertes et incidents détectés. Ensemble, TheHive et Cortex forment une solution puissante pour accélérer l'investigation, la réponse aux incidents et le partage d'informations au sein des équipes de cybersécurité.

d'outils interconnectés permet de **réduire les temps de détection et de réaction**, tout en minimisant la charge cognitive des analystes SOC.

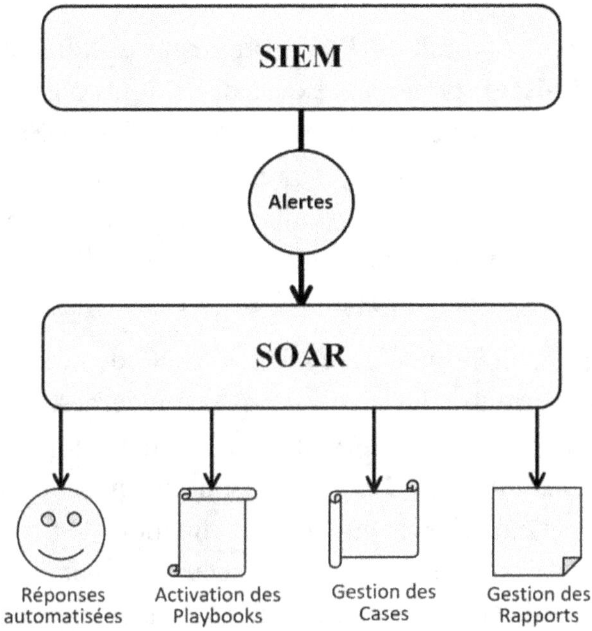

Figure 36 : Intégration entre SIEM et SOAR[321]

13.2.5 Un pilier de la cybersécurité moderne

Le SOC s'impose aujourd'hui comme **l'un des piliers les plus stratégiques de la cybersécurité**, car il incarne le passage d'une défense passive à une approche proactive et intégrée. Chaque SOC est unique, car il est le reflet direct des **besoins, des ressources et de la maturité de l'organisation qu'il protège**. Les grandes entreprises, généralement dotées d'importants budgets et d'infrastructures informatiques complexes, mettent en place des **SOC internes**, fonctionnant **24 heures sur 24 et 7 jours sur 7**. Ces centres s'appuient sur des équipes pluridisciplinaires (analystes, ingénieurs, threat hunters, experts forensic) et sur un arsenal d'outils puissants (*SIEM, SOAR,*

---

[321] Adaptation de l'image collectée du site Internet de l'entreprise Cerium Network : https://ceriumnetworks.com/siem-soar

XDR, plates-formes de *Threat Intelligence*). Leur fonctionnement continu leur permet de détecter les attaques les plus furtives, tout en maintenant un contrôle total sur la confidentialité des données et les processus de remédiation.

À l'inverse, de nombreuses **PME ou organisations disposant de ressources limitées** préfèrent externaliser tout ou partie de leur surveillance de sécurité en s'appuyant sur des **MSSP** (*Managed Security Service Providers*). Ces prestataires spécialisés offrent une **surveillance continue et mutualisée**, permettant aux entreprises clientes de bénéficier de technologies avancées et d'expertise humaine sans supporter les coûts élevés d'un SOC interne.

Mais, quel que soit le modèle choisi, le SOC demeure **un rempart incontournable** contre les cyberattaques modernes. Il incarne une **posture proactive**, où la surveillance, la détection et la réponse s'inscrivent dans un **cycle d'amélioration continue**. Chaque incident traité renforce l'expérience du SOC et améliore les mécanismes de défense, créant ainsi un écosystème de sécurité dynamique et résilient. En d'autres termes, le SOC ne se contente pas de réagir : il **apprend, s'adapte et anticipe**.

13.2.6 Prochaine étape : un SOC de nouvelle génération

L'évolution rapide des menaces oblige le SOC à **se réinventer en permanence**. Nous assistons aujourd'hui à l'émergence d'un **SOC 2.0**[322], plus agile, plus automatisé et capable de tirer parti de l'intelligence artificielle pour prédire et neutraliser les attaques avant

[322] Le SOC 2.0 est une évolution moderne du Security Operations Center (SOC) qui intègre l'automatisation avancée, l'intelligence artificielle, l'orchestration des réponses et une collaboration renforcée entre équipes, afin d'améliorer la détection proactive des menaces et la réaction rapide aux incidents dans des environnements de plus en plus complexes. Cette approche met l'accent sur l'agilité, la contextualisation des alertes et l'intégration des données issues de diverses sources pour une gestion de la sécurité plus efficace et adaptative. Le concept de SOC 2.0 a été théorisé notamment par des experts et analystes du domaine de la cybersécurité, parmi lesquels le cabinet Gartner, qui a popularisé l'idée d'un SOC moderne s'appuyant sur l'automatisation et l'intelligence artificielle pour relever les défis actuels de la cybersécurité. **Source: Gartner, « The Future of Security Operations Centers: SOC 2.0 » (2020)**.

qu'elles ne causent des dommages. L'intégration du **Cloud**, de l'**IoT** et de l'**intelligence artificielle** redéfinit les frontières traditionnelles de la sécurité. Les environnements hybrides, multiclouds et connectés génèrent un volume colossal de données qu'un SOC classique ne pourrait analyser sans le soutien de **technologies avancées de Big Data et de Machine Learning**.

Ces nouvelles capacités offrent la possibilité de **détecter des menaces inconnues** grâce à l'analyse prédictive des comportements, **d'orchestrer automatiquement les réponses** aux incidents via des plates-formes SOAR intégrées à l'intelligence artificielle, et de réduire ainsi les temps de détection et de réaction à quelques minutes, voire secondes.

Le SOC de nouvelle génération sera donc moins centré sur **la simple détection réactive** et davantage sur **l'anticipation, la chasse proactive et l'orchestration** intelligente des défenses. Il intégrera des capacités de **Threat Hunting automatisé**, exploitera des **modèles d'IA prédictive**, et se connectera directement aux flux mondiaux de **Threat Intelligence** pour rester toujours à jour face aux nouvelles tactiques des cybercriminels. À terme, nous pourrions voir apparaître des **SOC entièrement autonomes**, capables de fonctionner comme des systèmes de défense **autoapprenants**, capables de s'adapter en temps réel aux nouvelles menaces. Cependant, même dans ce futur automatisé, **l'expertise humaine restera indispensable** pour superviser, analyser et prendre des décisions stratégiques face aux situations inédites.

13.3 Les modèles d'analyse en cybersécurité

Les modèles d'analyse constituent des cadres essentiels pour de nombreux professionnels à travers divers domaines. Ils permettent de **prévoir le comportement d'un phénomène ou d'un processus complexe** en s'appuyant sur des données, des hypothèses et des méthodes rigoureuses. Par exemple, les économistes utilisent des modèles pour anticiper l'évolution économique à l'échelle locale, nationale, voire mondiale. De même, les épidémiologistes s'appuient sur des modèles pour suivre la propagation d'épidémies et estimer le nombre potentiel de victimes. En géologie, les modèles mathématiques permettent d'évaluer l'impact probable d'un tremblement de terre sur une région donnée, y compris le bilan humain et matériel. Dans le domaine de la cybersécurité et du renseignement sur les menaces, ces modèles jouent un rôle tout aussi crucial. Ils fournissent un cadre structuré pour **analyser, classer et suivre les cyberattaques** en identifiant leurs caractéristiques clés, leurs modes opératoires et leurs impacts. Grâce à ces approches, il devient possible de comparer différentes cyberattaques, d'en détecter les spécificités et les points communs, et ainsi d'améliorer la compréhension globale des tactiques d'attaque.

13.3.1 MITRE ATT&CK

ATT&CK (*Adversarial Tactics, Techniques, and Common Knowledge*) est un cadre d'analyse structuré qui sert de **référentiel universel pour décrire les comportements des cyberattaquants** tout au long d'une intrusion. Développé par l'organisation à but non lucratif MITRE, ce modèle catégorise les actions malveillantes en plusieurs **tactiques** (objectifs stratégiques de l'attaquant) et **techniques** (méthodes spécifiques utilisées pour atteindre ces objectifs). Il est organisé en matrices couvrant différents environnements (Windows, Linux, Cloud, mobiles, etc.) et permet aux équipes de cybersécurité de mieux comprendre les **modes opératoires (TTPs)** des attaquants, en s'appuyant sur des cas réels documentés.

L'un des grands atouts de **ATT&CK** est sa granularité et son approche pragmatique : chaque technique est accompagnée d'exemples concrets, d'indicateurs de compromission (IoCs), ainsi que de recommandations pour la détection et la remédiation. Cela permet au SOC de construire des systèmes de détection plus précis et de développer des *playbooks* de réponse adaptée aux comportements spécifiques des attaquants. Imaginons une entreprise victime d'un ransomware. Grâce à ATT&CK, l'équipe SOC peut décomposer l'attaque en étapes clairement identifiées :

- **Initial Access (Accès initial)**—les attaquants commencent par un **phishing ciblé (T1566)**, envoyant un email piégé à un employé pour voler ses identifiants ;
- **Lateral Movement (Mouvement latéral)**—après avoir compromis un compte, les attaquants exploitent la technique **T1021** pour se déplacer latéralement sur le réseau, en utilisant des protocoles comme SMB ou RDP afin d'accéder à d'autres machines ;
- **Impact (Impact)** — finalement, ils procèdent au **chiffrement des fichiers (T1486)** pour bloquer l'accès aux données, exigeant une rançon pour leur restitution.

Ce découpage précis permet non seulement de **mettre en place des règles de détection ciblées** dans le SIEM pour chaque technique (comme la détection de courriels suspects ou d'activités RDP inhabituelles), mais aussi de mieux anticiper les prochaines étapes de l'attaquant pour intervenir rapidement et limiter les dégâts.

ATT&CK offre un langage commun et une structure qui permettent au SOC de mieux cartographier, de détecter et de répondre aux attaques, tout en favorisant le partage d'informations entre équipes et organisations. C'est un levier essentiel pour renforcer la posture de cybersécurité face à des adversaires toujours plus sophistiqués.

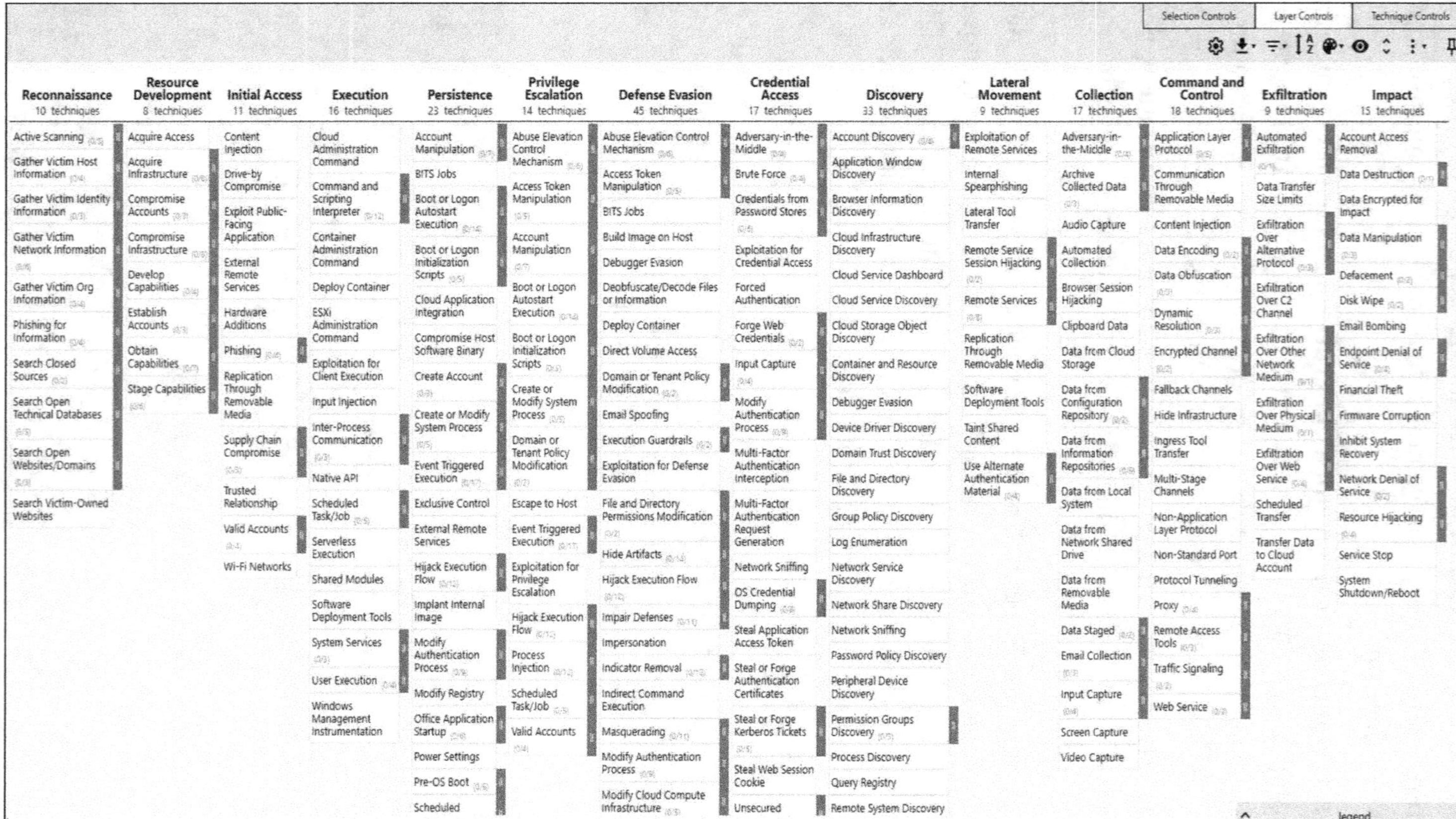

Figure 37 : Navigateur ATT&CK

Pour compléter la matrice ATT&CK, MITRE a développé deux autres cadres complémentaires :

- **MITRE D3FEND** — ce cadre est l'équivalent défensif de ATT&CK. Il fournit une base de connaissances sur les **contre-mesures techniques**, les mécanismes de protection et les tactiques de défense associées aux techniques d'attaque. Par exemple, face à une technique ATT&CK comme le phishing (T1566), D3FEND propose des stratégies de prévention telles que l'analyse avancée des emails, la mise en quarantaine ou l'authentification multifacteur. D3FEND permet de construire des défenses **cartographiées directement aux techniques adverses**, ce qui aide les SOC à combler les lacunes de leur système de défense ;
- **MITRE Engage** — ce cadre se concentre sur **l'engagement proactif et la tromperie** vis-à-vis des adversaires. Il propose des stratégies de « *cyber deception* » (ex. *honeypots*, leurres) et des tactiques pour **fausser la compréhension de l'environnement par l'attaquant**, ralentir sa progression et obtenir des renseignements précieux sur ses techniques. Par exemple, en plaçant des systèmes leurres dans un réseau, les équipes peuvent observer les TTPs utilisés par l'attaquant et ainsi enrichir leurs renseignements sur mes menaces.

Ces deux cadres, lorsqu'ils sont combinés avec ATT&CK, forment un **écosystème complet d'analyse et de défense**, allant de la détection à la mise en place de contre-mesures avancées et de stratégies de tromperie.

Poursuivant l'exemple de l'entreprise victime de ransomware, abordé précédemment, l'équipe SOC pourra, grâce à **D3FEND**, identifier les contre-mesures adaptées comme l'implémentation de listes de contrôle d'accès sur RDP ou la détection de comportements anormaux via EDR. De Plus, **Engage** permettrait en complément de créer de faux partages réseau pour attirer les attaquants et analyser leur comportement.

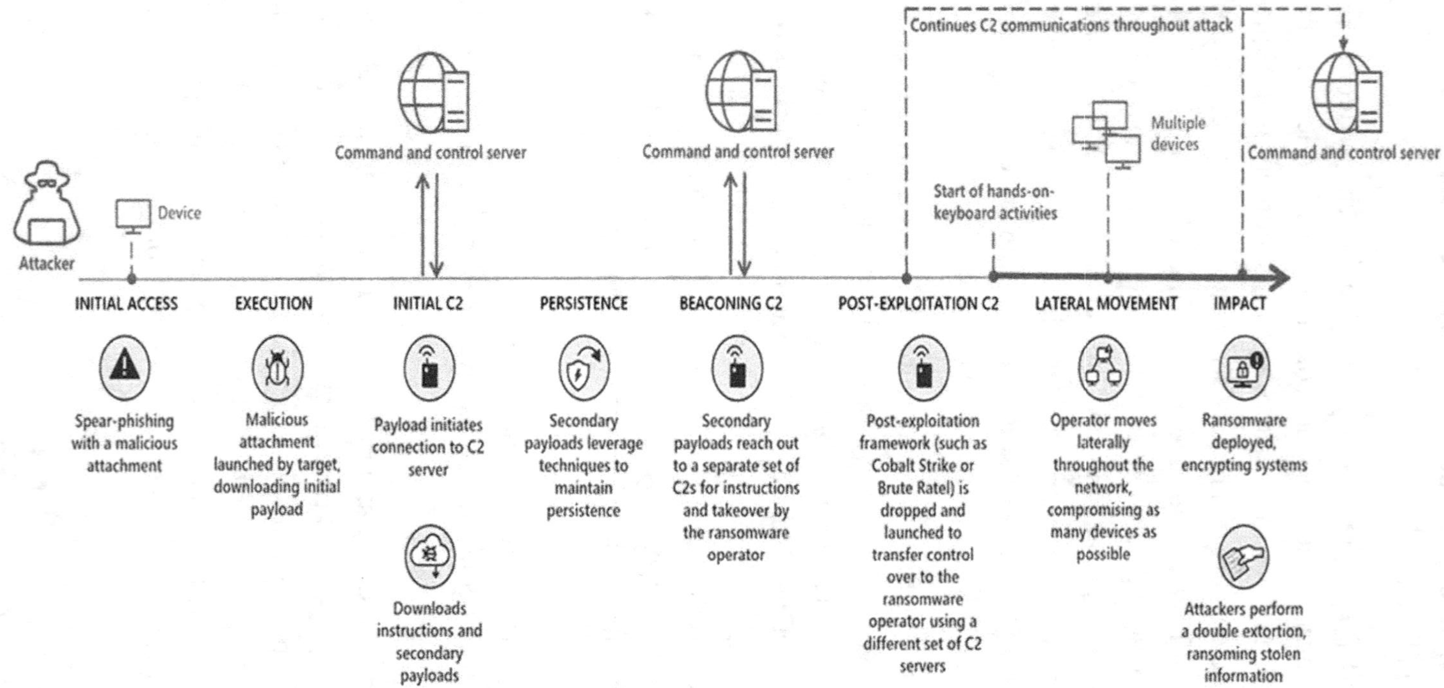

Figure 38 : Illustration du fonctionnement du modèle Cyber Kill Chain[323]

[323] Source image illustration du fonctionnement de la Cyber Kill Chain: https://www.trustline.sa/blog/Cyber-Kill-Chain

13.3.2 Cyber Kill Chain

Le **Cyber Kill Chain (CKC)**, développé par **Lockheed Martin** (Lockheed-Martin, 2011), est un modèle structurant qui décrit les différentes étapes qu'un cyberattaquant suit pour mener à bien une intrusion ou une attaque. Inspiré des stratégies militaires, ce modèle linéaire à sept étapes décrit le cycle d'attaque en sept phases.

Tout commence par la **reconnaissance**, au cours de laquelle l'attaquant collecte des informations sur la cible, qu'il s'agisse de l'infrastructure, des employés ou des vulnérabilités potentielles. Vient ensuite l'**armement**, phase de préparation des outils d'attaque tels que les malwares, les exploits ou les kits spécialisés. L'étape suivante, la **livraison**, consiste à transmettre le vecteur d'attaque à la cible, par exemple via des emails, des sites compromis ou des périphériques USB. Une fois, le vecteur en place, l'**exploitation** permet d'activer la vulnérabilité pour exécuter le code malveillant, suivi de l'**installation**, qui assure la présence persistante du malware ou d'un accès dans le système. La phase de **commande et contrôle (C2)** établit la communication avec le système compromis, permettant à l'attaquant de le diriger à distance. Enfin, les **actions sur l'objectif** matérialisent l'intention finale de l'attaque, qu'il s'agisse d'exfiltration de données, de destruction ou de chiffrement pour une rançon.

CKC offre un cadre clair permettant aux équipes de sécurité de **comprendre le déroulement d'une attaque et d'intervenir à chaque étape pour la stopper ou limiter ses impacts**. En agissant tôt dans la chaîne, par exemple dès la phase de reconnaissance, il est souvent possible d'empêcher l'attaque de progresser. Par exemple, lors d'une investigation sur un incident, une équipe SOC détecte une activité anormale caractéristique de la **phase de reconnaissance** : des requêtes réseau répétées et inhabituelles visant à collecter des informations sur les serveurs et les configurations internes, sans générer d'impact immédiat. Appliquant la méthode *Cyber Kill Chain*, l'équipe décide d'intervenir rapidement :

- Elle **renforce le filtrage des accès** et limite les connexions entrantes, réduisant ainsi la surface d'attaque ;
- Elle bloque certains vecteurs d'attaque potentiels identifiés comme utilisés dans la phase de livraison (par exemple, en filtrant des emails suspects ou en désactivant des ports réseau inutilisés) ;
- Enfin, elle met en place une surveillance accrue des mouvements latéraux, afin de détecter toute tentative de propagation interne.

Grâce à cette intervention précoce basée sur la compréhension de la chaîne d'attaque, l'équipe parvient à **interrompre la progression de l'attaquant** avant que des dégâts importants ne surviennent. Également, lors d'une attaque ciblée par *spear-phishing*, la défense peut se concentrer sur la **phase de livraison** en déployant des filtres antispam avancés et des formations de sensibilisation pour réduire le risque d'ouverture des pièces jointes malveillantes. En cas de compromission détectée lors de la phase de **commande et contrôle**, le SOC peut couper immédiatement les communications sortantes pour isoler le système infecté et limiter la prise de contrôle à distance.

Le modèle sert aussi à structurer les tests d'intrusion (*pentests*), en simulant chaque étape de la chaîne pour évaluer la robustesse des défenses à chaque phase.

En synthèse, le *Cyber Kill Chain* offre une **vision stratégique du déroulement des attaques** qui guide les efforts de défense, facilite la coordination des équipes de sécurité et améliore la capacité d'interruption précoce des menaces.

13.3.3 Diamond Model

Issu des travaux initiaux de l'auteur **William Porter**, qui l'avait conçu pour l'élaboration de stratégies commerciales, le modèle a été transposé au domaine de la cybersécurité en 2013 (Caltagirone, Pendergast, & Betz, 2013)[324]. Il tire son appellation de sa **représentation graphique caractéristique en forme de diamant**, symbolisant les quatre

[324] Source de l'article de Sergio Caltagirone, Andrew Pendergast et de Christopher Betz : https://apps.dtic.mil/sti/citations/ADA586960

composantes principales qu'il met en relation. Le **Diamond Model** en cybersécurité est un cadre analytique qui propose une vision **relationnelle et dynamique** des cyberattaques en décomposant chaque intrusion en quatre éléments essentiels et interconnectés[325] :

- **Adversaire (Adversary)** – l'acteur malveillant ou le groupe derrière l'attaque ;
- **Capacité (Capability)** – les outils, techniques et les ressources employées pour mener l'attaque (malwares, exploits, infrastructures) ;
- **Infrastructure** – les moyens techniques et réseaux utilisés pour lancer ou contrôler l'attaque (serveurs compromis, réseaux de bots, serveurs de commande et contrôle) ;
- **Victime (Victim)** – l'organisation, le système ou la personne ciblée par l'attaque.

Cette approche met en lumière les **relations entre ces quatre composantes** pour mieux comprendre la nature, les motivations et le fonctionnement des attaques. Elle sert notamment à orienter les investigations, à identifier les tendances dans les campagnes malveillantes et à prévoir les actions futures des adversaires. Supposons qu'une entreprise découvre une intrusion sophistiquée dans son système financier. En appliquant le *Diamond Model*, l'équipe de sécurité peut structurer son analyse ainsi :

- **Adversaire** — un groupe de cybercriminels connu sous le nom de « APT28 », spécialisé dans l'espionnage économique,
- **Capacité** — utilisation d'un malware polymorphe spécifique, capable de contourner les antivirus classiques,
- **Infrastructure** — exploitation d'un serveur compromis basé à l'étranger, servant de relais pour la commande et contrôle,
- **Victime** — la division financière de l'entreprise, qui gère des données sensibles sur des transactions internationales.

[325] Practical Intrusion Analysis Using the Diamond Model, ISC2—www.isc2.org

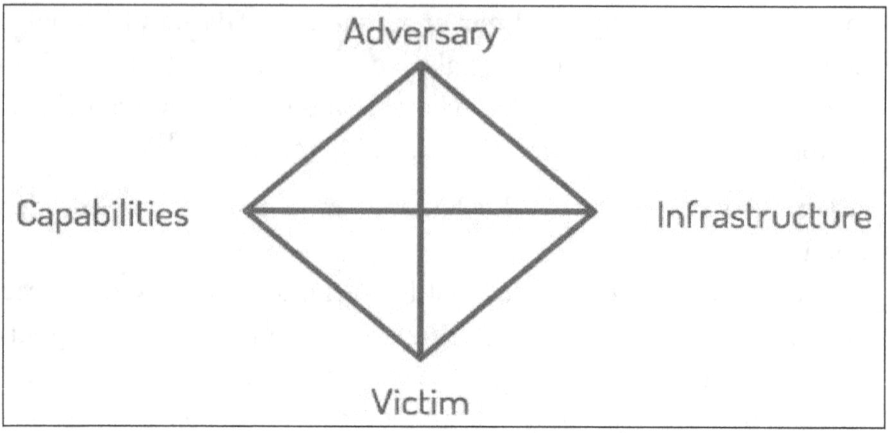

Figure 39 : le modèle en Diamant (Diamond model)[326]

Cette décomposition permet non seulement de comprendre **qui est l'attaquant et comment il opère**, mais aussi d'identifier les points faibles de l'infrastructure utilisée et les vulnérabilités spécifiques exploitées. L'équipe peut prioriser les actions correctives, renforcer les défenses ciblées et préparer une réponse adaptée à ce type de menace.

Pour un incident de phishing, le modèle peut aider à analyser le lien entre le groupe d'attaquants, les infrastructures de diffusion (serveurs de courriel compromis) et les cibles privilégiées (employés d'une organisation). En renseignement sur les menaces, il facilite la **corrélation d'incidents similaires** en comparant les adversaires, capacités et infrastructures utilisées, révélant ainsi des campagnes coordonnées. Le modèle est également utilisé pour concevoir des scénarios de *threat hunting*, en ciblant précisément des adversaires avec des capacités et infrastructures identifiées, ce qui augmente la pertinence des recherches.

Le Diamond Model offre donc un cadre analytique riche et **multidimensionnel**, permettant de passer d'une simple identification technique à une compréhension stratégique approfondie des attaques et de leurs auteurs.

---

[326] Source : https://www.recordedfuture.com/diamond-model-intrusion-analysis

13.3.4 Vocabulary for Event Recording and Incident Sharing—VERIS

Le modèle **VERIS** est un cadre structuré destiné à la **collecte, à la catégorisation et le partage standardisé des données relatives aux incidents de cybersécurité**. Initié par *Verizon*, *VERIS* vise à harmoniser la manière dont les organisations enregistrent les événements de sécurité, facilitant ainsi les analyses comparatives et la collaboration intersectorielle. Il s'appuie sur un vocabulaire commun et une structure modulaire qui couvre plusieurs dimensions clés de l'incident[327] :

- **Les acteurs** — qui a mené l'attaque (internes, externes, cybercriminels, hacktivistes, etc.) ;
- **Les actions** – quelles techniques et méthodes ont été utilisées (phishing, exploitation, déni de service, etc.) ;
- **Les cibles** — quelles ressources ou données ont été touchées (personnelles, financières, propriété intellectuelle, etc.) ;
- **Les conséquences** — impact sur l'organisation (pertes financières, atteinte à la réputation, interruption d'activité, etc.) ;
- **Les vecteurs d'attaque** — par quels moyens l'attaque a été menée (email, réseau, accès physique, etc.).

Une entreprise a récemment été victime d'une fuite de données confidentielles provoquée par une attaque de type phishing ciblé. L'incident, décrit à travers le modèle **VERIS**, met en évidence plusieurs éléments clés. Les acteurs impliqués étaient des cybercriminels externes qui ont utilisé une **campagne de spear-phishing** pour dérober des identifiants d'accès. Grâce à ces informations compromises, ils ont pu s'introduire dans les systèmes internes et **extraire des données sensibles**, principalement des informations personnelles de clients. Les conséquences ont été lourdes : une atteinte notable à la **réputation de l'entreprise**, des sanctions réglementaires potentielles et une perte significative de confiance de la clientèle. Le vecteur d'attaque initial

[327] Grille des acteurs de la méthodologie VERIS : http://veriscommunity.net/a4grid.html

était un simple email malveillant, rappelant à quel point ce canal demeure une porte d'entrée privilégiée.

Cette description normalisée permet de générer un rapport complet, facilitant la remontée aux autorités, le partage avec d'autres entreprises via des plates-formes sectorielles et l'analyse statistique des tendances.

Plusieurs organisations utilisent *VERIS* pour comparer la fréquence et la nature des incidents dans leur secteur d'activité, identifiant ainsi les risques spécifiques les plus courants. En suivant l'évolution des incidents sur une période donnée, une entreprise peut ajuster ses politiques de sécurité et prioriser les investissements. *VERIS* facilite la constitution de preuves documentaires en cas d'audits réglementaires, en assurant la traçabilité et la cohérence des rapports d'incidents.

VERIS est un outil puissant pour **standardiser et structurer la gestion des incidents de sécurité**, favorisant une meilleure compréhension collective des menaces et une réponse plus coordonnée.

13.3.6 Threat Hunting

Le **Threat Hunting** (ou chasse aux menaces) est une approche **proactive** de la cybersécurité, qui consiste à **rechercher activement** des signes d'activités malveillantes ou d'intrusions dans un environnement informatique, même si ces menaces ne sont pas détectées par les outils traditionnels comme les antivirus, EDR (*Endpoint Detection and Response*) ou SIEM.

Contrairement à la détection passive, où l'on attend qu'une alerte se déclenche, le *threat hunting* repose sur **des hypothèses, des scénarios de menace et des analyses comportementales** pour identifier les signes avant-coureurs d'attaques complexes, souvent menées par des acteurs avancés (*Advanced Persistent Threats*).

La chasse aux menaces suit souvent un **cycle en trois étapes** :

1. **Génération d'hypothèses** — l'équipe part de scénarios probables, par exemple « *un attaquant a peut-être implanté une porte dérobée*

après avoir exploité une vulnérabilité ». Les modèles comme **ATT&CK** sont souvent utilisés pour formuler ces hypothèses,

2. **Collecte et analyse des données** — des données issues des logs réseau, des terminaux, des serveurs et des applications sont examinées pour rechercher des indices (indicateurs de compromission ou comportements inhabituels),
3. **Investigation et validation** — lorsqu'un élément suspect est trouvé, les analystes creusent plus en profondeur pour confirmer s'il s'agit bien d'une activité malveillante ou d'un faux positif, et mettent à jour leurs règles de détection.

Une grande entreprise détecte une légère anomalie : un trafic réseau inhabituel vers un serveur externe la nuit. Plutôt que d'attendre une alerte formelle, l'équipe de *Threat Hunting* enquête :

- **Hypothèse** — ce trafic pourrait être lié à une activité de commande et contrôle (C2),
- **Action** — les analystes examinent les journaux DNS et les flux réseau (*NetFlow*), et découvrent qu'un poste de travail envoie régulièrement des requêtes chiffrées vers un domaine suspect,
- **Résultat** — une analyse approfondie révèle un malware dormant, installé depuis plusieurs semaines, utilisé par un groupe *APT* pour voler des informations stratégiques. L'équipe isole alors la machine infectée et met en place des contre-mesures.

Un chasseur de menaces peut analyser les processus exécutés sur les machines des utilisateurs pour identifier des scripts ou exécutables inhabituels qui n'ont pas encore déclenché d'alerte. En s'appuyant sur ATT&CK, l'équipe peut rechercher des motifs de comportement correspondant à des techniques de mouvement latéral ou d'escalade de privilèges (ex. *T1078 — Valid Accounts*). Après une attaque détectée, la chasse aux menaces permet d'identifier d'éventuelles portes dérobées laissées par l'attaquant.

La chasse aux menaces permet de **réduire le temps moyen de détection** et de **prévenir les attaques avant qu'elles ne causent des dommages graves**, en découvrant des menaces furtives comme les malwares polymorphes, les backdoors ou les communications réseau déguisées. Il nécessite toutefois des **analystes hautement qualifiés**, capables d'interpréter des signaux faibles et de combiner expertise technique, intelligence sur les menaces et intuition.

13.3.6 Comparaison des principaux modèles d'analyse en cybersécurité

Les modèles **ATT&CK**, **Cyber Kill Chain**, **Diamond Model**, **VERIS** et **Threat Hunting** ne sont pas concurrents, mais complémentaires. Chacun apporte une approche et une vision spécifique pour analyser, détecter et contrer les cyberattaques.

L'analyse croisée des différents modèles révèle une forte complémentarité entre eux. Les deux modèles **ATT&CK** et **Cyber Kill Chain** sont fréquemment utilisés de concert : le premier sert à identifier et comprendre les tactiques, techniques et procédures (TTPs) employées par les attaquants, tandis que le second permet de visualiser la séquence de l'attaque et de l'interrompre à chacune de ses étapes.

Diamond Model vient enrichir cette approche en apportant une vision plus contextuelle des attaques. Il permet d'identifier les acteurs malveillants, leurs capacités et leurs infrastructures, offrant ainsi une compréhension plus stratégique des menaces.

VERIS agit comme un cadre de normalisation, fournissant un langage commun pour documenter et partager les incidents. Grâce à cette standardisation, les échanges entre organisations ou au sein de communautés de sécurité sont simplifiés, favorisant la collaboration et l'apprentissage collectif.

Threat Hunting se nourrit des informations issues d'ATT&CK et du Diamond Model pour formuler des hypothèses et lancer des investigations proactives. Il s'agit d'un travail de traque avancée des menaces, souvent invisibles aux outils automatisés, qui permet de renforcer la posture de défense globale d'une organisation.

Modèle	Description	Forces	Limites	Cas d'usage
MITRE ATT&CK	Cadre répertoriant les tactiques, techniques et procédures (TTP) des attaquants, organisées par phase d'intrusion.	• Très détaillé, basé sur des cas réels. • Permet une détection fine des techniques utilisées. • Très utilisé par les SOC, les MSSP et pour le threat hunting.	• Ne fournit pas une vision séquentielle (linéaire) de l'attaque comme Kill Chain. • Nécessite des ressources pour créer et maintenir les scénarios de détection.	• Création de règles de détection. • Analyse post-incident. • Évaluation de la couverture défensive.
Cyber Kill Chain	Modèle linéaire en 7 phases, de la reconnaissance jusqu'à l'exfiltration.	• Vision simple et pédagogique. • Idéal pour comprendre les étapes d'une attaque et y mettre fin tôt.	• Peu adapté aux attaques modernes, complexes et itératives. • Moins granulaire qu'ATT&CK.	• Formation et sensibilisation. • Structuration des réponses incidentes.
Diamond Model	Analyse relationnelle d'un incident via 4 axes : adversaire, capacités, infrastructure, victime.	• Permet de comprendre le contexte stratégique et opérationnel d'une attaque. • Facilite le renseignement sur les menaces (Threat Intelligence).	• Moins centré sur les détails techniques (nécessite un enrichissement avec d'autres modèles).	• Analyse des attaques ciblées (APT). • Corrélation d'incidents similaires.
VERIS	Cadre standardisé pour la collecte et le partage d'informations sur les incidents.	• Normalisation et standardisation des rapports. • Très utile pour le benchmarking sectoriel.	• Ne fournit pas une méthodologie d'analyse en profondeur.	• Reporting d'incidents. • Partage d'informations entre partenaires ou CERT.
Threat Hunting	Approche proactive de détection des menaces cachées dans l'environnement.	• Permet de découvrir des menaces furtives. • Complète les outils automatisés. • Réduit le temps moyen de détection (MTTD).	• Repose sur l'expertise humaine. • Demande des ressources importantes (compétences, temps).	• Recherche proactive d'APT. • Détection de signaux faibles.

Tableau 25 : Tableau comparatif des différents modèles d'analyse

13.4 Open Source Intelligence — OSINT

OSINT, ou renseignement de source ouverte, n'est pas simplement une méthode de recherche sur Internet. C'est une discipline qui s'est imposée comme un pilier de la cybersécurité moderne, offrant aux équipes de défense une visibilité inestimable sur un univers numérique en constante mutation.

À une époque où les cyberattaques sont de plus en plus sophistiquées, *OSINT* permet aux organisations de détecter des indices de compromission, d'anticiper des menaces et de prendre des décisions éclairées à partir de données librement accessibles.

Contrairement à l'image que l'on peut s'en faire, *OSINT* ne se limite pas à une recherche Google. Les informations collectées proviennent de multiples environnements : des réseaux sociaux où les attaquants laissent parfois des traces involontaires, des forums du **Dark Web** où circulent des bases de données volées, des plates-formes techniques comme **Shodan** qui exposent les services vulnérables, ou encore des registres publics permettant d'identifier des infrastructures suspectes.

13.4.1 Le processus OSINT : une enquête à ciel ouvert

Une activité *OSINT* débute toujours par une question : **que cherche-t-on à découvrir ?** Cette question, qu'elle concerne une éventuelle fuite de données ou l'analyse d'un groupe cybercriminel, guide les étapes suivantes. L'équipe de sécurité définit alors ses objectifs et sélectionne les sources d'information pertinentes.

Vient ensuite la phase de collecte : un analyste SOC, par exemple, peut scruter des bases de données comme **HaveIBeenPwned**[328] pour vérifier si des emails d'employés apparaissent dans des fuites connues. Il peut

[328] Le site HaveIBeenPwned est une plate-forme en ligne qui permet à tout utilisateur de vérifier si son adresse email ou ses identifiants ont été compromis dans une fuite de données connue, en croisant les informations avec une vaste base de données de violations recensées : https://haveibeenpwned.com

aussi utiliser **Shodan**[329] pour identifier les serveurs de l'entreprise qui seraient exposés sur Internet. Cette collecte, parfois automatisée par des *frameworks* comme **Maltego** [330] ou **SpiderFoot** [331], permet de rassembler des indices disparates qui, une fois corrélés, révèlent une image claire des risques.

Les données sont analysées et interprétées. Une simple adresse IP trouvée sur un forum clandestin peut, après investigation, se révéler liée à un serveur compromis appartenant à l'entreprise. Un rapport est alors produit, accompagné de recommandations, comme le durcissement des accès ou la mise en place de nouvelles règles de détection dans le SIEM.

OSINT Framework[332] est une plate-forme Web qui centralise et organise de manière hiérarchique une vaste collection de ressources *OSINT* (*Open Source Intelligence*). Conçu comme un arbre interactif, il guide les analystes et enquêteurs à travers différentes catégories (adresses IP, noms de domaine, réseaux sociaux, données publiques, etc.) en proposant pour chaque thème une sélection d'outils et de services adaptés. Grâce à sa structure claire et intuitive, ce site constitue un point de départ incontournable pour toute investigation en cybersécurité, en facilitant l'identification rapide des sources pertinentes pour la collecte d'informations ouvertes.

---

[329] Shodan est un moteur de recherche spécialisé qui permet d'explorer les appareils connectés à Internet, tels que les caméras, serveurs, routeurs ou systèmes industriels, en exposant les services, ports ouverts, bannières et vulnérabilités associés, ce qui en fait un outil précieux pour l'analyse de la surface d'attaque d'une entreprise.

[330] Maltego est un outil d'analyse visuelle et de renseignement open source (OSINT) qui permet de cartographier les relations entre des entités telles que des adresses IP, domaines, adresses électroniques, identités numériques, organisations ou infrastructures réseau, en facilitant l'investigation grâce à des graphes interactifs et dynamiques.

[331] SpiderFoot est un outil d'automatisation OSINT qui collecte, corrèle et analyse des données à partir de centaines de sources publiques pour identifier des informations sensibles, telles que des adresses IP exposées, des fuites de données, des failles de sécurité, ou des relations entre entités, facilitant ainsi la reconnaissance et la cartographie des surfaces d'attaque.

[332] OSINT Framework est un site Web qui regroupe et organise de manière structurée des centaines de ressources OSINT, facilitant l'accès à des outils et services pour la collecte d'informations publiques dans le cadre d'investigations en cybersécurité : https://osintframework.com

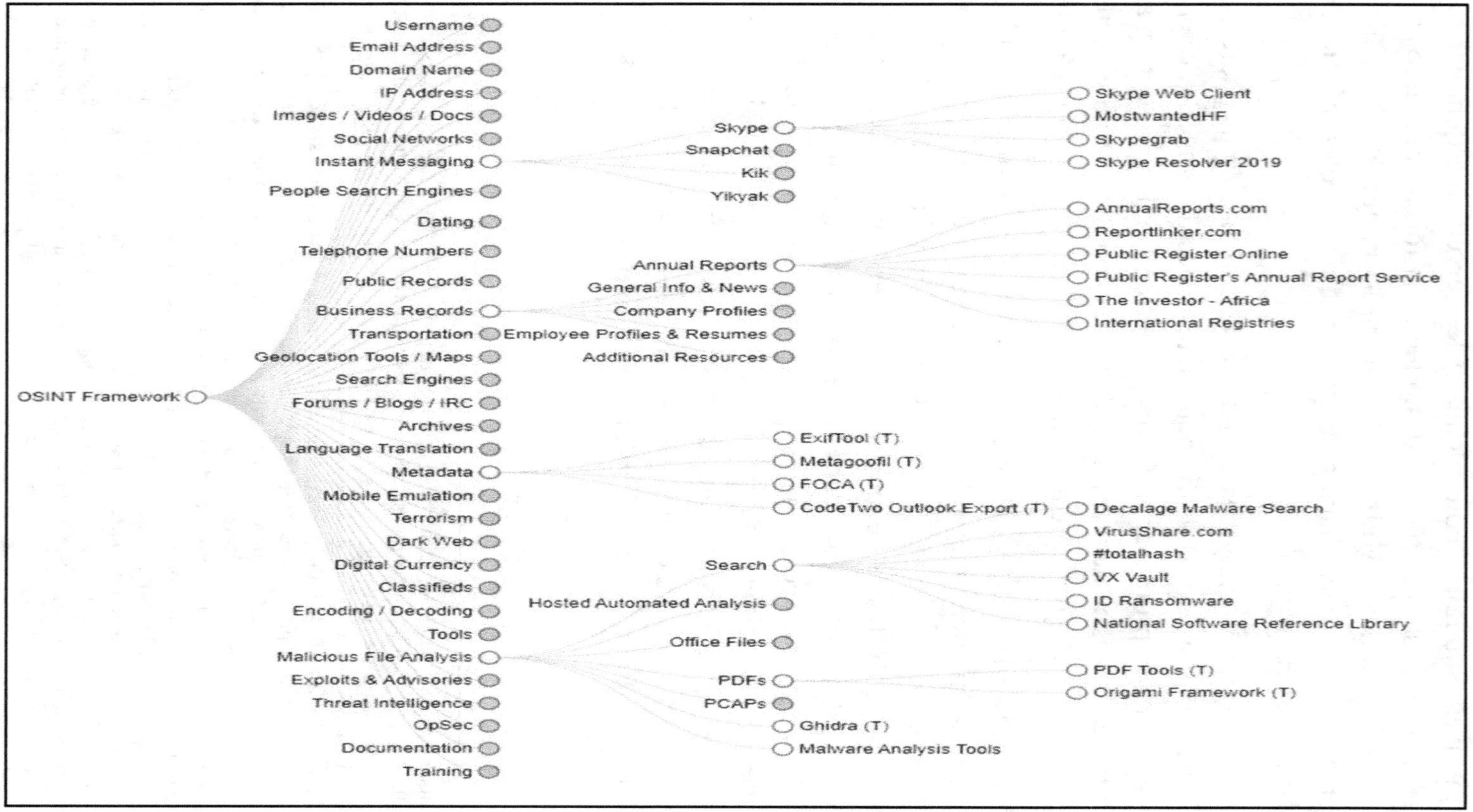

Figure 40 : Navigation Web du cadre OSINT

13.4.2 OSINT au cœur des SOC : un exemple narratif

OSINT est désormais intégré dans les processus quotidiens des **SOC**, au même titre que les SIEM ou les systèmes EDR/XDR. Il alimente les bases de données de *Threat Intelligence*, guide les analyses de menaces et accélère la réponse aux incidents. Plus encore, il permet de **passer d'une posture défensive à une approche proactive**, où l'on traque les menaces avant qu'elles ne frappent.

Dans un SOC moderne, *OSINT* joue un rôle stratégique. Imaginez une équipe SOC confrontée à une vague croissante de phishing ciblé. Avant même qu'une alerte ne soit générée par les outils internes, les analystes décident de mener une opération *OSINT*. Un chasseur de menace commence par explorer des bases de données publiques de domaines récents afin d'identifier de potentielles campagnes malveillantes. Très vite, il repère plusieurs noms de domaine ressemblant à ceux de l'entreprise, lesquels sont récemment enregistrés et hébergés dans des pays à risque. L'analyste utilise des services comme **VirusTotal**[333] et des recherches avancées pour confirmer que certains de ces domaines diffusent des pages de connexion factices.

En parallèle, un autre membre de l'équipe consulte des forums du *Dark Web* via le réseau Tor. Là, il découvre des discussions autour d'un pack d'emails ciblant précisément les employés de l'entreprise. Ces informations *OSINT*, recoupées avec des données internes (logs SIEM, alertes EDR), permettent d'anticiper la campagne de phishing avant qu'elle ne fasse des victimes. Le SOC agit immédiatement : blocage des domaines malveillants au niveau du pare-feu, envoi d'alertes de sensibilisation aux employés, et mise en place de filtres anti-phishing spécifiques.

Ce scénario illustre bien l'apport de *OSINT* dans un SOC. Ce n'est pas un simple outil de veille, mais un **moyen d'anticiper les attaques**. En surveillant les espaces numériques où les attaquants préparent leurs

---

[333] VirusTotal est une plate-forme en ligne qui analyse fichiers, URLs ou adresses IP pour détecter les menaces en les comparant à des moteurs antivirus et bases de données de sécurité.

campagnes, un SOC peut renforcer ses défenses avant même que la menace ne devienne tangible. Par exemple :

- L'analyse d'**adresses IP suspectes** découvertes sur des forums permet de mettre à jour les listes de blocage dans les firewalls ;
- L'examen de **mots de passe volés** retrouvés sur des dumps de données permet d'alerter les employés concernés et d'imposer un changement immédiat ;
- La surveillance d'**infrastructures adverses** grâce à *Shodan* ou *Censys* offre une visibilité sur les tactiques d'un groupe malveillant.

Dans un autre scénario, un SOC détecte une activité anormale sur un serveur Web. Avant même de lancer une investigation forensique, l'équipe *OSINT* mobilise ses outils. Un analyste, via *Shodan*, constate que le serveur est listé publiquement avec **un certificat SSL mal configuré**, révélant un point faible exploitable. Parallèlement, un autre analyste parcourt des forums du *Dark Web* et met la main sur une discussion évoquant une vulnérabilité critique affectant précisément la même version de serveur. Ces éléments sont ensuite recoupés avec une recherche sur **VirusTotal**, qui identifie des échantillons malveillants liés à cette faille. Grâce à cette corrélation rapide d'informations, le SOC prend immédiatement des mesures : mise à jour du serveur, blocage des tentatives d'exploitation et enrichissement de la base interne de *Threat Intelligence* avec de nouveaux *IoC*, renforçant ainsi la posture de sécurité globale de l'entreprise.

13.4.3 Les outils OSINT pour les SOC

Il est crucial de transformer le volume massif d'informations reçues quotidiennement en **renseignements exploitables** pour détecter les menaces au plus tôt et comprendre leur contexte. C'est ici que les outils d'analyse et de corrélation entrent en jeu.

Ces outils ont pour mission principale de **trier, croiser et interpréter** les données issues de multiples sources : journaux systèmes, alertes des solutions de sécurité, données OSINT, flux de renseignement sur les menaces, etc. En agrégeant ces informations, ils permettent de mettre en lumière des patterns, des comportements suspects ou des relations invisibles à l'œil nu.

Les outils OSINT sont aussi divers que les informations qu'ils permettent de collecter. Dans un SOC, ces outils ne sont pas utilisés isolément, mais intégrés dans une **stratégie coordonnée** de veille et d'analyse des menaces. On peut les classer en trois grandes catégories : **collecte**, **analyse**, et **visualisation/corrélation**.

13.4.3.1 Les outils de collecte de données

Ils sont conçus pour explorer et extraire des informations librement accessibles sur Internet, ainsi que dans des zones moins indexées comme le *Deep Web* et le *Dark Web*. Ils offrent aux analystes SOC la capacité de détecter des données sensibles exposées, d'identifier des services non sécurisés ou de repérer des identifiants compromis susceptibles d'être exploités par des acteurs malveillants. Placés en amont de toute phase d'analyse, ils représentent une étape fondamentale pour cartographier et comprendre la surface d'attaque d'une organisation, permettant ainsi d'orienter les actions de surveillance, de prévention et de remédiation de manière plus ciblée et efficace.

Le site **start.me**[334] est un **agrégateur de liens et de ressources**. Dans le contexte de *OSINT* et d'un SOC, il est classé dans la catégorie **Outils de collecte de données (ou outils de veille)**. Il sert principalement à **centraliser et organiser des sources OSINT**, telles que des moteurs de recherche, des bases de données, des sites spécialisés en vulnérabilités, des forums, des flux RSS, etc. Il ne collecte pas activement de données lui-même, mais **facilite grandement l'accès rapide à des sources utiles**, ce qui en fait un outil d'aide à la veille et à la collecte d'informations.

[334] Un des plus grands sites d'investigation OSINT. Il rassemble une grande collection de sources classées selon plusieurs catégories : https://start.me/p/JDraa0/osint-eirs.

Outil	Description	Exemple d'usage en SOC
Google Dorks/Bing	Recherche avancée via des opérateurs (**site :, filetype :, intitle :**)	Repérer un fichier Excel interne indexé par erreur sur Google
Shodan / Censys	Moteurs indexant les services exposés sur Internet (caméras, RDP, IoT, etc.)	Identifier un serveur client exposé en RDP sans protection
HaveIBeenPwned	Base de données recensant les identifiants compromis	Vérifier si des emails d'employés figurent dans des fuites de données
TheHarvester	Énumération d'adresses email, sous-domaines et DNS	Cartographier la surface d'attaque à partir de domaines publics
OSINTgram / Twint	Scrapers spécialisés pour réseaux sociaux (Instagram, Twitter/X)	Repérer des campagnes de phishing imitant la marque de l'entreprise

Tableau 26 : Outils de collectes de données

13.4.3.2 Les outils d'analyse et de corrélation

Les outils d'analyse et de corrélation *OSINT* permettent de **croiser**, **d'enrichir** et **d'interpréter** des données issues de sources ouvertes afin de mettre en évidence des comportements suspects ou de révéler des liens entre divers éléments tels que des adresses IP, des noms de domaine, des fichiers ou encore des identités numériques.

Outil	Description	Exemple d'usage en SOC
Maltego	Cartographie relationnelle d'entités (courriels, IPs, domaines, etc.)	Visualiser les connexions entre une adresse électronique et des infrastructures malveillantes
SpiderFoot	Framework automatisé pour analyser des sources OSINT	Scanner les sous-domaines vulnérables d'un client
Recon-ng	Framework modulaire pour l'énumération de données	Effectuer une collecte ciblée à l'aide de modules personnalisés
VirusTotal	Analyse de fichiers/URLs pour détection de malwares	Vérifier si un fichier téléchargé est malveillant

Tableau 27 : Outils d'analyse et de corrélation

Grâce à leurs capacités d'automatisation, ils accélèrent la détection et la recherche de menaces, offrent un contexte précis aux attaques détectées et fournissent au SOC des preuves tangibles et exploitables pour orienter les investigations et renforcer la prise de décision.

13.4.3.3 Les outils de visualisation et de reporting

Les outils de visualisation et de *reporting* permettent aux analystes de transformer les données collectées et analysées en représentations graphiques claires et intuitives, facilitant la compréhension des relations entre acteurs, événements ou infrastructures et mettant en évidence des schémas ou tendances difficiles à percevoir autrement.

Outil	Description	Exemple d'usage en SOC
Kibana / ELK	Visualisation de données et logs	Suivre une campagne d'attaques IP sur plusieurs semaines
Gephi	Visualisation de graphes pour cartographier des réseaux complexes	Détecter les liens entre comptes Twitter liés à une campagne de désinformation
MISP	Plate-forme de partage d'indicateurs de compromission (IoC) entre SOC	Intégrer automatiquement des IoC issus d'un rapport OSINT dans le SIEM

Tableau 28 : Outils de visualisation et de reporting

Ces outils jouent également un rôle clé dans la production de rapports précis, structurés et exploitables, indispensables au partage d'informations entre équipes de sécurité, à la communication avec la direction ou à la collaboration avec d'autres organisations, renforçant ainsi l'efficacité et la coordination des actions de cybersécurité.

RESSOURCES UTILES

La cybersécurité est un domaine en **évolution constante**. Il faut se tenir au courant des ressources et tendances les plus récentes.

Cette section fournit quelques ressources utiles pour les professionnels et les passionnés de cybersécurité.

Élaboration et la mise en œuvre de politiques de cybersécurité

Pour recueillir des informations et des ressources sur la rédaction des politiques de cybersécurité, diverses sources sont disponibles en ligne.

Voici quelques sources d'information précieuses :

- **Agences gouvernementales et réglementaires** — les agences gouvernementales nationales et internationales fournissent des lignes directrices, des normes et des réglementations en matière de cybersécurité. Citons par exemple le *National Institute of Standards and Technology (NIST)* aux États-Unis, l'Agence européenne pour la cybersécurité (ENISA) et l'Organisation internationale de normalisation (ISO). Consultez leurs sites Web pour obtenir plus d'information sur les différentes publications et cadres ;
- **Organisations sectorielles** — les associations et organisations sectorielles publient des bonnes pratiques en matière de cybersécurité adaptées à des secteurs spécifiques. Par exemple, la norme de sécurité des données de l'industrie des cartes de paiement (*PCI DSS*) pour le secteur des paiements. L'adhésion à des groupes sectoriels pertinents peut permettre d'accéder à ces ressources ;
- **Blogs et sites Web sur la cybersécurité** — il existe de nombreux blogs, sites Web d'information et forums sur la cybersécurité qui publient régulièrement des articles, des documents de recherche et des réflexions sur les tendances et les meilleures pratiques en matière

de cybersécurité. Parmi les plus connus, citons *Krebs on Security*, *Schneier on Security* et *The Hacker News* ;

- **Publications spéciales du NIST** — le *National Institute of Standards and Technology (NIST)* publie une série de publications spéciales qui couvrent divers aspects de la cybersécurité. Le cadre de cybersécurité du NIST et le document NIST 800-53 sont des ressources particulièrement utiles ;
- **Livres et publications sur la sécurité** — les livres écrits par des experts en cybersécurité peuvent fournir des connaissances approfondies et des conseils pratiques. Recherchez des titres d'auteurs respectés tels que *Bruce Schneier*, *Kevin Mitnick* et *Brian Krebs* ;
- **Cours et formations en ligne** — envisagez une inscription à des cours en ligne ou à des programmes de formation liés à l'élaboration de la politique de cybersécurité et aux meilleures pratiques. Des sites Web tels que Coursera, edX et Cybrary proposent des cours ;
- **Conférences et événements sur la sécurité** — la participation à des conférences et à des événements sur la cybersécurité peut fournir des informations précieuses et des possibilités de réseautage. De nombreuses conférences proposent des sessions et des ateliers sur l'élaboration des politiques de cybersécurité ;
- **Documentation du fournisseur** — si votre organisation utilise des produits ou des services de cybersécurité spécifiques, vérifiez la documentation fournie par les vendeurs. Ces documents contiennent souvent des lignes directrices et des recommandations pour configurer et utiliser leurs produits en toute sécurité ;
- **Publications et rapports gouvernementaux** — les agences gouvernementales, surtout américaines et canadiennes, publient souvent des rapports sur les menaces et les tendances en matière de cybersécurité. Par exemple, le ministère américain de la sécurité intérieure (DHS) et la Commission fédérale du commerce (FTC) publient des documents d'information sur la cybersécurité ;

- **Consultants et experts en cybersécurité** — il faut consulter les avis et publications des experts ou des entreprises spécialisées dans la cybersécurité. Ils peuvent fournir des conseils et des orientations sur mesure pour l'élaboration d'une politique en fonction des besoins spécifiques de votre organisation ;
- **Organisations homologues** — il faut envisager d'entrer en contact avec d'autres organisations de votre secteur ou de votre région pour tirer parti de leurs expériences et de leurs politiques. Le partage des connaissances et des meilleures pratiques avec des pairs peut s'avérer inestimable ;
- **Conseiller juridique** — les avis des experts juridiques spécialisés dans la cybersécurité et la protection de la vie privée peuvent vous guider dans l'assurance que vos politiques sont conformes aux lois et aux réglementations en vigueur ;
- **Forums et communautés sur la cybersécurité** — il faut participer à des forums et à des communautés en ligne où les professionnels de la cybersécurité partagent leurs expériences et leurs connaissances. Des sites Web comme *Reddit* et les groupes LinkedIn peuvent être des ressources précieuses.

Il faut évaluer de manière critique et recouper les informations recueillies auprès de ces sources afin de s'assurer de leur pertinence et de leur fiabilité. Les politiques de cybersécurité doivent être adaptées aux besoins et aux risques propres de chaque entreprise.

Sites Web et blogs

Ci-dessous quelques blogs populaires sur la cybersécurité qui fournissent des informations et des points de vue précieux dans le domaine :

Nom	Description
Krebs on Security	Le blog de Brian Krebs couvre un large éventail de sujets liés à la cybersécurité, y compris les dernières menaces et violations : https://krebsonsecurity.com
Schneier on Security	Le blog de Bruce Schneier propose des commentaires perspicaces sur les questions et les tendances en matière de sécurité : https://www.schneier.com
Dark Reading	Une communauté en ligne complète pour les professionnels de la cybersécurité, qui propose des nouvelles, des analyses et des ressources : https://www.darkreading.com
The Hacker News	Ce blog fournit des informations, des mises à jour et des analyses sur les dernières menaces et vulnérabilités en matière de cybersécurité : https://thehackernews.com
Troy Hunt's Blog	Troy Hunt est connu pour avoir créé le site Web « Have I Been Pwned? Son blog traite de sujets liés aux violations de données, à la protection de la vie privée et à la sécurité en ligne : https://www.troyhunt.com.
Naked Security by Sophos	Sophos propose des articles perspicaces sur la cybersécurité, les logiciels malveillants et les menaces en ligne. Son blog est une ressource précieuse pour les débutants comme pour les experts : https://nakedsecurity.sophos.com.
The Cisco Talos Blog	Cisco Talos est une organisation renommée de renseignement sur les menaces, et son blog fournit une analyse détaillée des dernières menaces et vulnérabilités : https://blog.talosintelligence.com
CSO Online	CSO Online propose un mélange d'actualités, d'analyses et d'avis d'experts sur les stratégies et les tendances en matière de cybersécurité : https://www.csoonline.com
Threatpost	Threatpost fournit des informations de dernière minute et des analyses sur les événements liés à la cybersécurité, notamment les violations de données et les nouvelles menaces : https://threatpost.com
Security Affairs	Le blog de Pierluigi Paganini, *Security Affairs*, couvre un large éventail de sujets liés à la cybersécurité, de l'analyse des

Nom	Description
	logiciels malveillants à la cyberguerre : https://securityaffairs.com
FireEye Threat Research	FireEye est une société de cybersécurité bien connue, et son blog offre des informations sur les menaces avancées et les cyberattaques : https://intelligence.fireeye.com
Secure list by Kaspersky	Le blog de Kaspersky, Securelist, propose une analyse détaillée des cybermenaces et des recherches sur les logiciels malveillants : https://securelist.com
Google Hacking Database	Google Hacking Database (GHDB) est une base de données qui indexe et catégorise les requêtes de moteurs de recherche Internet. Il est conçu pour faciliter la découverte d'informations intéressantes, généralement sensibles : https://www.exploit-db.com/google-hacking-database.

Tableau 29 : Liste de sites et blogs populaires sur la cybersécurité

Conférences et événements

Les conférences sur la cybersécurité sont des événements importants au cours desquels des professionnels, des experts, des chercheurs et des passionnés se réunissent pour discuter et s'informer sur les dernières tendances, les menaces et les meilleures pratiques dans le domaine de la cybersécurité. Voici une liste de quelques conférences bien connues sur la cybersécurité :

Nom	Description
BlackHat	*BlackHat* est une conférence de cybersécurité majeure qui présente des recherches avancées, des formations et des briefings sur les nouvelles vulnérabilités, exploits et techniques de défense : https://www.blackhat.com.
DEFCON	*DEFCON* est une conférence majeure axée sur le piratage et la recherche en cybersécurité, célèbre pour ses compétitions CTF ainsi que ses nombreuses conférences et ateliers : https://defcon.org.
InCyber	*InCyber* est le principal salon européen de la cybersécurité, rassemblant à Lille durant trois jours les acteurs publics et privés pour échanger sur les bonnes pratiques et les innovations en sécurité numérique : https://europe.forum-incyber.com

Nom	Description
RSA Conference	La *RSA Conference* est un événement majeur de la cybersécurité qui réunit leaders, experts et organisations pour échanger sur les stratégies, politiques et technologies du secteur : https://www.rsaconference.com
CyberSec & AI Prague	Cette conférence explore l'impact de l'IA et du *machine learning* sur la cybersécurité, tant pour les attaques que pour la défense : https://www.aic.fel.cvut.cz.
Bsides	Les conférences *Bsides* sont des événements communautaires, plus petits, organisés mondialement, offrant présentations et discussions sur la cybersécurité : http://www.securitybsides.com.
Hacker Halted	*Hacker Halted* est une conférence internationale de cybersécurité abordant tests de pénétration, réponse aux incidents et piratage éthique : https://www.hackerhalted.com
ShmooCon	*ShmooCon* est une convention annuelle de pirates informatiques qui se tient à Washington, D.C. Elle propose des présentations, des ateliers et des possibilités de mise en réseau pour les professionnels et les passionnés de la sécurité : https://www.shmoocon.org.
CanSecWest	*CanSecWest* est une conférence sur la cybersécurité qui se tient à Vancouver, au Canada, et qui se concentre sur des sujets tels que le développement d'exploits, la sécurité des appareils mobiles et la défense des réseaux : https://www.secwest.net
Cybersecurity and Ethics Symposium	Cet événement explore les implications éthiques des pratiques et des politiques de cybersécurité et encourage les discussions sur la prise de décisions éthiques dans ce domaine : https://www.ndss-symposium.org
Cyber Security Summit	Le sommet sur la cybersécurité est une série d'événements régionaux aux États-Unis réunissant experts et dirigeants pour débattre des défis et solutions en cybersécurité : https://cybersecuritysummit.com.
Hack in the Box (HITB)	*HITB* est une conférence internationale sur la cybersécurité qui se tient dans différents endroits du monde. Elle propose des séances de formation pratique, des exposés techniques et un concours « Capturez le drapeau » : https://conference.hitb.org.
Cybersecurity Conferences for Women	Des événements tels que « *Women in Cybersecurity » (WiCyS)* et « *Diana Initiative* » visent à promouvoir la diversité et l'inclusion dans le domaine de la cybersécurité : https://www.wicys.org

Nom	Description
Gartner Security & Risk Management Summit	Organisé par Gartner, ce sommet offre un aperçu des stratégies de sécurité et de gestion des risques et propose des discussions sur les tendances et les technologies émergentes : https://www.gartner.com/en/conferences/na/security-risk-management-us
SecureWorld Expo	*SecureWorld Expo* est une série de conférences régionales organisées en Amérique du Nord sur la sécurité de l'information, la gestion des risques et la conformité : https://www.secureworld.io

Tableau 30 : Liste de conférences et d'événements sur la cybersécurité

Les horaires et les formats des conférences peuvent changer d'une année à l'autre en raison de circonstances imprévues. Veillez à consulter les sites Web officiels de ces évènements pour obtenir les informations les plus récentes sur les dates, les lieux et les modalités d'inscription.

Les certifications en cybersécurité

Les certifications en cybersécurité sont un moyen précieux pour les professionnels de démontrer leur expertise, leurs connaissances et leurs compétences dans divers aspects de la cybersécurité. Ces certifications sont reconnues par les employeurs et les entreprises comme une preuve de la compétence d'une personne en matière de cybersécurité.

Voici quelques certifications populaires dans le domaine de la cybersécurité :

Nom	Description
Certified Information Systems Security Professional (CISSP)	Proposé par (ISC)², le *CISSP* est une certification largement reconnue qui couvre un large éventail de sujets liés à la cybersécurité, notamment la gestion de la sécurité et des risques, la sécurité des actifs, l'ingénierie de la sécurité, etc. : https://www.isc2.org/certifications/cissp
Certified Information Security Manager (CISM)	La certification *CISM* de l'ISACA se concentre sur la gestion des risques liés à l'information, la gouvernance, la réponse aux incidents et la gestion des programmes de sécurité : https://www.isaca.org/credentialing/cism
Certified Ethical Hacker (CEH)	La certification *CEH* de EC-Council est conçue pour les hackers éthiques et les testeurs de pénétration. Elle couvre les techniques et les outils utilisés par les pirates informatiques malveillants et enseigne comment identifier et traiter les vulnérabilités : https://www.eccouncil.org/train-certify/certified-ethical-hacker-ceh/.
Certified Information Systems Auditor (CISA)	Également proposée par l'ISACA, la certification *CISA* s'adresse aux professionnels qui auditent, contrôlent et assurent la sécurité des systèmes d'information. Il couvre des domaines tels que l'audit, le contrôle, l'assurance et la gouvernance : https://www.isaca.org/credentialing/cisa.
CompTIA Security+	La certification *CompTIA Security+* est une certification d'entrée de gamme qui couvre les concepts fondamentaux de la cybersécurité, notamment la sécurité des réseaux, la cryptographie, la gestion des risques et le contrôle d'accès : https://www.comptia.org/certifications/security

Nom	Description
Certified Cloud Security Professional (CCSP)	Également délivrée par (ISC)², la certification *CCSP* est axée sur la sécurité Cloud et est idéale pour les professionnels qui travaillent avec des technologies et des services de nuage : https://www.isc2.org/certifications/ccsp
Cisco CCNA et CCNP Cyber Ops	Les certifications *CCNA et CCNP Cyber Ops* de Cisco sont conçues pour les analystes en cybersécurité débutants et avancés et couvre les opérations de sécurité et l'analyse des intrusions dans les réseaux : https://www.cisco.com/c/en/us/training-events/training-certifications/certifications.html
GIAC Certifications	Proposées par le *Global Information Assurance Certification (GIAC),* les certifications GIAC couvrent un large éventail de sujets liés à la sécurité, notamment la gestion des risques, le contrôle d'accès, la cryptographie, etc., https://www.giac.org

Tableau 31 : Liste de certifications les plus populaires en cybersécurité

Ces certifications correspondent à différents niveaux de compétences et à différents domaines de la cybersécurité. Il est essentiel de choisir celle qui correspond à vos objectifs de carrière et à votre expertise. Ne pas oublier que le paysage des certifications en cybersécurité est en constante évolution. Il faut se tenir au courant des dernières tendances et de leur pertinence pour le secteur.

LISTE DES TABLEAUX

TABLE DES FIGURES

BIBLIOGRAPHIES

(UIT), U. i. (2010) Rapport et base de données sur le développement des télécommunications/TIC dans le monde.

Accenture. (2019). *2019 Cost of Cybercrime Study.* USA : Acceenture.

ADIE. (2022, 11 30). *Smart Sénégal : Un engagement innovant pour accélérer le développement socio-économique durable.* Récupéré sur Smart Senegal : https://www.smartsenegal.gouv.sn

Ann Cavoukian, P. (2009). Privacy by Design the 7 Foundational Principles Implementation and Mapping of Fair Information Practices.

Bell Canada. (2020, 08 29). *Solutions pour villes intelligentes.* Récupéré sur Bell Marchés Affaires : https://business.bell.ca/magasiner/moyennes-grandes/internet-des-objets/villes-intelligentes

Caltagirone, S., Pendergast, A., & Betz, C. (2013). The Diamond Model of Intrusion Analysis.

Center for Internet Security. (2021). *CIS Critical Security Controls, Version 8.* Center for Internet Security.

Centre canadien pour la cybersécurité. (2020). *Guide sur la défense en profondeur pour les services fondés sur l'infonuagique (ITSP.50.104).* Ottawa : Centre canadien pour la cybersécurité.

Dima Bekerman, Sarit Yerushalmi. (2020, 01 23). *The State of Vulnerabilities in 2019.* Récupéré sur The State of Vulnerabilities in 2019: https://www.imperva.com/blog/the-state-of-vulnerabilities-in-2019

Donald N., S. N., & Spinosa, C. (2007). Promise-Based Management, The Essence of Execution. *Harvard Business Review.*

Equinix. (2019). *Equinix Incident Report.*

FireEye. (2020). *M-Trends 2020.* Milpitas, CA, USA: FireEye.

FIRST. (2019, June). *Common Vulnerability Scoring System version 3.1, Specification Document, Revision 1.* Récupéré sur Common Vulnerability Scoring System version 3.1, Specification Document, Revision 1: https://www.first.org/cvss/

Gallegos, M. (2009). *Anonymous's Project Chanology and its Relationship With Play.* Massachusetts, USA: MIT OpenCourseWare.

Google. (2022). *Google Cloud & NERC CIP.* Google Cloud.

Gouvernement du Canada. (2018, 06 12). *Stratégie nationale de cybersécurité*. Consulté le 08 29, 2020, sur Sécurité publique : https://www.securitepublique.gc.ca/cnt/rsrcs/pblctns/ntnl-cbr-scrt-strtg/index-fr.aspx

Grand View Research. (2018). *Cyber Security Market Size & Share Report, 2020–2027*. Consulté le 08 30, 2020, sur Grand View Research : https://www.grandviewresearch.com/industry-analysis/cyber-security-market

Gregory, P. H. (2018). *CISM Certified Information Security Manager All-in-One Exam Guide.* McGraw-Hill.

Hadaya, P. & Gagnon, B. (2017). *Business Architecture, The Missing Link in Strategy Formulation, Implementation and Execution.* Montreal: Asate Publishing Inc.

Howell, G., Franklin, J. M., Sritapan, V., Souppaya, M. & Scarfone, K. (2023). *Guidelines for Managing the Security of Mobile Devices in the Enterprise.* Washington, D. C.: National Institute of Standards and Technology.

ISACA. (2010). *The Business Model for Information Security.* Rolling Meadows, IL: ISACA.

ISACA. (2020). *Risk IT Framework.* Schaumburg, IL : ISACA.

Kocher, P., Horn, J., Fogh, A., Genkin, D., Gruss, D., Haas, W., . . . Yarom, Y. (2019). Spectre Attacks: Exploiting Speculative Execution. *2019 IEEE Symposium on Security and Privacy (SP).* San Francisco, CA, USA: IEEE.

Kral, P. (2012). *Incident Handler's Handbook.* SANS.

Leiner, B., cerf, V., Clark, D., Kahn, R., Kleinrock, L., Lynch, D.. Wolff, S. (1997). Brief History of the Internet. *Internet Society.*

Lipp, M., Schwarz, M., Gruss, D., Prescher, T., Haas, W., Horn, J., . . . Strackx, R. (2020, June). Meltdown: Reading Kernel Memory from User Space. *Communications of the ACM*, pp. 46–56.

Lockheed Martin. (2011). Intelligence-Driven Computer Network Defense Informed by Analysis of Adversary Campaigns and Intrusion Kill Chains. *Lockheed Martin Corporation.*

Manyika, J. & Roxburgh, C. (2011). *The great transformer: The Impact of the Internet on economic growth and prosperity.* McKinsey Global Institute.

Mondiale, B. (s.d.). *Utilisateurs d'Internet (% de la population).* Récupéré sur https://donnees.banquemondiale.org/indicateur/IT.NET.USER.ZS?end=2018&start=1960&view=chart

Mueller, R. S. (2019). *Report on the Investigation Into Russian Interference in the 2016 Presidential Election; Volume I of II; Special Counsel Robert S. Mueller III; Submitted Pursuant to 28 C.F.R. § 600.8(c); .* Washington, D.C.

NIST. (2012). *Computer Security Incident Handling Guide: NIST-SP-800-61.* Gaithersburg, MD: National Institute of Standards and Technology.

NIST. (2020). *Integrating Cybersecurity and Enterprise Risk Management (ERM).* Gaithersburg: NIST.

NIST, Rose, S., Borchert, O., Mitchell, S. & Connelly, S. (2020). *Zero Trust Architecture.* Gaithersburg: NIST.

OPTIV. (2019, 08 12). Navigating the Security Landscape: A Guide to Technologies and Providers. *Optiv Insights.*

Ottis, R. (2007). *Analysis of the 2007 Cyber Attacks Against Estonia from the Information Warfare Perspective.* Tallinn, Estonia: Cooperative Cyber Defence Centre of Excellence.

Rose, S., Borchert, O., Mitchell, S. & Connelly, S. (2020). *Zero Trust Architecture.* Gaithersburg: National Institute of Standards and Technology.

Ross, J. W., Weill, P. & Robertson, D. C. (2006). *Enterprise Architecture as Strategy, Creating a foundation for business execution.* Boston, Massachusetts: Harvard Business School Press.

Sessions, R. (2007). *A Comparison of the Top Four Enterprise Architecture Methodologies.* ObjectWatch, Inc.

Sherwood, J., Clark, A. & Lynas, D. (2005). *Enterprise Security Architecture, A Business-Driven Approach.* New York: CRC Press.

Statistique Canada. (2017). *Les cybercrimes et les entreprises canadiennes.* Ottawa : Statistique Canada.

The Council of Economic Advisers, US White House. (2018). *The Cost of Malicious Cyber Activity to the U.S. Economy.* Washington: US White House.

Tipton, H. F. (2011). *Official (ISC)2 guide to the ISSAP CBK.* San Francisco : CRC Press.

US Senate. (2019). *Report of the Select Committee on intelligence United States Senate on Russian active measures campaigns and interference in the 2016 U.S. election; Volume 1: Russian efforts against election infrastructure with additional views.* Washington, D.C.

US-CERT. (2021, 08 01). *Cyber Threat Source Descriptions.* Récupéré sur Cybersecurity & Infrastructure Security Agency: https://us-cert.cisa.gov/ics/content/cyber-threat-source-descriptions

Ylimaki, T., & Halttunenb, V. (2006). Method engineering in practice: A case of applying the Zachman framework in the context of small enterprise architecture oriented projects. *Information Knowledge Systems Management*, 189–209.

Zachman, J. A. (1987). A framework for information systems architecture. *IBM Systems Journal*.

TABLE DES MATIÈRES

PARTIE I

CONTEXTE GLOBAL DE LA CYBERSÉCURITÉ

PARTI III

ARCHITECTURE ET CONCEPTION DE LA SÉCURITÉ — LES TACTIQUES DE CYBERSÉCURITÉ

PARTI IV

GÉRER LES OPÉRATIONS DE CYBERSÉCURITÉ

Structures éditoriales du groupe L'Harmattan

L'Harmattan Italie
Via degli Artisti, 15
10124 Torino
harmattan.italia@gmail.com

L'Harmattan Hongrie
Kossuth l. u. 14-16.
1053 Budapest
harmattan@harmattan.hu

L'Harmattan Sénégal
10 VDN SICAP AMITIE 3
BP 45034 Dakar-Fann
direction@senharmattan.com

L'Harmattan Cameroun
Tsinga/Derrière polyclinique FECAFOOT
BP 11486 Yaoundé
Jacques.koukam@harmattan.fr

L'Harmattan Burkina Faso
Villa 281, secteur 23 623, rue 14.32
Ouagadougou
zagbie@outlook.fr

L'Harmattan Guinée
Almamya, rue KA 028 OKB Agency
BP 3470 Conakry
harmattanguinee@yahoo.fr

L'Harmattan RDC
185, avenue Nyangwe
Commune de Lingwala – Kinshasa
matangilamusadila@yahoo.fr

L'Harmattan Congo
219, avenue Nelson Mandela
BP 2874 Brazzaville
deunovmikhael@gmail.com

L'Harmattan Mali
Immeuble Mgr Jean Marie Cissé
Aci Hamadallaye
BP 145 Bamako
syllaka@yahoo.fr

L'Harmattan Togo
Djidjole – Maison Amela
face EPP BATOME
02 BP 20680 Lomé
didieramela11@gmail.com

L'Harmattan Côte d'Ivoire
Résidence Karl – Cité des Arts
Abidjan-Cocody
03 BP 1588 Abidjan
harmattan.ivoire@gmail.com

L'Harmattan Bénin
Rue 604, (Immeuble à l'entrée
de la rue UCAO- Cite de Saint-Jean)
Cotonou
stepcorpus@gmail.com

Nos librairies en France

Librairie internationale
16, rue des Écoles
75005 Paris
librairie.internationale@harmattan.fr
01 40 46 79 11
www.librairieharmattan.com

Librairie des savoirs
21, rue des Écoles
75005 Paris
librairie.sh@harmattan.fr
01 46 34 13 71
www.librairieharmattansh.com

www.ingramcontent.com/pod-product-compliance
Lightning Source LLC
LaVergne TN
LVHW011139061026
849535LV00003B/544